Natureza

Para pensar a ecologia

SÉRIES DA COLEÇÃO **EICOS**:

1. MEMÓRIA CULTURAL

2. SABERES E FAZERES

3. ECOLOGIA SOCIAL E DESENVOLVIMENTO DURÁVEL

Coordenação Geral da Coleção:

Maria Inácia D'Ávila

Conselho Editorial:

Corpo docente do EICOS, permanente e colaboradores: Ana Maria Szapiro, Carlos Frederico Loureiro, Cecília de Mello e Souza, Fernanda Bruno, Hilton Silva, Jacyara Nasciutti, Leila S. de Almeida, Maria Inácia D'Ávila, Maria Lucia Rocha-Coutinho, Marta Irving, Michel Thiollent, Naumi Vasconcelos, Rosa Ribeiro Pedro, Ruth Barbosa, Simone Peres, Tania Barros Maciel.

Com a participação de parceiros da rede interuniversitária da Cátedra UNESCO/UFRJ:

Annie Najim (Univ.Bordeaux 3), Denise Jodelet (Lab Européen de Psychologie Sociale, MSH-Paris), Jordi Cambra Bassols (red UNESCO de desarrollo humano sostenible, Girona), Khadija el Madmad (Univ.Hassan II,Marrocos), Louis Guay (Univ. Laval, Quebec), Luiza Campuzano (Casa de las Américas), Marco Antonio Rodrigues Dias (AIU,Paris), Michel Maffesoli (Univ. Paris V), Rubén Pesci (FLACAM, Argentina), Serge Moscovici (MSH-Paris).

Informações e correspondência: eicosnet@psycho.ufrj.br
ou inadavila@gmail.com

SERGE MOSCOVICI

Natureza

Para pensar a ecologia

*M*auad X

NATUREZA – PARA PENSAR A ECOLOGIA, de Serge Moscovici: publicado no Brasil em 2007

Título Original: DE LA NATURE – POUR PENSER L'ÉCOLOGIE
© EDITIONS MÉTAILIÉ, 2002

Direitos de tradução e distribuição no Brasil reservados à
MAUAD Editora Ltda.
www.mauad.com.br

Coordenação da Edição Brasileira:
Maria Inácia D'Ávila
Tania Barros Maciel

Tradução:
Marie Louise Trindade Conilh de Beyssac
Regina Mathieu

Revisão Técnica:
Regina Mathieu
Marie Louise Trindade Conilh de Beyssac

Projeto Gráfico:
Núcleo de Arte/Mauad Editora

Apoio:
Instituto GAIA – Pesquisa Psicossocial,
Desenvolvimento Sustentável e Cooperação Internacional
www.gpsdc.org.br – gaia@gpsdc.org.br

Abreviações nos pés-de-página:
NT: Nota da Tradutora Marie Louise Trindade Conilh de Beyssac
NE: Nota da Coordenação da Edição Brasileira

CIP-BRASIL. CATALOGAÇÃO-NA-FONTE
SINDICATO NACIONAL DOS EDITORES DE LIVROS, RJ.

M867n

Moscovici, Serge, 1925-
   Natureza : para pensar a ecologia / Serge Moscovici ; [tradução Marie Louise Trindade Conilh de Beyssac e Regina Mathieu ; coordenação da edição brasileira Maria Inácia D'Ávila e Tania Barros Maciel]. - Rio de Janeiro : Mauad X : Instituto Gaia, 2007.
   (Eicos)

Tradução de: De la nature : pour penser l'écologie
ISBN 978-85-7478-220-1

1. Ecologia - Filosofia. I. Instituto Gaia. II. Título. III. Série.

07-2199.   CDD: 363.7001
                           CDU: 504.000.141

SUMÁRIO

PREFÁCIO À EDIÇÃO BRASILEIRA – *Tania Barros Maciel*   7

ADVERTÊNCIA – *Pascal Dibie*   9

I. O NATURALISMO COMO SUBVERSÃO   13

1. A POLIMERIZAÇÃO DA ECOLOGIA   15
2. POR QUE OS ECOLOGISTAS FAZEM POLÍTICA?   31
3. O REENCANTAMENTO DO MUNDO   80

II - UMA POLÍTICA DA NATUREZA   151

1. A QUESTÃO NATURAL NA EUROPA   153
2. ECOLOGIA E ECOLOGISMO   174
3. A QUINTA INTERNACIONAL   193

III - NA EFERVESCÊNCIA DO MOVIMENTO   203

IV - É O FIM DA ECOLOGIA?   245

PREFÁCIO À EDIÇÃO BRASILEIRA

"Eu sei que a natureza não tem nada de verde nem de cinza, que ela representa, na verdade, uma paleta infinita de cores".

Serge Moscovici

A natureza, como um arco-íris em seus tons de verde, cinza, azul, transpondo terra, rios, mares, oceanos, calotas polares, culturas e civilizações, nos abre um campo de possibilidades, interações e conexões. Pensar a natureza sob a perspectiva de Serge Moscovici, num momento globalizado e conturbado por fenômenos naturais, culturais e sociais, nos leva a reconsiderar a fragilidade da presença humana em harmonia com a natureza.

A atualidade do tema e a personalidade instigante e reflexiva deste intelectual, proeminente participante do movimento ecológico mundial, levam-nos a buscar em sua obra o resgate da aliança rompida entre o homem e a natureza, dentro de um movimento de reflexão que perpassa temas como tempo livre, trabalho, movimentos sociais e naturalistas, pobreza, progresso, consumo, sociedades primitivas e populações de diferentes culturas... Nesse movimento, a aproximação com a natureza se revela como uma forma de subversão que renova a relação do homem com o seu mundo.

A facilidade com que o autor transita nesses vários temas e a correlação que faz conferem à natureza uma conotação específica. Moscovici afirma que "a natureza não necessita ser precisa. Ela é." Isso tem duas implicações. Dizer que a precisão não é necessária para expressar uma realidade introduz na abordagem da natureza uma dúvida; é a partir dessa dúvida que buscamos respostas e formulamos teorias, e essas embasarão outras dúvidas e assim sucessivamente. O importante na imprecisão é o que nos faz diferentes, nos faz seres curiosos em cuja trajetória existe a necessidade de construir significados.

Dizer que a natureza é, significa que ela não é sacra como alguns postulam, e sim que deve ser tratada por ela mesma, em seus valores e sua influência em nossa cultura, manifestando-se através de representações sociais, as quais delimitam o lugar de cada espécie em sua especificidade e determinam os 'modos de se viver'. Só assim será permitido manter uma harmonia com o ambiente, controlando excessos e precavendo-se de colapsos, hoje em dia previstos para um futuro próximo.

Embora o cuidado com a natureza assuma uma perspectiva muitas vezes utópica, atingimos o patamar de *esgotamento* do sistema; nossas experiências, assim como nossas atitudes, devem expressar-se por atos compatíveis com as exigências de um mundo sustentável, capaz de manter a vida em todas as suas representações. Esta já não é mais uma questão local, somos cidadãos do mundo e só existimos à medida que nos inserimos participativamente no universo; somos parte de um todo muito maior, mais expressivo em sua totalidade.

Como afirma Moscovici, a questão natural domina o século XX e ela dominará o século XXI; a escolha deve ser feita em direção à universalidade, tornando possível a trajetória que vimos desempenhando até aqui. Assim, utilizo as palavras do mestre:

"Ao raiar de cada dia, a água, as florestas, os campos se oferecem às nossas vistas e nós sentimos que lhes pertencemos por mil fibras discretas de nosso corpo. Reside aí a impressão de uma harmonia anônima, da qual não poderíamos nos desviar sem colocar em risco o *habitat* comum, que forma e modela a existência de todos os seres que lhe pertencem (...) É por isso que é preciso periodicamente corrigir os excessos, ajustar os ritmos, restabelecer a continuidade do presente em relação ao passado. O eterno retorno à natureza, visto sob o aspecto do desejo, significa voltar com nossos corpos ao corpo dos corpos, a terra, onde cada um encontra sua morada, nosso *oïcos* desde a origem dos tempos".

Esta obra apresenta a visão do autor entre 1970 e 2002, em suas diferentes formas de escrita e entrevistas, e por ela podemos acompanhar suas reflexões no decorrer dos anos; o caminho que percorreu pelo movimento da ecologia política, do qual foi um dos pioneiros, demonstra a precocidade da sua inquietação com o esgotamento dos recursos naturais que ameaça, além das sociedades modernas, a própria sobrevida do homem. Essa e outras questões tão atuais e debatidas no momento fazem com que possamos falar de um Moscovici sensível e visionário, preocupado com a história e a filosofia da natureza, levando a um engajamento político no momento em que poucas pessoas faziam da ecologia um tema de ação política. O autor militou junto ao movimento *Les Amis de la Terre*, demonstrando claramente seu pertencimento à dinâmica política do homem e da natureza.

Perceber nossa capacidade de pertencimento nos dá o privilégio de entender esse entrelace de seres e coisas que constroem, a cada dia, um mundo diferente, uma natureza exuberante, maior do que o humano, maior do que o saber, apenas a natureza que nos rodeia!

Tania Barros Maciel

ADVERTÊNCIA

A ecologia está em vias de se tornar uma cultura mundial. Poucas pessoas, entretanto, têm refletido sobre a sua emergência e trabalhado, no sentido filosófico, por ela. Serge Moscovici, pelo que conheço na França, é um dos poucos que aprofundaram essa reflexão. Quando em 1968 foi publicado o *Ensaio Sobre a História Humana da Natureza*[1], na coleção dirigida por Fernand Braudel, a obra foi acolhida com surpresa pela comunidade científica e intelectual. Ela foi vista com curiosidade e mesmo às vezes com uma certa incompreensão, não somente pela natureza ser reintroduzida na política, mas principalmente por sua introdução como objeto das ciências sociais. Com *Sociedade Contra a Natureza*[2], lançado em 1972, minha geração, então no início da universidade e da vida, foi tomada de entusiasmo por esse pensamento, que, além de defender o feminismo, propôs uma nova conciliação entre o homem e a natureza, o que acabou tornando o livro um *cult*. No ímpeto da crítica da vida cotidiana, da sociedade de consumo, do produtivismo, do cientificismo e também de outros "ismos", nós descobrimos a necessidade de pensar e fazer um mundo capaz de reciclar tanto seus recursos quanto sua história e saberes. Fazendo um relato sem reserva do que era nosso mundo e do que ele se tornaria, Serge Moscovici propôs descompartimentar o olhar, e, com ele, as ciências humanas, que viviam ainda do calor do positivismo, se libertaram da diretriz estrutural-marxista, para a delícia de muitos e o desespero de alguns. Foi para os lados da Universidade de *Jussieu* que a minha pesquisa, que era naquele tempo mais uma "busca", me levou. Sob a condução calorosa e dinâmica do etnólogo Robert Jaulin, foram repensados simultaneamente a antropologia, o mundo moderno e seu futuro. É preciso reconhecer o Departamento de Etnologia de Paris VII, entre os anos 1970 e 1980, como um lugar muito significativo para pensar a ecologia nascente, e, ao mesmo tempo, uma incubadora para *Les Amis de la Terre*[3] e outras associações ecologistas que emergiram nestes anos; foi nele onde, com muitos outros, Serge Moscovici ensinou. Moscovici nos tirou

---

[1] NT: MOSCOVICI, S. 1968. *Essai sur l'histoire humaine de la nature*. Paris: Éditeur Flammarion.

[2] NT: *Societé contre nature*, publicado no Brasil: *MOSCOVICI, S. Sociedade contra Natureza*. São Paulo: Editora Francisco Alves, 1985.

[3] NT: em português, *Os Amigos da Terra*, associação fundada em 1970, visando ampliar a ação em rede mundial do movimento *Friends of the Earth*, iniciado em 1969 por David Brewer nos Estados Unidos.

do dilema "sociedade ou natureza" e da oposição cara aos antropólogos da natureza/cultura. Ele nos mostrou que a teorização da ecologia poderia e deveria se fazer dentro dos movimentos da juventude e do pensamento em ebulição, para tornar novamente selvagem[4] o doméstico, e que isso era bom na contestação da velha sociedade, dentro deste clamor do chamado viver o *aqui e agora*, e que uma nova consciência planetária (para a qual nós não tínhamos ainda a palavra "ecologia") de uma humanidade implicada na natureza poderia emergir. Ele nos fez tomar consciência de que a natureza nos fabrica tanto quanto nós a fabricamos; de que era necessário que nós retornássemos à concepção porosa do mundo, "um sistema aberto" no qual se poderia considerar a natureza como uma natureza histórica, que contivesse o homem, o homem como um de seus fatores determinantes; de que nossa natureza é certamente histórica e de que em cada período da história nós nos constituímos em um estado da natureza.

O "naturalismo subversivo" de Serge Moscovici, como qualifica hoje Jean Jacob em *História da Ecologia Política*[5] (1999), obviamente não dizia respeito somente a nós. Nós sabemos agora que intelectuais, como o seu contemporâneo Edgar Morin no *Paradigma perdido: a natureza humana*[6], se inspiraram nele para denunciar o pensamento contra a natureza. Prigogine, prêmio Nobel de Física, junto com Isabelle Stengers, consideraram, por sua vez, em *A Nova Aliança*[7], a importância da proposição de Serge Moscovici de reintroduzir a ciência na natureza e levar em conta essa "nova natureza" que os homens criam sem cessar. Habermas, refletindo sobre "o pós-Marx", encontrou também em nosso autor o objeto de reflexão sobre a história humana dentro da natureza, notadamente para repensar as forças produtivas que alteram as relações na sociedade. Nós podemos fazer a lista de pesquisadores e de pesquisas que foram inspiradas pela obra "naturalista" de Serge Moscovici, lista que está longe de se encerrar e que aposto que não cessará de crescer com o dever que nos incumbe de pensar a história das relações dos homens *dentro* da natureza, em outras palavras, de formular a questão natural.

Não posso evitar pensar que os trinta anos que se seguiram aos anos 1970 ficarão na história do nosso tempo como aqueles da descoberta da questão natural e de sua adoção progressiva por todas as camadas da sociedade. Porque, embora ela tenha suscitado no início medo e desconfiança, basta observar, escutar, ler e relembrar o movimento, a agitação coletiva e a efervescência intelectual que se instalaram para reconhecer que ela foi e permanece a única e verdadeira inova-

---

[4] NT: *ré-ensauvager*, no original em francês.
[5] NT: JACOB, J. *Histoire de l'écologie politique*, Albin Michel, 1999.
[6] NT: MORIN, E. *Le Paradigme perdu: la nature humaine*, Paris: Le Seuil, 1973.
[7] NT: PRIGOGINE, I.; STENGERS, I. *La Nouvelle Alliance*, Paris: Gallimard, 1979.

ção que irrigou nossa recente forma de vida e nossa cultura política. A contribuição de Serge Moscovici sobre uma quantidade de problemas, desta vida e desta cultura, foi exposta de forma mais livre e mais pessoal na ocasião, em conferências, debates, entrevistas e artigos, cujo uso não estava exclusivamente reservado e destinado aos ecologistas, nem mesmo aos especialistas. Seu engajamento e suas intervenções se dirigiram e se dirigem sempre a cada um de nós e a todos aqueles que desejam sair das vias conhecidas e costumeiras para pensar a ecologia política.

Por mais lamentável que isso possa ser, foi impossível reproduzir neste volume a totalidade das intervenções. Nós optamos por organizar e colocar em perspectiva os textos que nos pareceram os mais significantes do ponto de vista teórico, aqueles que marcaram mais o movimento naturalista e trabalharam a idéia muito ecologista de um "reencantamento do mundo".

A maioria dos artigos apresentados foi reescrita por Serge Moscovici, para exprimir a evolução de seu pensamento e para dar conta da experiência e das preocupações que surgiram através do contato com as novas gerações. Existe uma diferença considerável entre a maneira de captar e de definir o que carregava um fardo de futuro incerto: o movimento verde, por exemplo, na época em que esses estudos foram publicados sob uma forma inicial, e a maneira de falar do mesmo movimento – que se tornou um partido político – que, mesmo que ainda incerta, também se tornou uma realidade e isso muda tudo... Dito de outra forma, é um livro novo, sem nenhuma solução de continuidade com o passado e a época histórica que o amadureceu, senão as indicações que foram dispostas aqui e ali. O leitor de hoje achará, sob forma de exigência, os temas e os percursos do que nós podemos chamar sem hesitação de uma verdadeira ecologia política. Em todo caso, funciona como uma ampliação da consciência ecológica e política, tendo em perspectiva a idéia forte de que a ecologia, por operar uma revolução da ciência e das consciências, não se imporá, a não ser que ela se torne um verdadeiro fenômeno cultural ao qual convida esta obra, e com o apelo de que a ecologia não pode se tornar real se ela não enfrentar o preconceito[8] na prática, no dia-a-dia e em voz alta. A natureza e o homem dependem de hoje.

Pascal Dibie

---

[8] NT: *racisme,* no original em francês.

I

O NATURALISMO COMO SUBVERSÃO

1. A POLIMERIZAÇÃO[9] DA ECOLOGIA[10]

Eu devo reconhecer a dificuldade na qual me encontro ao falar de uma das maiores e das mais fantásticas experiências que se pode ter numa vida: estar entre os fundadores de um movimento, cujas idéias e sensibilidade se tornaram parte integrante das idéias e sensibilidade de quase cada pessoa.

Uma estranha fusão ocorre entre nós e nosso tempo, entre suas próprias dúvidas e as certezas entusiásticas dos outros. Eu me pergunto, na verdade, se eu deveria continuar a lhes fazer essas confidências. Algum dia saberemos por que nós nos encontramos e nos lançamos juntos nessa aventura, cuja esperança de vida nos parecia mínima, por qual chance objetiva obras individuais e correntes de idéias díspares se curvaram na mesma direção. Isso não quer dizer que não tenhamos procurado e que não tenhamos conseguido amarrar as relações que resultaram em algo fértil e maior do que cada um conseguiria separadamente.

Sim, nós o fizemos sob a pressão de forças interiores, cujo mistério fascina sempre e cujo brilho em nossas vidas não se apagou. Bem sei que era difícil conhecer as razões de cada um. Tudo aconteceu como se esse campo (de estudo) tivesse secretado uma paixão, uma dessas emoções que, segundo Bergson, se manifestam no alvorecer de uma nova cultura ou num novo movimento de crenças. E, a despeito de certas fórmulas falarem há mais tempo do que nós sobre essa paixão, por exemplo, *viver* e *sobreviver*, *convivialidade*[11], *reencantamento do mundo* a designaram tão claramente, que ela era compreendida sem precisar de explicação.

Se a fé jamais moveu montanhas, a paixão sempre moveu os homens. Bem, vamos esclarecer que se tratava de uma geração que havia nascido no meio das destruições da guerra, que tinha visto proliferar uma cultura de morte, da qual os velhos e os novos campos de concentração, a estratégia da terra arrasada e das cidades atomizadas faziam parte. Pudera, a verdadeira realidade desses genocídios e etnocídios, nós não a víamos, seja por estarmos de acordo com esta cultura, portanto normal, seja porque nós estivéssemos acostumados a fechar os olhos, a não pensar.

---

[9] NT: **polimerização**, da química: união de diversas moléculas idênticas que conduz à produção de um corpo novo, com peso molecular mais elevado.
[10] Este texto foi publicado em Marc Abeles (dir.), *Le Défi écologique*, Paris, 1993.
[11] NT: *convivialité,* no original em francês.

Apesar de tudo, era necessário que permanecesse algo presente e não assimilado, para que a nossa cegueira não fosse total. Isso era o fato capital para que o equilíbrio e a coexistência, ditos pacíficos, na Europa fossem garantidos por arsenais nucleares suscetíveis de desencadear sobre nossa pequena Terra as energias cósmicas. Quanto mais os soviéticos e os americanos negociavam sob sua ameaça, melhor se compreendia que eles constituíram a maneira, a mais razoável e madura, de exterminar todos os seres vivos de nosso planeta. Tudo se encerrava dentro dessa cultura da morte: a indiferença calculada frente às ameaças de destruição absoluta, a resignação frente à destruição em série de pessoas e de espécies, essas obras-primas únicas da natureza. Nós tínhamos a mesma dificuldade em conceber-lhes o desaparecimento, assim como o nosso próprio, dentro dos desertos da história.

Foi então que as reflexões e a recusa deste estado de coisas começaram, subjugadas pela necessidade de se pensar em uma cultura da vida! Os projetos insólitos flutuavam no ar que nós respirávamos e foram libertados de sua expressão onírica, para se tornar uma parte de nós mesmos, de nossos desejos. Bastava um pouco de entusiasmo e abandono para se ter a impressão de que nós éramos uns desiludidos da pusilanimidade do ambiente e que em cada um agitava um desejo de liberdade que, como a flor de girassol, procurava o sol. Pouco importa nossa ingenuidade e que nós, ou ao menos alguns de nós, tenhamos usado um termo que caiu em desuso, freqüentemente empregado em sentido pejorativo, o nome de natureza que nós demos a este sol.

O que me interessa aqui é a coincidência deste nome fora de moda para expressar nossa paixão por tudo que é vivo, que um pouco de calor, um lar ou a vida humana em particular, tão ameaçada, pudesse continuar a todo o custo. Francamente, eu não havia pensado nisso na época. Mas vi em seguida nisto a chave para decifrar o fracasso de nossa modernidade, desta modernidade que quis libertar o mundo dos homens para governar apenas coisas. Esse mundo tetanizado pelo fatalismo do progresso e pela irracionalidade de seus cálculos, que metamorfoseava os fins em meios para satisfazer as condições de toda a forma de destruição, justificando assim seus métodos, que nós deveríamos aceitar de olhos fechados. Ao ponto que chegamos a nos perguntar se a modernidade não havia se tornado um *non-sense*, quando ela gerou, indiferente, duas figuras da morte: os campos de concentração e os cogumelos atômicos, que desenharam ao mesmo tempo os contornos da caricata aparência da realidade.

Devo ou não revelá-la? Os traços de tinta preta podem lhes parecer exagerar essa realidade sobre a qual eu lanço um olhar severo ou ferido. Porque, através da evocação de coisas disparatadas, eu evoco a imagem de um tempo que é um pouco distante. Agora, por que lembrá-las? No que me concerne, elas não deixaram de existir, outros fatos similares arriscam vir à superfície se não prestamos atenção. Dizemos que a história não se repete. Talvez, mas nós nos repetimos na história.

E como eu devo a vocês uma prova, lembremos as circunstâncias e a rapidez dos movimentos antinucleares dos anos 1970, como garrotes de uma sociedade imobilizada: a ciência, que nos tinha decepcionado de forma cruel, ou o grotesco de nossos empreendimentos técnicos, que cobriam a terra com seus dejetos. Evidentemente, nós poderíamos ter tomado consciência mais cedo dessas zonas cinzentas de nossa cultura. Mas não foi o caso. Também esses movimentos, embora diversos e mesmo contraditórios, permanecem em nossa memória como um movimento único.

Talvez, movidos por uma única paixão: porque a natureza era a nossa causa!

A secularização da Ciência

Nossa paixão se cristalizou nas bordas das velhas instituições e dos velhos partidos, ali onde apareceram energias até então contidas, procurando o reencontro, as trocas mais intensas lhes permitindo estabelecer um laço de reconhecimento e proximidade. Como se fosse agora o momento de as novas vozes serem ouvidas, para iniciar um diálogo aberto, sem segundas intenções, dentro do espaço público reconquistado. Tudo o que o mutismo regulado e seu caráter desafiador haviam deixado empalidecer reganhou vida e fez subir à superfície grandes ondas de palavras e de idéias surpreendentemente próximas e transparentes. Durante algum tempo, um reflexo de estrangeiro sem dúvida, eu guardei o silêncio. Então, de repente, atraído ou desafiado, eu me autorizei a fazer ato de presença do que foi para mim um espaço preservado.

Assim, eu iniciei minha participação nos debates críticos e políticos. É verdade que eles levaram ao movimento ecológico. Mas estou convencido de que o estudo dos fatos permitirá descrever com mais precisão suas afiliações intelectuais. A primeira, por sua importância simbólica, se relaciona à crítica e à ciência. Eu não me refiro à crítica da ciência pelos filósofos ou sociólogos, coisa de tradição, mas à crítica da ciência pelos próprios cientistas, coisa de exceção. Ela começou após a Segunda Guerra Mundial, quando, com a explosão da bomba de Hiroshima, explodiu também nossa representação moderna da ciência. É que, depois da filosofia do Iluminismo, ela era para nós o único sistema de verdades e experiências fundado simultaneamente sobre a razão e sobre o rigor da linguagem matemática. Num tempo em que tudo era novo e se desviava da tradição, portanto da religião, ela assegurava a ordem ao mundo, o sentido da vida e um tipo de tribunal ao qual nós submetíamos nossos litígios, certos de que ela daria veredictos sem raiva e isentos. Nós a havíamos voluntariamente qualificado de religião da modernidade, muito mais sacra do que as religiões que ela estava destinada a suplantar. Seu gênio monoteísta reinando sem restrição impôs sua racionalidade como princípio da natureza e menos, felizmente, como princípio da ordem social.

E eis que, nas circunstâncias históricas de nosso século, os maiores cientistas, começando por Einstein, colocaram conhecimentos revolucionários a serviço da criação da arma mais terrível que a humanidade havia conhecido e cujo controle definitivamente lhes havia escapado. A partir de então, uns números crescentes de cientistas inventam, dia após dia, em locais secretos, armas mais mortíferas umas que as outras.

Em todo caso, isso causou um grande mal-estar entre os cientistas, a consciência de uma mudança dentro da ciência, cuja posição e direção foram radicalmente sacudidas. Eles se viram colocados frente ao seguinte dilema: como a pesquisa da verdade e as exigências da racionalidade podem se conciliar com as possibilidades de destruição do mundo natural que elas deveriam conhecer e dominar?

Como suportar que a confiança depositada na ciência se quebre contra a intransigência das potências militares? De onde vem que o espírito dos cientistas e o anúncio de suas pesquisas possam se adequar, na América como na União Soviética, à existência de uma censura, dos campos de pesquisa tão desconhecidos do mapa como foram os campos de concentração? Em suma, por que a ciência não gosta, ou não gosta mais da ciência pura destinada a descobrir a natureza, emancipar os homens da ignorância e igualmente da miséria?

Não é somente o fato de que sua convicção em poder encontrar uma resposta a essas questões de uma teodicéia,[12] na verdade, fora abalada e, digamos, que sua liberdade se reduzia a olhos visto: parecia que de agora em diante simplesmente não haveria barreira às exigências daqueles que desejassem dispor dos talentos e prestígios da ciência. Quanto mais eles debatiam, mais eles se sentiam responsáveis pela situação que resultou, tanto para si próprios quanto para a sua disciplina. Para aqueles menos preocupados, isso podia parecer de menor importância, mas outros, deveras implicados, deixaram a Física para se dedicar a uma ciência da vida, a Biologia Molecular, por exemplo. Se concebermos a idéia de que as ciências se tornaram - meios - em igualdade com as técnicas e que o poder que o Estado ou a sociedade exerce sobre elas não considera seus valores específicos, então elas passam a não ter sentido para os homens, nem a ser uma verdade acima das outras; portanto, não podemos mais apelar a elas nos momentos de dúvida e confusão. Max Weber pressentiu essa evolução dizendo que nós parássemos de acreditar, que os conhecimentos astronômicos biológicos, físicos ou químicos poderiam nos ensinar qualquer coisa sobre o mundo ou mesmo encontrar traços de seu sentido, se é que ele existe. Nós procuramos agora as circunstâncias atenu-

---

[12] NT: termo cunhado por Leibniz em *Essais de Théodicée sur la bonté de Dieu, la liberté de l'homme et l'origine du mal*, de 1710; provém do grego *theós*, "Deus", e *díkç*, "justiça", significando, literalmente, "justiça de Deus"; o ensaio tinha como objetivo demonstrar que a presença do mal no mundo não entra em conflito com a bondade de Deus.

antes na conjuntura política e na época. Nós mesmos passamos a esponja do esquecimento sobre a gravidade da destruição e do contágio da Física sobre as outras ciências – nós o constatamos nas memórias de Sakharov –, ciências que se tornaram elos de uma corrente viciada de dilemas e perda de sentido. Mas os críticos da ciência que sabiam do que falavam, os físicos e os matemáticos, encontraram suas circunstâncias atenuantes pouco apropriadas, como lapsos de memória menos apropriados ainda. A que isso levaria? Como uma ciência poderá evoluir, onde se fundem conhecimento e poder com fins de dominação? Se fossem casos marginais ou isolados, nós poderíamos negligenciá-los. Mas são as grandes instituições e os grandes sábios que contribuem para criar complexos científico-militares ou industriais, para realizar seus projetos de hegemonia. Os críticos das ciências não reuniram talvez todas as provas, nem encontraram todas as formas, mas esse tema em seguida se tornou um lugar comum da Sociologia e dos estudos sobre a ciência. O mais perturbador é que eles não se detiveram nas relações da ciência, indo a ponto de colocar em questão a própria, desvelando ou denunciando, conforme o caso, seu funcionamento interior. Nós teríamos dito que, uma vez a caixa de Pandora aberta, teríamos começado um processo de conscientização de uma realidade que não desejávamos olhar na face e que se revelou desoladora. Eu me lembro de que, entre as suposições pessimistas, aquela, que chamarei de *fordismo científico,* tinha me impressionado mais após passar um ano na máquina de pensar de Stanford. A convivência com quarenta pesquisadores me permitiu ver que eles deveriam ser originais a todo custo, inventar sujeitos e métodos e tudo isso menos por amor ao saber do que para publicar numa revista de primeira linha, se eles desejassem continuar na competição e ganhar suas vidas; em resumo, publicar, senão perecer. Os critérios de talento e de qualidade foram substituídos pelos critérios da produtividade e da quantidade, dos quais dependia o valor de alguém no mercado acadêmico. A suposição pessimista do matemático Thom era que tudo isso resultava numa inflação sociológica na qual a contribuição científica era assaz magra.

Mas não é necessário que eu enumere todas as suposições críticas. Elas estavam muito distantes daquelas de Marcuse ou de Habermas sobre a ciência e a técnica enquanto ideologia, que permaneceram puramente teóricas e, a meu ver, abstratas. Enquanto que aquelas dos cientistas, mais agressivas e precisas, abriram a perspectiva de uma discussão pública ao mesmo tempo sobre a pesquisa científica, suas conseqüências sobre a natureza e sobre a necessidade de mudar as ciências elas mesmas. Se o quiseram ou não, eles legitimaram o direito de contestar o dogma de infalibilidade da ciência que, para tantos, *tinha sempre razão* no lugar, e o dogma de autoridade ao inverso, *a ciência não se engana jamais,* que havia se tornado intocável. Para muitos, isso significava, prioritariamente, que o esforço despendido pela humanidade em direção à ciência, caminho da razão, tinha agido contra seu objetivo. E mesmo que essa avaliação lhes concernindo não tivesse em si nada de estranho, ela, todavia, os transtorna. Assim, eu estimo que a crítica da ciência abriu simultaneamente os horizontes libertadores nos domínios da história ou da filosofia das ciências e na reflexão sobre nossas relações com a natureza, no sentido da pesquisa em geral. Nós poderíamos mesmo, por exemplo, discutir se era provável que tudo aquilo levasse a uma outra forma de ciência, mais próxima de nós e de nossas vidas cotidianas. Prontamente, eu pensei que os grupos, *Vivre et Survivre*[13], por exemplo, teriam podido difundir a substância dessa crítica no meio dos jovens estudantes ou de outros cientistas. Ao redor de Chevalley, Samuel e Grothendieck, encontrava-se uma plêiade de pesquisadores que se engajaram mais profundamente na defesa da natureza. Assim, Pierre Samuel presidiu ativamente por muitos anos *Les Amis de la Terre*. Grothendieck renunciou a uma carreira, eu acredito, para adotar um modo de vida e de trabalho alternativos. Ilusão resistente essa da indiferença ou da hesitação dos cientistas. Como se eles devessem ser os últimos a se sentir tocados por aquilo que é preciso e a que consagram toda uma vida. O que encontrar para criticar, quando eles foram os primeiros a contestar, informar e nos abrir os olhos?

O Ocidente e os outros

Francamente, eu falei dos cientistas *científicos* e não absolutamente de cientistas outros. Para nós que somos alguns poucos a querer fazer nascer, através de uma reflexão sobre a natureza, novos temas nas ciências sociais, o problema da fidelidade ao grupo de nossos colegas é, de todos, o mais surpreendente e mais espinhoso. É necessário admitir que todas as novas pesquisas devem respeitar seus limites e que elas não devam sofrer discussão? Mas voltemos ao estado de espírito seguinte ao maio de 1968. Eu não esperava um refluxo tão rápido das grandes ondas sociais, a ponto de ter a impressão, que seja bem entendida falsa, de que elas não haviam deixado outros traços visíveis, senão um mito e uma nostalgia. É, entretanto, necessário acreditar que a sociedade também detesta o vazio, porque duas tendências começam a desenhar a linha divisória das águas: uma se voltou para a maturidade do que já existia, a outra se voltou para a imaturidade que ela procurou e que se procurava ela mesma. Nestes momentos da abdicação, é a primeira, naturalmente, que respondeu aos apelos e, sob os auspícios do estruturalismo, selou o casamento entre o marxismo em decadência e a psicanálise em ascensão. A trindade do pós-guerra (Camus, Sartre, Merleu-Ponty) foi sucedida pela trindade do pós-revolução de 68 (Lévi-Strauss, Althusser, Lacan). Gozando ambos de grande prestígio e dotados de uma faculdade de assimilação

---

[13] NT: em português, o nome do grupo ecologista corresponderia a *Viver e Sobreviver.*

quase miraculosa, o marxismo e a psicanálise conjuntamente obtiveram sucesso em reintegrar à sociedade aquilo que se separou durante a revolução estudantil, e encontrar as palavras certas para adaptar o *status quo* ante as exigências dos meios intelectuais e universitários. Das células do partido, passamos para o divã dos analistas, os militantes experimentados se transfiguram em jovens terapeutas da Sorbonne, disseminando-se por Nanterre ou Vincennes. As frases geniais de Lacan tinham valor de profecias pelo pouco que guardássemos no espírito que o carisma cura, pelo seu mistério, e cria entusiasmo pela magia das pessoas. Ao mesmo tempo, os filósofos da vertente lingüística se apropriam das ciências humanas e, como seus predecessores, procuravam se encontrar. Ao fogo, portanto, todos esses existencialismos de belas almas, os marxismos de proletários e os amanheceres que cantam, os psicanalistas vienenses ou as filosofias cinzentas da consciência! O homem é morto e o mundo, incerto. Não obstante, é preciso que reste algo que não é. É da *Rue d'Ulm* que escapa, a prova iniciática terminada, toda uma plêiade de estrelas do topo da vozearia residual da grande explosão da qual dois *graffites* sobrevivem, o gozador *Sous les pavés la plage*[14] e o brilhante paradoxo *Il est interdit d'interdire*[15].

É tempo de dar um basta a essas confidências alusivas e de se voltar na direção de outra filiação da ecologia política em paralelo à evolução da antropologia. É inegável que a dissolução dos laços coloniais constitui um dos acontecimentos mais revolucionários do pós-guerra. A independência dos povos da África e da Ásia, em outros tempos um problema, tornou-se atualmente um fato concreto, pelo nascimento de novas nações sobre as ruínas de antigos impérios. A distinção entre culturas é objeto de uma antiga controvérsia, a meu ver completamente estéril, mas com significado prático. E deve ser levado em conta, na medida em que a conquista colonial, como também a modernização são colocadas como um progresso da civilização, tendo como contrapartida a volta à selvageria, a superioridade dos povos de cultura em relação aos povos da natureza, os *Naturvölker*[16] dos alemães. Dizer que a antropologia clássica foi marcada por esse aparelho religioso, político ou conceitual, é enunciar uma evidência que muitos denunciaram e enunciaram: a cultura é da ordem do presente e do futuro; a natureza, do passado. E, do passado, nós temos o direito de fazer tábula rasa, seja dos homens ou da natureza: temos a conquista da América como testemunha. Toda a equação

---

[14] NT: mantida no original em francês, a frase, cuja tradução literal seria "debaixo da calçada, a praia", teve origem no episódio de "maio de 68" e significa que, sob as regras opressivas da civilização, permanece a liberdade. Essa metáfora teve origem no fato de que, ao arrancarem as pedras do pavimento para enfrentar a repressão, os manifestantes encontraram areia sob elas.

[15] NT: mantida como no original em francês, a frase significa *É proibido proibir*.

[16] NT: palavra em alemão no original, significa povos da natureza.

de violência histórica está presente, quero dizer, nessa essência assimétrica. O que é necessário examinar com mais cuidado depois, é que este caminho de ida é o caminho de retorno. Quero dizer da liberação dos povos anteriormente colonizados, que apagam essa assimetria, restituindo-lhes um presente e uma cultura. Mesmo aqueles que têm descaso pela natureza criaram uma cultura própria, são representantes de uma elevada e antiga cultura e não só de nobres selvagens. Se admitirmos este ponto de vista – e como não admiti-lo? –, se, portanto, fizemos tábula rasa ao ocidentalizar continentes inteiros, não foi da natureza, mas da cultura. Aquela dos povos tão pequenos para se opor, tão frágeis para simplesmente resistir, confiantes demais para não se deixar iludir, corromper ou converter. Contudo, eu lhes aponto apenas o fenômeno: o fim da dominação colonial corresponde ao fim da assimetria entre cultura e natureza, e o fim da malfalada responsabilidade do homem branco para com o selvagem, *the white man´s burden* [17] e esse *burden* (fardo) significa também um refrão.

Faltava o conceito para apreendê-lo instantaneamente. Claro que eu não o conhecia e pensava que ele não existia. Mas me enganei... Eu havia acabado de publicar o *Ensaio sobre a História Humana da Natureza* e um dos leitores expressou o desejo de me encontrar. Era Robert Jaulin, antropólogo rebelde e, ao meu ver, o mais afiado e vivo de sua geração. O que poderia então lhe dizer? O que é certo é que, mais eloqüente que eu, não me deixava conduzir a conversa, contando-me suas missões na África e na América Latina, falando da dilapidação e da destruição das culturas indígenas. E ele me forçou a estabelecer, entre a minha reflexão e a dele, uma relação que ele via, e que eu não havia percebido, *a necessidade*, se ele não tivesse lançado o conceito de etnocídio. Então uma luz surgiu na minha mente: eu compreendi que toda a destruição da natureza é acompanhada por uma destruição da cultura, todo ecocídio, como chamaremos em seguida, é, por certos aspectos, um etnocídio.

Ninguém pode prever com o que se envolve quando consente em encontrar um desconhecido e menos ainda aonde chegará quando começar a discutir com ele. Assim, no caos do início dos anos 1970, nada me surpreendeu tanto quanto o acordo entre mim, Desanti e Jaulin de criar um local de ensino e pesquisa antropológica, na nova caverna do Minotauro, em Jussieu. Fomos invadidos de um dia para o outro por uma inundação de estudantes de formação diversas, vindos de diferentes lugares, que se interessavam por *isso*, o que restava a definir. Mas quando eu lhes perguntei pelo que eles se interessavam, pois não acreditava que eles estivessem preparados para entender que o *isso* fosse a natureza, eu constatei que eles já haviam refletido e que isso era um dos motivos pelos quais eles se interessavam por esses ensinamentos. Isso queria dizer que eu podia lhes expor minhas idéias e que elas encontrariam um eco, coisa que eu não tinha esperado.

---

[17] NT: em inglês no original, equivale à expressão "o fardo do colonizador".

O que quer que seja, durante muitos anos continuamos ensinando com Pierre Bernard, centrados na questão natural, no Ocidente, é claro. Eu fico bastante incomodado quando me lembro dos estudantes, que penavam no início ouvindo sobre as perspectivas de uma etnologia da natureza. Francamente, nós tínhamos muito poucas provas que embasavam essa estranha associação de idéias... Mas também que alimentassem a apreensão de que se tratava de uma etnologia de um mundo exótico ou rural, em suma, que eles estivessem enganados de curso. Garantidos por uma regra universitária, nós os tranqüilizávamos ao dizer que se tratava do contrário, de uma "etnologia do mundo moderno", "do mundo da ciência e da técnica", portanto, de nossas vidas cotidianas. E isso dissipava suas inquietações, eles até gostavam, sabendo que tal etnologia não se ensinava em nenhum outro lugar. Eu percebo, com um orgulho divertido, que, após nossa saída, estes títulos, os seminários e o curso continuam a existir com Pascal Dibie. Sim, pois eu me encontrava outrora muito longe de pensar que, vinte anos depois, portanto hoje, esse assunto se tornaria matéria respeitável de ensino e de pesquisa. Ela poderia mesmo ser respeitada, se nós a religássemos às suas origens, onde ela foi uma bela promessa. Era muito importante que eu falasse sobre isso, nem que fosse somente porque eu observo a regra dos mercadores protestantes: a honestidade é a melhor política.

Se soubéssemos guardar um mínimo de respeito uns com os outros, inclusive na discórdia, talvez tivéssemos podido avançar juntos. Mas nós encontramos apenas rupturas e ostracismos dirigidos à nossa unidade de Jussieu e sobretudo contra Robert Jaulin. Isolado de alguns por minha associação com ele e de outros por *minha* natureza, eu tive tempo suficiente para escrever em total quietude *A Sociedade contra a Natureza* (ou sociedade antinatureza), que refletia a minha prática de ensino e a necessidade de modificar o curso dos debates da parte feminina e da parte masculina da humanidade em direção à ecologia política. Sem dúvida este foi o esboço de uma nova etnologia de nossas relações dentro da natureza. O infortúnio é que a palavra deflagra reflexos pavlovianos. O que me valeu da parte de dois especialistas uma saraivada de críticas: repreenderam-me por fazer perder tempo à juventude com idéias "contra a natureza". Mas, de minha parte, eu ainda me lembro bem do profundo interesse que o livro suscitou entre os jovens e os menos jovens. O que é certo, é que eles encontraram o esboço pertinente e que, também, isso não era mera curiosidade teórica. Ao contrário, o livro encontrou lugar no pensamento ccofeminista nascente. Assim, adiciona-se um elo a mais na corrente de relações que nossa unidade de Jussieu havia estabelecido com os críticos da ciência – ao publicar *Por que as matemáticas?*[18], por exemplo – e com outros grupos, o que compreende os índios da América do Sul e do Norte. Imaginamos com pesar que qualquer um prefere a segurança de uma car-

---

[18] NT: coletânea, *Pourquoi les mathématiques?* Paris: Ellipses, 2004.

reira às incertezas passionais da vida. É, portanto, isso que colhemos ao procurar ampliar o campo da ecologia política, ao falar da questão natural e do etnocídio, depois da emancipação das mulheres e assim por diante. Mesmo se houve por vezes críticas intempestivas contra aqueles que desejavam nos isolar, ou que nós procurávamos provocar, não restou nada menos que uma luta intelectual contra os limites universitários, que existiam em qualquer lugar e dos quais nós procurávamos nos libertar, com sucesso. E chegando sempre em número maior, os estudantes pediram e, sobretudo, levaram os professores a pesquisar uma alternativa à geometria euclidiana das ciências sociais, *"more geometrico"*, como em qualquer lugar. O que quero dizer é simplesmente isso: que tendo acreditado seriamente em um cruzamento da etnologia com a ecologia dentro do contexto em movimento da época, nós ampliamos o campo. Como se pode constatar ao percorrer a lista de disciplinas dentro do quadro a seguir.

---

[19] NT: sigla de *Unité d'Enseignement et de Recherche*, que significa Unidade de Ensino e Pesquisa.

[20] NT: mantida em francês como no original, a expressão corresponde ao saber-fazer, às práticas e saberes de uma sociedade.

OS ETNÓLOGOS QUE INCOMODAM

Uma nova etnologia, composta e estranha, surgiu na Universidade. Devido a seu inegável sucesso – mil estudantes inscritos distribuídos em duas dezenas de disciplinas em 1980 –, pareceu ser necessário, infelizmente, especializá-la e limitar-lhe o acesso. Foi por isso que três pesquisadores, tendo obtido o UER[19] de etnologia de Paris VII, protestam contra o ataque feito a seus princípios em um texto publicado pelo *Nouvel Observateur*, cujo final é:

"Para começar, a etnologia serve de base para tudo; embora as profissões de educador, de pesquisador, de administrador (num sentido amplo) e também de psicólogo, de médico, de terapeuta constituam as principais perspectivas de aplicação. A razão fundamental que explica a amplitude deste leque – e tem presidido a organização das disciplinas – é que uma civilização existe através de todas as suas manifestações, portanto sua compreensão se enraíza em cada uma delas. A etnologia não pode, portanto, ser uma disciplina fechada em si mesma e é por isso que na UER de Paris VII substituíram-se as disciplinas tradicionais de introdução ou de história da etnologia por uma série de duplas com as quais a etnologia é associada à história, à literatura, à matemática, à cosmogonia, à música, à filmologia, ao urbanismo, à arqueologia, à lingüística, etc.

Tal "lógica" proporcionou um menor apelo aos etnólogos, no sentido estrito do termo, do que às pessoas próximas ou originárias de outras culturas. Nenhuma teoria, com pretensão universal, pode substituir os retratos das múltiplas civilizações. Estes são irredutíveis entre eles; suas estruturas, todas distintas, são da ordem da complexidade; eles têm como única verdade serem reais e gerarem comunidades. A inteligência destas comunidades não pode ser objeto de um "turismo" de caráter mais ou menos científico. Ela convida a uma vivência, a uma intimidade que, certamente, deveria permitir e não excluir a "reflexão", quer dizer, a descrição e a análise, e portanto deveria implicar o respeito – militante, este – pela existência de diversas civilizações.

Privilegiar a "intimidade", voltar à etnologia para nossos próprios problemas, para os problemas do Ocidente. A tônica recai sobre as disciplinas e pesquisas orientadas para "a etnologia do mundo moderno" e os problemas "quentes": a ecologia, a crítica da ciência, o etnocídio, o feminismo, o *savoir-faire*[20], as comunidades, a "natureza" do Ocidente capítalo-socialista, etc.

A etnologia, uma etnologia viva, política, no sentido mais verdadeiro e menos desgastado da palavra, está, portanto, hoje cada vez mais presente. A etno-tecnologia, o etno-desenvolvimento, o etno-urbanismo, etc, colaboram atualmente para compreender, para dar uma medida humana àquilo que se afundou entre as mãos de ideologias e de burocracias cada vez mais ineficazes. É esta a pesquisa, este combate que deve poder continuar, em Paris VII e em qualquer outro lugar."

Jean-Toussaint DESANTI
Robert JAULIN
Serge MOSCOVICI

Os tempos modernos

Chego agora à filiação sociológica. Não sem hesitar, pois a Sociologia, ciência da racionalidade moderna e da caça às antigas ilusões, não pode ser reticente diante de um movimento que colocava a questão natural nas paradas de sucesso das questões de nossa época. Se eu tivesse tido que encontrar o que, a meu ver, representa e significa essa ciência, ela teria sido a mecânica. Não exatamente no sentido científico, mas da obsessão de fazer sujeitar os homens e a sociedade às leis e regras estritas, esquecendo que em todo o lugar na vida histórica existe o jogo, uma margem e uma subjetividade. Além, a bíblia marxista, disfarçada ou não, rejeitava esse gênero de noções como propriamente reacionário. E visto que aqueles que leram Marx são infinitamente menos numerosos do que aqueles que leram sobre Marx, eles só puderam ver em nosso naturalismo um anti-socialismo ou antimarxismo. É, em todo o caso, a melancólica espera de uma nova classe social sucedendo à classe operária, de um novo – rei-sujeito? – da história no lugar do rei declinante, o proletariado. Essa espera, eu digo, forçou o seu fim. Em todo o caso, seu sujeito não poderia ser a nebulosa naturalista de grupos que procuravam um pouco em todas as direções, querendo furar a escuridão de um futuro ainda encoberto e à espera de objetivos não-inventariados nas teorias sociológicas disponíveis. Aquilo que não está no repertório em alguma teoria não existe na realidade. Os termos dos quais me sirvo podem lhes parecer excessivos. Mas como descrever as cegueiras e as rejeições suscitadas por um movimento que se espalhou de uma forma fulgurante e que os historiadores do futuro considerarão talvez como a mais marcante depois da aparição do socialismo e do liberalismo? Mas, já é o bastante sobre esse ponto.

A filiação sociológica na França é inegável. Começando pela questão da crítica às devastações da urbanização e da indústria, à qual, mais que qualquer outro, o nome de Georges Friedmann[21] está associado em minha geração. Não me deterei em um exame mais profundo de sua obra, nem de suas teses, das quais se encontra um eco em Touraine, Morin ou Crozier. É suficiente relembrar sua descrição da vida de um trabalhador, comandado pela máquina, suas observações incisivas sobre a cadência da fábrica, a perda de valor do *savoir-faire* e o *savoir-vivre*[22], a desqualificação da mão-de-obra, suas considerações sobre o corte entre o homem, a matéria e a ferramenta, para ter uma idéia dos temas que animavam sua sociologia do trabalho. Seria mais justo dizer *a* sociologia do trabalho, pois muitos a dividem. Os "Tempos Modernos", para citar o título do filme de Chaplin,

---

[21] NT: Georges Friedmann iniciou, após a Segunda Guerra Mundial, uma sociologia humanista do trabalho, sendo uma de suas principais obras *Le travail en miettes*, datada de 1956, que aborda questões que envolvem o trabalho e as técnicas.

[22] NT: mantido em francês como no original, corresponde ao saber-viver

são primeiramente e especialmente o tempo de uma técnica que despia os homens de suas qualidades, de uma organização que fragmenta a vida individual e social, de uma inteligência inteiramente dedicada ao culto da repetição. Se, portanto, em todos os domínios triunfa um impulso de criação, na indústria não encontramos as ruínas de múltiplas destruições. O reino do insalubre, da feiúra e do desperdício é bem o seu

Francamente, nos interessamos muito mais hoje pelo trabalho das palavras do que pelo trabalho dos homens, pelo seu suor simbólico do que pelo suor somático. Por outro lado, se um dia nos apercebermos de novo que o trabalho e que os trabalhadores existem, descobriremos em Georges Friedmann e em alguns outros os elementos para compreendê-los. Em todo o caso, eles propõem, a título de remédio, o "trabalho em migalhas", encurtar o tempo de trabalho, unificar as tarefas e lhes atribuir um significado. Além se entrevia o horizonte de uma vida na natureza a reinventar, a fim de se sentir em casa. Francamente, ela apareceu como uma saída no momento em que o humano parou, momentaneamente golpeado pela impotência, como uma defesa contra as lesões infringidas pela técnica e como um valor de refúgio. E mesmo como uma resposta ligeiramente verbal a uma questão lancinante depois da revolução industrial. Dela não resta muito, ela permaneceu presente no nosso campo de reflexão apenas através da crítica do trabalho.

Mas é muito evidente – não é mesmo? – que, por outro lado, o marxismo estava onipresente. Eu compreendo por isso que suas análises da história, das relações da ciência e da técnica com a indústria encontravam eco em todo lugar. Foi nesses termos que os problemas foram colocados, mesmo quando recomendávamos outras soluções. Ninguém teria podido passar ao largo de sua poderosa visão da sociedade. Mas pouco importa! Um ponto é, em todo o caso, incontestável: se essa visão parecesse convir à produção, tal como nós a havíamos conhecido até o final da Segunda Guerra Mundial, os limites apareceriam. Para dizer a verdade, não era somente o marxismo que compreendia de maneira aproximativa o sentido da ciência e da técnica. Mais ainda, a brusca irrupção da energia nuclear, da eletrônica, da microbiologia na cena contemporânea revelaria sua lacuna fundamental, a saber, que não tinha nada a dizer de consistente sobre a criação das forças produtivas que, do ponto de vista da teoria ela mesma, determinam as relações de produção e as formas da história. Espantamo-nos às vezes de o marxismo ter se desviado das realidades que nos concernem no momento em que deveria ter acomodado tudo aquilo que é matéria de prática e conhecimento. Seria muito fácil invocar o abuso do poder dogmático sem ver que essa lacuna se tornou berrante numa época em que os efeitos da ciência e da técnica se manifestam em escala global, tendo a destruição atômica como prova.

Acrescento que, a despeito de alguns escritos da juventude, Marx e aqueles que o seguiram se mantiveram fiéis à antiga assimetria entre sociedade histórica e a natureza a-histórica, que fez obstáculo à compreensão até mesmo do que são as forças produtivas. Se houve crise do marxismo, ela não se situou onde a maior parte a via, de maneira superficial, mas no coração lógico da própria teoria. Isso a desqualifica necessariamente aos olhos de quem quer compreender o surgimento de uma superciência e de uma supertécnica de dimensões planetárias, explicar por que a produção afeta repentinamente o meio ambiente e por que o trabalho dos homens sofreu uma revolução debaixo de nossos olhos. Tornado, como inúmeras outras, uma teoria fechada, seu erro não é explicar mal, mas explicar ao largo da realidade, para fora da realidade, o que, não nos deixe duvidar, teve repercussões consideráveis sobre a evolução da União Soviética, como percebemos melhor hoje. Seria inútil lembrar aqui a crítica à qual submeti outrora a teoria marxista das forças produtivas e sua incapacidade de levar em consideração os processos de reprodução e de invenção sociais. Os processos nos quais finalmente a história da sociedade e a história da natureza estão tão estreitamente intrincadas, que não podemos saber onde começa uma e termina a outra. A extrema dificuldade é a que nós sentimos em mantê-las separadas e contrapô-las segundo o esquema da tradição, sobretudo numa época em que sua independência torna-se manifesta.

Agora que temos uma consciência mais clara de tudo isso, nós compreendemos melhor porque a análise do "trabalho em migalhas", de uma parte, e as lacunas desveladas do marxismo, de outra, puderam liberar uma reflexão desejosa de continuar em contato com os fenômenos contemporâneos. Por seus questionamentos e sua abordagem, meu trabalho se aproxima da primeira filiação, da qual nós falamos acima. Mas por sua visão, que foi a de associar as duas categorias de realidade até então dissociadas – a sociedade e a natureza – e colocá-las no mesmo plano, ele se situa dentro dessa filiação sociológica. O que quer dizer que, tirando as conseqüências de uma e de outra, parece que nossa questão social nesse fim de século e no século seguinte será a questão natural.

A Natureza

Eu sei que a natureza não tem nada de verde nem de cinza, que ela representa, na verdade, uma paleta infinita de cores. Ela é para nós a idéia que compreende todos os caminhos possíveis, no tempo, entre o acaso e a necessidade limitante. Por que essa desconfiança com relação à idéia de uma natureza? Ela não necessita ser precisa para exprimir uma realidade. Quase todas as realidades vividas pela humanidade, o que compreende também aquelas descobertas pela ciência, são veiculadas por idéias que pareciam num primeiro momento imprecisas. Sem dúvida, essa da natureza faz sorrir ou choca, como se ela pertencesse a um vocabulário fora de moda. Isso vai tão longe que, em certo sentido, essa desconfiança equivale a um tabu. Auguste Comte desaconselhava firmemente o uso da palavra. E se você tiver a ocasião de abrir o *Vocabulário de*

Filosofia [23] de Lalande, na palavra *Natureza* [24], você lerá o seguinte: "Nós acreditamos assim que há vantagem em reduzir o máximo possível a utilização dessa palavra que, inclusive, já foi submetida a alguma diminuição depois do século XVIII"! O autor recomenda substituí-la por termos supostamente menos vagos: princípio vital, essência, universo ou caráter. Não obstante, deve haver outra razão para querer substituir um conceito tão claro para a maior parte de nós, sem falar de sua história, por sinônimos opacos e incolores. Se essa interdição houvesse prevalecido, a perda mais evidente teria sido o sentimento da natureza. Isso privilegiaria a modernidade, que procura dominá-lo tanto quanto à própria natureza. Não tenho a intenção de aprofundar esse assunto. É suficiente constatar que nosso movimento, ao transgredir a interdição, legitimou novamente o sentimento e a idéia. Nós estamos cansados da querela entre os antigos e os modernos, de seu tom heróico. Passemos disso. Vemos facilmente o ponto a partir do qual uma quarta afiliação é possível: a fascinação da natureza atua através da fascinação da vida. Dentro do esforço que fazemos para defender uma, procuramos salvar a outra. Evidentemente, eu podia dizê-lo mais cedo. Mas não tive a oportunidade ainda. Com efeito, a Física – é uma especulação – simboliza talvez uma cultura da morte e a Biologia, uma cultura da vida. Essa especulação não vale somente pela razão de sua gratuidade. Se eu estivesse minimamente convencido disso, eu teria procurado explicar assim porque a segunda substituiu a primeira como ciência-sol de nossa época. Francamente, nós havíamos tentado aproximações com a Biologia e os biólogos, que tinham preocupações próximas às nossas. E, portanto, a despeito dos contatos, os empréstimos intelectuais, as ações convergentes para a sobrevivência das espécies ameaçadas, eu creio que nós não tenhamos chegado a um resultado tangível. Eu não sei se isso se deve ao fato de que a nova Biologia, segundo as palavras famosas de François Jacob, não estude mais a vida em seus laboratórios ou por que, para nós, ela é mais propriamente um sinônimo de vida que fonte de práticas ecológicas. Porém, as tentativas e as ocasiões de troca não faltaram. Fazemos uma idéia de suas perspectivas ao consultar a enorme e soberba obra sobre a *Unidade das Ciências*, originada de conferência do mesmo nome[25]. Ou, ainda, o livro de Edgar Morin, o *Paradigma Perdido,* que, após essa conferência, mobilizou os recursos da Etnologia e da Biologia Molecular e também, num segundo plano, a cibernética dentro de uma abordagem original da ecologia. Eu lhes falaria com prazer de uma busca de sabedoria nele, se esse termo não fosse ainda mais comprometedor hoje do que é (o termo) natureza[26].

---

[23] NT: no original em francês, *Vocabulaire de philosofie,* referindo-se ao *Vocabulaire Technique et Critique de la Philosofie,* de 1939.
[24] NT: no original em francês, *Nature.*
[25] *La Conférence Internationale sur l'Unité des Sciences* (ICUS).
[26] NT: *(...) que celui de la nature,* no original em francês.

Para terminar, eu lhes falarei de um paradoxo que me assombrou por muitos anos. É importante dizer que as filiações Verdes são intelectuais, e mesmo universitárias. E, no entanto – como um pequeno número de exceções não faz a regra –, a grande maioria dos meios intelectuais se tornou reticente, mesmo desconfiada diante de nosso movimento. Eu era o mais consciente deste paradoxo e de que esses meios testemunhariam, ao contrário, um grande interesse e bastante entusiasmo teórico por outros movimentos que não ultrapassariam o pequeno cinturão de Paris e dos quais, portanto, temos dificuldade em lembrar o nome. Era preciso ter havido em nós alguma coisa que se opusesse a eles com força extrema. Após fazer parte desse movimento, depois desses começos, eu não paro de me surpreender, pois é meu ofício, ora no que concerne seu caráter e seu futuro, ora em razão do aspecto explosivo de sua evolução: um pequeno grupo de ecologistas inicia uma tão grande massa de ações e de paixões, como um fraco estremecimento inicia avalanches de neve desproporcionais. Por estranhos que sejam esses paradoxos, nós os admitimos sem dificuldade! Aqui, por exemplo, eu apenas abordei a história dessas afiliações e de sua união, tão semelhante à associação de muitas moléculas para formar uma maior. O que explica o título desta conferência.

2. POR QUE OS ECOLOGISTAS FAZEM POLÍTICA?[27]

> *"Payez vert – Rendez le vert que vous avez volé pour votre argent – Et moi, Main Forte Étirant le Peuple Legume, rendez le vert que vous avez volé pour votre Affaire Verte pour vendre les peuples de la terre et pour vous embarquer dans la premier canot de sauvetage en travesti – Rendez ce vert aux fleurs et à la jungle à la rivière et au ciel."* [28]
>
> W. S. Burroughs

Estas entrevistas com Jean-Paul Ribes, então jornalista de *Actuel*[29], saíram sob esse título em Seuil em 1978. Este livro, que pela primeira vez colocou a questão da ecologia política, comportava igualmente uma entrevista com Brice Lalonde, então diretor de Les Amis de la Terre, e com René Dumont, que foi o primeiro candidato ecologista a concorrer às eleições presidenciais e obter 1,3% dos votos. Nós selecionamos um pouco e reformulamos as questões de Jean-Paul Ribes. Por sua vez, Serge Moscovici atualizou suas respostas. Contudo, o conjunto constitui um verdadeiro programa de ecologia política.

JPR: *Qual visão da sociedade os ecologistas propõem?*

SM: Digamos, primeiramente, uma visão das sociedades que tende a se tornar global. Nosso objetivo é precisamente de desenvolvê-la progressivamente tanto quanto nossa ação cultural e política se desenvolvam, para questionar a convicção de que a sociedade e a natureza estão em completa oposição, e, portanto, que

---

[27] *Pourquoi les écologistes font-ils de la politique?* Entretiens de Jean-Paul Ribes avec Brice Lalonde, Serge Moscovici, René Dumont, Ed. Seuil, 1978.

NE: André Gorz publicou em 1975 o livro *Ecologie et Politique*, Ed. Galilée.

[28] NT: "Pague verde – devolva o verde que você roubou para fazer o seu dinheiro – a mim, O Eterno Salvador do Povo Vegetal, devolva o verde que você roubou para o seu Negócio Verde para vender os povos da terra e embarcar no primeiro barco travestido de salva-vidas – Devolva esse verde às flores, à floresta, ao rio e ao céu".

[29] NT: a revista underground *ACTUEL* começou como um pequeno jornal de *jazz* fundado por Claude Delcloo em 1968.

nossa política deva se limitar à primeira, desinteressando-se da segunda. Como se houvesse uma divisão do trabalho político entre ecologistas e socialistas, liberais, etc. Francamente, uma coisa que nós somos cada vez mais numerosos em acreditar ser impossível. Este é um ponto sobre o qual é preciso ser claro e a partir do qual nossa concepção se distingue das concepções tradicionais da natureza. Nossa posição, para defini-la brevemente, é, ou deveria ser, a seguinte: se a natureza fosse um simples reservatório de recursos, uma realidade dada, exterior, sem história, então, com efeito, poderíamos pensar que o que acontecesse na sociedade, o que advém das relações entre os homens, não a afeta. Mas, na verdade, por seu saber fazer e seu saber propriamente dito, os homens são atores dentro da natureza, atores biológicos e sociais. Nesse sentido, nós fazemos a natureza. Ela é uma parte de nossa história, e nós uma parte da dela. Desde que nós negociamos uma natureza histórica, compreendemos que a relação com a sociedade é, até um certo ponto, orgânica. O surpreendente é nós não termos nos apercebido antes.

Como nossa política, nascente, é preciso reconhecer, não se ocupa da sociedade ou da natureza, mas da relação entre elas, resulta que nossa visão tende a se desenvolver nas duas direções que os ecologistas perseguem:

- Nós quase chegamos ao limite suportável de nossa separação, da oposição entre sociedade e natureza, da indiferença dos homens, de nossas ciências e de nossa técnica para com ela. Restabelecer a unidade quebrada ou perdida entre duas partes de nossa existência, de nossa vida, a sociedade e a natureza, como se elas fossem anteriores à fratura operada pelo movimento histórico, tal é o nosso horizonte, ao mesmo tempo teórico e prático. Impedir que se perpetue a indiferença diante da natureza, quero dizer, diante de nosso meio, fazer parar com que ela seja a regra na organização das cidades, na educação, na produção, eis a nossa tentativa política e pedagógica. Isso é, falando propriamente, a razão pela qual os ecologistas são os despertadores da consciência de cada um, onde quer que ele trabalhe ou more, é essa a consciência que o motiva a fazer a política.

- A maior parte das sociedades – e notoriamente as sociedades modernas – formou-se *contra* a natureza, determinada a explorá-la e a transformá-la pela violência. Uma violência no sentido estrito do termo, na medida em que se pensa e age para dominá-la, combatê-la ou forçá-la. É bom admitir que a técnica e a ciência, o psiquismo, as doutrinas filosóficas, são impregnados por essa separação e esse antagonismo que prevaleceram até aqui. Eu o digo não para dramatizar essa relação, mas para mostrá-la à luz do dia. O único remédio: rascunhar, a partir de nossa própria experiência, aquilo que queremos, o que quer dizer uma sociedade *pela* natureza, uma visão que permite modificá-la em vista da natureza, uma nova ciência que nos ensina a inseri-la na nossa natureza. É nessa direção que se deveria conduzir toda verdadeira política ecológica. Nós procuramos o que resta de enraizamento natural. É porque nós nos inspiramos nos conhecimentos biológicos, mas também, em parte, em idéias socialistas que nos parecem animadas por uma vontade análoga. Nesta pesquisa, o objetivo é redefinir as necessidades e as produções desta ou daquela sociedade em função de seus recursos. Grosso modo, nós dispomos de três tipos de recursos: aqueles que nós consumimos e que jamais são esgotados, como a energia solar; aqueles que sempre consumimos mais rapidamente do que eles se reproduzem (como no caso dos fósseis); e, por fim, aqueles que supõem alguma regeneração. Essa noção de regeneração, de reciclagem dos recursos, essencial à abordagem dos ecologistas, se opõe às idéias de conquista e de destruição.

- Mesmo considerando a forma mais abrangente da civilização moderna, é certamente difícil questionar o fato de que ela representa um tipo de progresso sobre a antiga. Mas, atenção: com seus saberes simples e seus materiais rudimentares, os homens se saíam bem. Eles cultivavam a terra, edificaram cidades e vilarejos ao domesticar e aprimorar inúmeros espaços vegetais e animais depois da revolução neolítica. Suas obras-primas constituem ainda a base de nossas vidas, a despeito da aparente simplicidade, isso é inegável. É duvidoso que ao longo dos próximos séculos, visto que nós fizemos nossa revolução industrial e tanto aprendemos sobre a invenção das máquinas, nós cheguemos a superar a revolução neolítica, cujas obras perduram e portam um ar de perfeição. É evidente que essa época nos legou também a divisão entre a cidade e o campo que está no centro de nossas vidas cotidianas, de nossa cultura e de nossas relações com a natureza. Esse fundo histórico nos permite dizer que estamos no início de um período em que essa divisão se encontra questionada, ao mesmo tempo que o equilíbrio entre cidade e campo. Tudo o que sabemos é sobre o extremo gigantismo das cidades e a extrema diversificação dos campos, a superpopulação urbana e a emigração da população rural rumando ao deserto do mundo animal e vegetal, que faz a base de nossa vida. É um consentimento de impotência e de fatalidade que ressoa em toda a parte. Nós não melhoramos muito as coisas, pregando o retorno ao campo. O movimento ecologista é um movimento urbano. Nossa tarefa urgente, enquanto ecologistas, é, portanto, inverter a tendência que destruiu as cidades e os campos, deixando-os inabitáveis, tanto uns quanto os outros. Mas, sobretudo, reinventá-los, torná-los novamente tão humanos quanto possível. Essa é a questão que encabeça nossa política.

- Entre a nossa existência cotidiana e o nosso trabalho, entre a nossa produção destrutiva da natureza e o nosso mal estar de viver essa destruição, o hiato é tal, que eu tenho dificuldade de compreender as pessoas que procuram não o ver e aquelas que se resignam. É necessário começar por uma ponta, para desenrolar o novelo de confusões no meio das quais nós nos debatemos e reduzir esse hiato. Foram os ecologistas os primeiros que propuseram reduzir de maneira significativa o tempo de trabalho, não somente para reencontrar a relva e as árvores, mas para o homem se liberar da obsessão pela produtividade e tomar certa distância para refletir sobre as escolhas de modos de trabalho, as fontes e os produtos, considerar as relações com a natureza. Em suma, os ecologistas questionaram, ao invés de aceitar os fatos dados: por que o Concorde? Por que promover formas de pesca que fazem desaparecer certas espécies de peixes? Por que melhorar os tempos de performance das máquinas e não melhorar a qualidade de vida ou de educação? O que é certo é que os ecologistas desejavam encontrar um sentido e marcos de referência para um mundo de trabalho e de produção que perdeu os seus próprios, descobrir um fio condutor entre os diferentes aspectos de suas vidas individuais e coletivas. Está aí o porquê, eu repito, de o ecologista olhar a sociedade através de seus laços com a natureza, laços que parecem no momento cortados.

JPR: *No que consiste o método dos ecologistas?*

SM: O físico Maxwell escreveu que o abstrato de uma época é o concreto de outra. Sua pergunta me obriga a ser um pouco mais abstrato se quero ser um pouco mais preciso, mas espero que tudo isso pareça um dia muito mais concreto. Começo por observações gerais. Os ecologistas não concebem a história das sociedades independentemente da história de suas relações com a natureza. A espécie humana participa da constituição do que chamei de história da natureza, criando seu corpo, seus conhecimentos, suas ferramentas e ao transformar o ambiente. Todo o mundo reconhece de forma superficial a relação do homem com a natureza; mas quando a tomamos de forma séria, na sua dimensão histórica, constatamos que ela constitui importante instrumento de análise, de uma condição de estudo da vida. A maior parte dos movimentos políticos e sociais se contenta em enfocar a relação do ponto de vista quantitativo; eles medem o crescimento do dispêndio de energia, das forças produtivas, do conhecimento. É um índice para medir a expulsão da natureza pela técnica, e do homem para fora da natureza. De um lado, os Estados, e do outro, o mundo da pesquisa industrial parecem ter concluído um pacto ofensivo para liberar o mundo dos homens e ter apenas que administrar coisas, de maneira que administrar os homens fique sendo o mesmo que administrar coisas. Falando de índice, devo falar de uma escada pela qual sobe cada sociedade moderna. É de onde ela, olhando para baixo, é pega na vertigem; ela gostaria de descer, mas não consegue senão cair no vazio. O progresso é um elevador sem mecanismo de descida, inteiramente autônomo e cego, donde não sabemos sair, nem aonde irá parar. Nós estamos sob a ameaça do presente: nós não paramos o progresso.

O método dos ecologistas, como todo bom método, é simples: não cubramos nossos rostos com as mãos, não tampemos as orelhas, abramos as bocas. Não existe mais espaço para venerar nossas ciências e nossas técnicas, que passaram do estado em que seus bem-feitos eram evidentes e as justificavam. Hiroshima e Nagasaki lhes demonstraram do ponto de vista militar; a emissão de gases, a poluição, a destruição do âmbito da vida, o demonstram do ponto de vista civil. Não somente não há mais lugar para venerar, como não podemos absolver os homens que nos impõem o automatismo desta lógica, que transforma a quantidade em qualidade, o mais recente em mais eficaz, o maior em melhor ou o mais rápido em mais inteligente. Um automatismo quase onipresente. Apesar das aparências triunfais ao Oeste ou revolucionárias ao Leste, eles reproduziram as mesmas relações com a natureza e aceleraram a queima de nossos recursos. É uma natureza diluída por nossa civilização drogada por obsolescência: tudo deve envelhecer mais rápido, tudo deve desaparecer mesmo antes de existir, tudo morre sem ter tempo de viver. É esse sadismo do presente e do novo, que se desperdiça na destruição de seu próprio passado e de seu próprio futuro. Como reencontrar a possibilidade de um diálogo numa civilização onde tudo isso se produz compulsivamente, como a resultante de um cálculo, mas não de um raciocínio? A partir do dia em que se perdeu a fé no conteúdo da razão, para manter somente o uso de sua forma, como um homem que perdeu a fé no que faz para manter apenas o hábito de fazer, cada coisa que nossa civilização cria transforma-se em coisa que destrói. Mesmo uma bela equação, como a de Einstein, termina por colocar em perigo a vida sobre a Terra.

Em seguida, com o caminho obstruído por ruínas e ameaças de destruição, nós nos perguntamos: e agora, onde está a natureza? Nós nos surpreendemos sempre ao escutar pronunciar essa palavra que nos faz até sorrir. Somente os ecologistas ousaram fazer disso um ponto de referência. Os outros, à direita e à esquerda, os contestaram. Não sabendo do que falavam, e permitindo-se dizer qualquer coisa em vez de raciocinar, eles insultaram os ecologistas, tratando-os de burgueses, de esquerdistas, de vendidos às companhias de petróleo por serem contra o "todo nuclear", de ingênuos, e assim por diante. Estando seguros e certos de que o crescimento ilimitado está à nossa espera, que nossos sábios têm uma resposta para tudo e nossas ciências tecnológicas, um remédio para qualquer coisa. Do inferno das crises repetidas, um caminho pavimentado de boas intenções nucleares, biológicas, químicas levou diretamente ao paraíso de uma sociedade, que não se coloca problemas que ela não possa resolver, como dizia Marx. Foi por esse caminho que nós experimentamos o movimento em movimento; quer dizer que toda essa visão dominante não passa de uma quimera e a nossa ação na natureza não é uma coisa do passado, que seus limites são também os limites da sociedade, que ela é a nossa realidade de todos os dias, que é preciso aceitá-la como o meio de todo o ser vivente, o que compreende o homem vivendo em sociedades as mais avançadas. Foi discutindo com as pessoas, montando nossas bicicletas, manifestando contra a energia nuclear, utilizando painéis solares, fabricando queijo de cabra, escrevendo livros, que nós mostramos que existem alternativas onde se pensava que não mais existiam. Nós despertamos nossa sociedade anestesiada para recordá-la da natureza. Repentinamente as novas sensações tomam conta. Ela se apercebeu que as árvores existem, que devem ser verdes como na vida e não cinzas como nas teorias, que os pássaros cantam, que os seres humanos têm um corpo. Para alguns, é ao mesmo tempo maravilhoso e terrível ter que recomeçar a se preocupar com a natureza – para a qual reservavam apenas desconfiança e desprezo – pois isso é também descobrir qualquer coisa inerte em si até então que revive.

Sim, existe uma metodologia ecológica, que não é nem profética, nem militante, nem intelectual. É o degelar de um pensamento entediado e o despertar de sensações anestesiadas, é a conversão das consciências a um mundo familiar ao qual não prestávamos mais atenção, que não víamos mais por força do hábito. Tudo é bom se faz bem. E os ecologistas fizeram o bem por sua candura, como dizíamos na época e por sua sutileza, pois ela é muito necessária para fazer ver aquilo que os outros não sabem mais ver, fazer sentir aquilo ao qual eles não são mais sensíveis.

Você pode achar minhas palavras muito vagas. Talvez perguntar quais são os princípios de tal método, por que ele funciona? Não pretendo dar um curso sobre a psicologia das minorias ativas e lhe responderei que jamais existiu uma teoria precisa de uma prática, mesmo científica, porque nós não temos uma boa teoria dos métodos de pesquisa, por exemplo. O incansável trabalho de aproximação dos ecologistas, de cada indivíduo num grupo, numa coletividade, foi de uma eficácia extraordinária. Que uma prática tão relaxada tenha provocado essas explosões de energia até então adormecidas, como um fogo de artifício histórico, esse é o enigma. Recusamo-nos a reconhecê-lo. Preferimos pensar que esse fogo de artifício não passa de um fogo de palha. Entretanto, esses ecologistas são lúcidos e razoavelmente clarividentes.

Os ecologistas se fundamentam justamente na regra da reciclagem e a aplicam não somente aos materiais, mas igualmente às idéias e às formas de vida. Para eles, não há nem lixeiras da história, nem passado donde possamos fazer tábula rasa, e toda a solução de um problema concreto de hoje supõe uma reconsideração, uma reinvenção de recursos que vêm de ontem. No aterro sanitário da cultura, encontramos ainda tesouros e belezas insondáveis.

Os ecologistas pensam no presente, mas procuram não fragmentar do todo, tudo aquilo que foi convidado a desaparecer ou a se depreciar. O presente é uma questão para todas as formas de vida, numa perspectiva de viabilidade, de preservação e de recriação.

JPR: *No que crêem os ecologistas?*

SM: Os ecologistas não acreditam nem no inferno, nem no paraíso. Por que procurariam o sol à meia-noite, quando sabem que fazemos nossa própria história, portanto, as infelicidades e felicidades de nossa natureza e de nossa sociedade? O futuro não é necessariamente melhor que o presente, ele é, sobretudo, imprevisível. Nosso presente, que foi o futuro do passado, não é no geral melhor que o passado. Uma das coisas maravilhosas que me aconteceram no *Les Amis de la Terre* foi me curar da fuga no futuro. Sua pergunta contém muito de verdadeiro, mas não a verdade que você sugere. Os homens se reconhecem mortais e desiludidos de suas existências, freqüentemente esperaram ou previram o fim, portanto um Apocalipse após o qual nasceria um novo mundo trazendo felicidade e serenidade. Bem entendido, um movimento social importante fez crer num paraíso perdido, excomungando o presente para fazer brilhar a esperança de um futuro feliz no despertar. Esse é um cenário imaginário de alguma importância. Mas ele deixa de ser imaginário no dia em que produzimos bombas de hidrogênio e armas bacteriológicas. É um cenário real. Ele não cochila entre as capas de um livro, mas no sarcófago de concreto de Tchernobyl. Se falamos das ameaças nucleares, do esgotamento de recursos e assim por diante, não é para anunciar um Apocalipse imaginário, mas para fazer conhecer a realidade de um Apocalipse real. Molière dizia que a maior fraqueza do homem era seu amor à vida. É sobre essa fraqueza que contamos, não sobre o medo.

Para dizer mais objetivamente, predizemos apenas o passado. Os ecologistas preferem ficar bem abertos ao que concerne o futuro, aquilo que não é obstinada futurologia. O conteúdo da sociedade no ano 2000, por exemplo, será certamente aquele que nós faremos, mais uma grande parte de imprevisibilidade. Não devemos nos lançar, *a priori*, numa redução desta imprevisibilidade: o que importa é decidir o presente. Uma história fechada, uma história da qual conhecemos a solução e o fim, esconde sempre algum objetivo manipulador e totalitário. Faço parte de uma geração daqueles que viram e ouviram Hitler e Stalin, que acreditaram na existência do inferno e do paraíso e que tiveram que constatar que definitivamente existe apenas a vida.

JPR: *Que críticas os ecologistas fazem da noção de crescimento?*

SM: Acredito que não será difícil falar do crescimento sem pedantismo e acredito mais ainda que não podemos compreender nossos argumentos sem um mínimo de simpatia por essa Terra bem plana sobre a qual crescem as plantas, caminham os animais, explodem as cores da luz e das flores. Se nós não temos o sentido de participação do universo, o senso cósmico, não existe ecologia possível.

Para o ponto de vista liberal, nós hoje atravessamos, sobretudo, uma crise de *não-crescimento*, devido a Deus sabe o quê: para uns, à inflação; para outros, ao aumento dos preços das matérias-primas; para outros ainda, à má divisão internacional do trabalho.

Do ponto de vista socialista, realmente se trata de uma *crise de crescimento*: boas possibilidades de perdurar existem, mas a sociedade capitalista, com seus monopólios, suas multinacionais, seus interesses antagônicos, não é mais capaz de fazer girar sua própria máquina. De onde a inflação, o desemprego, a subutilização das capacidades produtivas. Já que as estruturas dessa sociedade limitam o crescimento, vamos mudá-las e o crescimento retomará. Esse me parece ser o sentido da palavra de ordem: *Não à austeridade*.

Enfim, para nós, ela se trata de uma crise *do* crescimento. As sociedades não podem continuar a incorrer no desperdício que conhecemos, degradando sistematicamente a biosfera, multiplicando a poluição, esgotando os recursos que são em quantidade limitada. Contrariamente ao que dizem, nós não somos malthusianos, nós constatamos simplesmente que o crescimento é exponencial, contínuo e – ele mesmo em crise – torna-se necessário conceber uma nova maneira de produzir, de consumir e de viver.

Em resumo, os liberais desejaram sempre fazer crescer o bolo sem se preocupar com a forma como ele será dividido: eles deixam ao mercado essa tarefa. Os socialistas desejavam aumentá-lo e reparti-lo melhor: se modificarmos a divisão, é possível continuar a engordá-lo. E os ecologistas se perguntam sobre a qualidade, o gosto, as capacidades nutritivas desse bolo: é necessário se exaurir e exaurir os recursos na fabricação de um enorme bolo envenenado? Nós desejamos certamente um bolo, mas um bom bolo que nós continuemos capazes de fazer: procuramos então uma nova receita. É por isso que os ecologistas são favoráveis a um novo equilíbrio. A idéia de que o gigantismo é uma panacéia, que tudo pode continuar a crescer em todas as direções, é sem fundamento. O que observamos é o contrário, ao olhar a história e a história social reintegrada à história natural: é que tudo que cresce acima de um certo nível sucumbe a seu próprio peso. Da mesma maneira, os ecologistas procuram tudo que é efervescente, direto, novo, simples.

JPR: *O crescimento econômico leva a uma maior igualdade?*

SM: Nós a proclamamos ontem, hoje nós a murmuramos. Igualdade de quem? Costuma-se pensá-la unicamente em termos de alto e baixo. Nós pensamos em termos de centro e periferia. De fato, qualquer que seja a posição social de um indivíduo ou de um grupo, ele se encontra no centro de uma sociedade, ele se aproveita da economia mundial. Se ele está na periferia, de uma maneira ou de outra ele sofre. Países desenvolvidos e subdesenvolvidos, metrópoles e regiões, Sul e Norte: isso funciona, para usar a expressão de Gramsci, "como um imenso campo em relação a uma imensa cidade". O campo desapareceu socialmente nos nossos países, que se situam ao centro, mas o resto do mundo é tratado como se fossem campos.

Já que falamos de crescimento, não devemos jamais esquecer que produzimos os dejetos do crescimento, quer dizer, a desordem, as crises: nós as exportamos, nós as expulsamos para as periferias. Isso é verdadeiro em todos os sistemas e todas as classes; os trabalhadores de um país industrializado exportam seus dejetos tanto quanto as classes dominantes, eles se beneficiam de desigualdades regionais ou mundiais. Os ecologistas aparecem aqui como um efeito-revanche da periferia, que não admite a lei do centro e recusa essa maneira de dividir ali ou as sociedades. Na realidade, o crescimento contínuo e acelerado só é possível porque há desigualdade. Essa desigualdade se mantém com o crescimento; se ela é exponencial, os mais ricos tornam-se ainda mais ricos, os pobres ainda mais pobres.

JPR: *O pobre de hoje não é mais rico do que o pobre de ontem?*

SM: No interior de um sistema que cresce, isto é, sem dúvida, verdade. Mas é preciso olhar o conjunto: sobre qual periferia teremos despachado a diferença, os efeitos negativos? Essa periferia é próxima. O índio do Peru ou o africano da borda do Saara o testemunham.

Em face dessa banalidade da desigualdade nasceu uma contrabanalidade, que justificaria o *status quo*, o redobramento sobre si mesma, o abandono da mediocridade, uma grande dose de egoísmo, revestida no chocolate dos melhores sentimentos. Eu falo da contrabanalidade: igualdade = equilíbrio = ecologia[30], resumida pela fórmula do crescimento zero. Sobre esse ponto me separo de muitos ecologistas, simplesmente porque o equilíbrio – o estado estacionário – não existe, é um tipo de caso ideal de figura teórica. A realidade dos seres, da vida, se materializa em uma pilha de desequilíbrios, em uma sucessão de estados transitórios sem começo nem fim, sem o que não haveria nem evolução nem história. Porém, existe evolução, existe história; de uma ecologia estática de equilíbrio, nós devemos transformá-la em uma ecologia dinâmica, em movimento, em que as fases de desordem se misturam às fases de ordem, dentre as quais o crescimento é apenas uma delas. Pois o crescimento é um fenômeno natural, desde que seja finito e descontínuo. Concretamente, do ponto de vista social é possível considerar formas de crescimento menos desiguais, com ritmos diferentes, coordenadas, tendo em conta as situações regionais e o impacto sobre o meio ambiente. A escolha não é entre a peste e o cólera, entre o crescimento e o equilíbrio, mas entre dois tipos de crescimento, um incompatível e o outro compatível com a relação entre o homem e seu meio. A desigualdade e a igualdade são noções distintas. Associar o problema da igualdade ao do crescimento é extremamente hábil. Isso permite dizer: suporte a injustiça hoje, você terá abundância amanhã. Mas como num sistema de desigualdade o crescimento poderá produzir outra coisa, que não seja desigualdades? É de fato um círculo vicioso que Michel Bosquet* evidenciou bem: o crescimento passa, as desigualdades ficam. Não é preciso ser muito sábio para observar ao próprio redor, ou ler as estatísticas sobre salários, desemprego, etc. Mais uma vez, o equilíbrio não é um remédio, ele não leva automaticamente à igualdade.

O crescimento limitado ao qual eu fazia alusão é outra coisa. Ele tem em conta o fato, os trabalhos de Prigogine demonstraram, de que os sistemas sociais

---

[30] NT: no original em francês, a contrabanalidade dos três Es: *égalité= equilibre=écologie*.
*NE: nome utilizado por André Gorz em artigos publicados em *Ecologie Politique*, 1975.

e orgânicos são sistemas dissipativos, evoluindo distantes do equilíbrio. Ele tem por condição de existência as diferenças de toda ordem, mesmo a diferença entre a fonte quente e a fonte fria de seu motor está na origem do movimento, ou aquela entre a fonte "ruidosa" e a fonte "redundante" na origem da circulação da informação. Ela permanecerá também local, no tempo e no espaço, pois ela pressupõe e desenvolve a pluralidade das coletividades e meios ambientais. Esse caminho me parece o único compatível com o respeito aos outros e à resistência à propensão imperialista. Crescer deveria significar então viver da diferença, simplesmente porque a diferença é a vida.

JPR: *O crescimento não é então uma fantástica destruição de valor do costume?*

SM: Os ecologistas não admitem a idéia de desenraizamento sistemático, a raspagem periódica e sob encomenda de tudo que existe, sob o pretexto disso ter o defeito de já ter existido. O futuro não implica, como desejariam que acreditássemos, destruição do passado. Dizem-nos: o passado é um erro, é quase um pecado, nós devemos negá-lo para ir adiante. Isso não é verdade. Os novos homens não nascem da destruição dos homens antigos, tudo o que existe e se desenvolve o faz guardando raízes.

Portanto, o solo social é coberto de ruínas das culturas e das formações precedentes: seu volume não pode sempre ser dissimulado e reaparece incomodando, habitado por vezes por uma vida orgânica ativa e que se manifesta: não nos desembaraçamos facilmente dos bretões, dos occitanos, dos índios, dos quebequenses, dos ciganos, etc. Aqui também os ecologistas são partidários da reciclagem ativa desses "dejetos". Pois nós somos realistas, nós sabemos que o passado continua portador da vida e seu contato nos é necessário.

JPR: *A novidade é, contudo, admissível?*

SM: Por que esse "contudo"? A ecologia, por exemplo, é uma novidade. À sua questão, B. Chabonneau, um dos primeiros ecologistas, respondeu há muito tempo. A novidade, como também a mudança, não têm valor intrínseco. Tudo depende do conteúdo, das circunstâncias e das necessidades. Quando ela se torna um simples truque de linguagem e um argumento da verdade, ela não desperta nenhum interesse.

Entretanto, nós acreditamos que a história acelerou, mas não a ponto de as coisas, as idéias, os homens desaparecerem antes de ter existido. A menos que a novidade ou a revolução não seja apenas os novos nomes, é o caso de dizer, seja a mercadoria. Novo por quê? Em favor de quem? Por quê?

O julgamento sobre a novidade de qualquer coisa não resulta de uma simples comparação: nós viemos primeiro, vocês vieram depois, mas resulta de uma experiência de sua raridade ou de sua singularidade. A experiência de alguma coisa que nós mal tenhamos percebido, pois a novidade é sempre prematura. Não há nada de sagrado. A natureza não é sacra. Ela é. Ela carrega um certo número de valores vitais. Claro, nós podemos manter certas relações afetivas ou emocionais com ela; mas não a ponto de nos deixar alienar.

JPR: *Quais seriam as conseqüências sociais de uma limitação do crescimento?*

SM: Eu acredito que a história do futuro reconhecerá, que nós somos os únicos que não cedemos à vertigem da fuga para o futuro, a não ter proposto soluções extremas e defasadas para a situação na qual nos encontramos. Nós somos os únicos a levar em conta os novos e perigosos problemas colocados pelo balanço físico dos recursos, a escolha do modo de utilização dos novos recursos, a necessidade de mudar a prioridade do modo de reprodução dos homens[31] e das riquezas e da má distribuição do trabalho, numa sociedade onde se criam e suprimem empregos, sem uma verdadeira justificativa produtiva ou econômica, no lugar de mudar radicalmente a maneira de distribuir o trabalho necessário e de trabalhar no geral. Reconheceremos também, e em breve, que nós chegamos a uma primeira solução no círculo vicioso que constitui o principal da escalada que é a base de todo o pensamento atual: se exaurir lutando para obter produções cada vez maiores, a despeito dos gargalos criados pelo aumento da própria produção. Dentro dessa perspectiva, limitar o crescimento significa mantê-lo num patamar e deixá-lo subir de acordo com os recursos físicos, com a renovação desses recursos, portanto sem aumentar a carga que pesa sobre o meio ambiente, sem fazer um cheque de uma conta com muito risco de estar sem fundos. Em termos objetivos, isso significa que nós queremos agir segundo o princípio da desescalada, lutar por produções que temporariamente desacelerem a escassez gerada no passado pelas produções exponenciais. Isso significa que nós temos o conceito do progresso técnico automático como uma noção perigosa e mágica. Longe de preparar uma evolução, o progresso conduz a uma involução da sociedade e da técnica. A questão não é: "Você é a favor ou contrário ao progresso técnico?", mas: "De qual técnica, de qual ciência?" Se é o Concorde ou um carro que anda a trezentos por hora, não; se for uma casa em que podemos morar melhor, uma energia descentralizada e renovável, sim. Em resumo: nós substituiremos a idéia de automatização, pela idéia de escolha; escolher, não apenas se submeter ao progresso. Isto é o que nos parece uma atitude adulta. Ainda, deve-se reconhecer que todo o progresso é, por natureza, limitado. Acreditar no caráter ilimitado do progresso, dos recursos naturais e agir em conseqüência, é se conduzir como as crianças que acreditam na onipotência de seus pensamentos e atos.

---

[31] NT: Moscovici refere-se aqui à questão reprodutiva; ele advoga que é necessária uma nova abordagem para as questões envolvendo o trabalho, o espaço urbano e a família, conforme ficará mais claro adiante, nessa exposição.

Nós respondemos – estou certo de que poderíamos encontrar razões teóricas para isso – a uma necessidade interna das sociedades de limitar seu próprio crescimento, antes que o crescimento as desfigure. Contrariamente ao ponto de vista de outros, que não podem nem se desdizer nem mudar, chegamos à conclusão lógica de um fato estabelecido; a saber, que não se pode resolver a crise pelos meios que a geraram. Essa é a conclusão que a maior parte dos ecologistas europeus subscreveu durante o colóquio de Metz. Ainda uma coisa: nós não temos a idéia fixa, pelo menos alguns de nós, da obsessão pela sobrevivência. Decidimos viver mais do que sobreviver! Eis nossa proposição para liberar os homens da chantagem que lhes é feita, como se as sociedades e as populações estivessem permanentemente à beira de um abismo e devessem, através de um esforço intenso e permanente, evitar de cair lá.

Nada é mais falso de fato do que pretender, sistematicamente, que o passado seja marcado pela escassez e que a sociedade, graças ao progresso, caminhe na direção de uma abundância absoluta. As pesquisas históricas e antropológicas mostram o contrário. A preocupação das sociedades chamadas de primitivas não era a escassez nem a organização de um sobretrabalho para multiplicar os bens ou nutrir todos os dias. Eles estavam mais preocupados com a qualidade da vida deles, da intensidade de suas emoções, do que com a sua sobrevivência. A prova consiste na destruição periódica de certos bens consumíveis considerados inúteis e perigosos, por serem geradores de desigualdades potenciais.

O que é verdadeiro, é que toda sociedade conhecia uma certa escassez mais ou menos constante e que não haverá sociedade miraculosamente livre de restrições, de limites ou de relações com a natureza. Por outro lado, em toda sociedade podem-se criar certas zonas de abundância e isso de imediato, sem perda de tempo. A austeridade significa simplesmente reconhecer os limites e agir em conseqüência.

JPR: *Quais são as relações entre crescimento e liberdade?*

SM: Eu acredito que é preciso questionar a existência do guardião privilegiado do crescimento, dessa criação que o século XX trouxe a seu mais alto nível de eficácia: o Estado. Para impor um crescimento exponencial e contínuo à classe que historicamente via interesse nisso, teve que se estatizar e estatizar a sociedade. A previsão segundo a qual o socialismo, ou as sociedades modernas, assistiria à deterioração do Estado se inverteu e, ao contrário, nós assistimos a uma deterioração constante da sociedade civil. Lutar pela liberdade hoje é primeiramente lutar pela sociedade, contra o Estado. Nós não podemos lutar contra a burocracia e a tecnologia no nome do Estado: esses são bodes expiatórios, a crítica não deve se deter aos instrumentos do Estado sem colocá-lo, ele mesmo, em questão.

O outro ponto é aquele que nós já evocamos, a propósito da igualdade: o crescimento é usado como a justificativa no presente da supressão da liberdade, em nome de uma maior liberdade futura. Ela é motivo, argumento para todos os sacrifícios. Sacrificar a liberdade ao crescimento: com mais ou menos rigor, todos os Estados têm essa linguagem. O que quer dizer sacrificar o hoje por um amanhã sempre adiado. A liberdade e a democracia são apresentadas como resultados esperados de um aumento quantitativo da oferta de bens para a sociedade industrial. Isso é tão falso quanto absurdo e perigoso. Mas temos uma boa resposta a essa questão: como as liberdades morrem?

JPR: *Que lugar os ecologistas conferem ao trabalho na sociedade, e em particular na sociedade industrial contemporânea?*

SM: Para falar de uma forma simples, os ecologistas pensam, como todo mundo, que o trabalho é necessário aos homens vivendo em sociedade e suas relações com a natureza. De minha parte, estou persuadido de que uma sociedade dietética, onde nos ocuparíamos apenas da saúde e das férias, ou ainda uma sociedade informática de escravos cibernéticos e escribas eletrônicos, será uma sociedade nadando na melancolia. Nesse caso, o trabalho é a saúde. Também, se você me permite, no lugar de fazer um elogio à preguiça ou ao trabalho, vou falar primeiro sobre o que eu não acredito e, em seguida, o que espero. A vontade de mudar de vida, uma confiança nas associações de trabalhadores[32], faz com que alguns de nós coloquem todas as suas esperanças no renascimento das proximidades. Entretanto, se as associações de trabalhadores fazem parte há algum tempo de nosso projeto político, ela tem pouco alcance. O mundo da produtividade continua a ser asfixiante na indústria moderna. E mais: nada é estável, nada oferece certeza no círculo profissional, então é melhor nada propor em matéria de trabalho hoje, se não colocamos a esperança em uma outra divisão, entre o tempo de produzir e o tempo de viver. Assim, aqui vai a minha resposta:

– O trabalho faz parte de uma atividade necessária aos organismos humanos vivos e em sociedade e é reclamado pelas trocas com o ambiente. Toda espécie escolhe e modifica seu ambiente, que compreende recursos limitados. Ela se reinventa, se reproduz e nenhuma técnica e nenhuma ciência podem dispensá-la disso. Não existe natureza que nutra, equipe e abrigue gratuitamente, e não existirá jamais máquina que fará o trabalho no nosso lugar. Além disso, estou convencido de que, independentemente das condições materiais, uma sociedade dietética, puramente contemplativa, ou uma sociedade informática, cheia de escravos mecânicos e de escribas calculistas, será uma sociedade infeliz. O trabalho tem bases físicas e biológicas profundas na natureza humana.

– O trabalho tem sempre um caráter obrigatório. De restrição social em primeiro lugar, pois não trabalhamos jamais verdadeiramente sozinhos, mesmo que estejamos isolados, e de restrição física em seguida: do meio, da ferramenta, da

---

[32] NT: no original em francês, *compagnonnage*.

matéria e de seu próprio corpo. Essas são as razões suficientes, a meu ver, para considerar que uma expressão como "trabalho livre" é uma contradição nos termos e a "motivação ao trabalho" é uma manipulação pura e simples em vista do aumento da produtividade de cada um. A expressão de uma ideologia produtivista.

Falando dessas constatações, minha resposta é relativamente simples: *é possível reduzir a semana de trabalho para 24 horas nos próximos cinco anos.* Com efeito, o trabalho de meia jornada para todos é um objetivo realizável, sem nenhuma redução, ou quase, do nível de vida. Remeto você aos estudos numéricos de Loup Varlet e Daniel Schiff[33]. Com relação a essa redução, nós desejamos uma reaproximação da produção do resto da vida dos homens.

O trabalho permanece quantitativamente muito importante e qualitativamente medíocre e aborrecido. A idéia de um trabalho industrial fácil e agradável surge cada vez mais como um mito. Nós não podemos reduzi-lo e introduzir alguns elementos de transformação. Uma das primeiras necessidades será, portanto, antes mesmo de mudar a produção, integrar na esfera da vida aquilo que implica transtornos na escala e no tempo. *Nós poderíamos propor, por exemplo, que o tempo de deslocamento seja a partir de agora incluído no tempo de trabalho.* A semana de quarenta horas começaria no momento em que saíssemos de nossa casa e terminaria quando voltássemos a ela: bem aplicada, essa medida serviria para melhorar o transporte, para aproximar os locais de trabalho e de habitação, para descentralizar as empresas no lugar de centralizar os trabalhadores.

O domínio dos serviços deve ser igualmente examinado de perto: existe uma espécie de inflação de emprego sem uma ligação real com o trabalho produtivo. As novas indústrias tendem a criar poucos empregos produtivos; elas os suprimem e reenviam a mão-de-obra para a indústria de serviços; o exemplo mais conhecido é aquele das marcas de combustíveis, que gastam uma enorme energia para a venda no mercado de um produto rigorosamente idêntico, pois é adquirido na mesma fonte.

Enfim, é uma lei à qual nós devemos recusar a nos submeter, pois ela faz de nós condenados perpétuos ao trabalho. Ela poderia se enunciar assim: quanto maior o esforço de produção ou de pesquisa, mais investimos em meios aperfeiçoados e mais produzimos objetos efêmeros. A vida útil de uma descoberta, de um processo, de um objeto é continuamente reduzida pela necessidade de sua renovação, mais do que por um elemento realmente novo; o ganho de tempo provocado por um processo, por exemplo, é imediatamente contrabalançado por uma redução na vida do produto; levando tudo em conta, o benefício do produtor-consumidor, do homem social, é anulado.

---

[33] *In: Trabalhar duas horas por dia*, de Adret, Éditions du Seuil, 1977.

JPR: *Isso quer dizer que você não deseja criar simplesmente um melhor sistema, mas a partir do presente agir sobre os comportamentos? Nesse sentido, então a preguiça não parece um valor a restaurar?*

SM: Eu não tenho nada contra a preguiça, mas não acredito que o tempo liberado do trabalho possa tornar-se, nem talvez deva, um tempo para a preguiça. É preciso permitir escolhas e nós teremos muito a fazer fora o trabalho. Penso particularmente na grande miséria do tempo social, espremido entre o privado e o produtivo, ignorado pela maioria de nossos contemporâneos: zona desértica ou pouco atraente. Nós vagamente o substituímos pelo tempo de lazer, que fica muito mais na órbita do consumo e corresponde a uma fraca socialização das relações, contrariamente ao tempo das festas, das atividades artesanais e sazonais em comum, em suma, tudo que constitui o tecido social.

JPR: *"Tempo Social" não me agrada, me lembra um pouco o dever e o militantismo. Eu preferiria "tempo convivial"...*

SM: Digamos tempo comunitário, para marcar bem que se constitui de relações na escala comunitária de vida, numa partilha possível de emoções. Existe um tempo em que toda comunidade deve se celebrar e se ocupar dela mesma; nós o perdemos, é uma grande privação que nós suportamos. Esquecemos muito que o trabalho anônimo, o esforço sem objetivo, a idade, nos privam, mais do que todas as coisas, dos outros. Essa "privação dos outros" tem graves implicações sobre o plano psíquico. A criança é privada de seus pais, as gerações são privadas do contato entre elas, etc. Nós devemos para isso desenvolver uma ação, que chamarei antropológica, para distingui-la de uma ação política.

Freqüentemente tenho a impressão de que as pessoas estão cansadas de um sistema que as coloca perpetuamente em estado de competição. Ou, ainda, o que é então o consumo senão o resíduo da competição? Em compensação, todo partidário da austeridade reconhece que uma sociedade deve se celebrar através de certos desperdícios; o tempo comunitário, a festa são desperdícios preciosos.

JPR: *Uma outra segregação que me parece também difícil de suportar é a que afasta ou aproxima os indivíduos no trabalho de acordo com sua idade; será que não poderíamos buscar outra divisão?*

SM: Os ecologistas trazem de volta uma velha reivindicação socialista, que tende a reaproximar a escola da atividade produtiva e social. Penso, de minha parte, que a entrada na vida produtiva deveria se dar mais cedo, não para aumentar o peso do trabalho, mas, ao contrário, para torná-lo mais leve; creio igualmente que a aposentadoria, na sua forma atual, está condenada, pois ela é fundamentalmente segregante e termina por parecer insuportável aos aposentados. Em contrapartida, cada um poderia ter sua cota de anos livres, anos desempregados, digamos em torno de dez anos, no momento ou idade que lhe convier. Esses seriam anos *dominicais*[34] e, mesmo que todos os dias não fossem domingos, esses seriam os domingos da vida. O tempo para respirar, não somente um dia, ou um mês, mas um ou dois anos. Depois retornaremos ao trabalho, ou iremos trabalhar em outro lugar, fazer outra coisa. Em uma palavra, não há idade para a retirada, nos retiramos para respirar, fazer e ver outras coisas, em todas as idades: a retirada à *la carte*, que não deveria apresentar problemas sociais ou financeiros insolúveis. Poderíamos nos dar como palavra de ordem: *Um homem vive toda sua vida*; isso diz claramente que é preciso às vezes mais tempo para viver e que é preciso viver mais tempo!

JPR: *A corrente de etnologia contemporânea, ao redor de Marshall Sahlins, Pierre Clastres, Jacques Lizot, Robert Jaulin e outros, desenvolve a idéia de uma sociedade primitiva que, longe de ser condenada à escassez, conhecia a verdadeira abundância, com uma condição mínima de trabalho. Ela poderia servir de modelo ou de inspiração aos ecologistas?*

SM: Esses trabalhos reagiram primeiramente à imagem, à qual fomos apresentados durante muito tempo, das sociedades passadas, pela qual em outros tempos os homens viviam num estado de privação total. Eles tiveram o mérito de nos mostrar que isso não era assim. Essas sociedades subsistiram durante milênios, bem mais que as nossas, e seria paradoxal acreditar que elas tiveram que fazê-lo dentro de privação constante, admitindo que elas não estenderam voluntariamente o tempo de trabalho na época para mais do que algumas horas por dia. Outros antropólogos mostraram que o sistema produtivo era muito eficaz; essas sociedades tinham, na realidade, conhecimentos suficientes para reduzir ao mínimo extremo seus investimentos, ao assegurar-se uma ampla subsistência pela caça e pela coleta, ou por uma agricultura simples e produtiva. Seu exemplo é instrutivo, mas é evidentemente impossível adotar suas soluções. Nós somos hoje infinitamente mais numerosos, fenômeno que não é reversível e nós vivemos numa sociedade infinitamente mais complexa. Podemos sempre decidir simplificar e reduzir: não se vira o mundo como uma panqueca. A lição a se tirar disso é muito mais da ordem do conceito; a abundância não é a multiplicação dos produtos dos quais gozamos pouco e que muito penamos para fabricar.

JPR: *A ciência e o progresso científico são irreversíveis?*

SM: Sem dúvida, haveria poucas pessoas que, se questionadas de repente, iriam expressar uma confiança reservada. Fazer crer que, por um lado, uma minoria de ecologistas exclama em uma só voz: "Abaixo a ciência!" e que, de outro, a maioria da humanidade se pasme maravilhada diante da ciência, isso tem um ar um pouco ridículo, mesmo nos tempos de frenesi tecnocrático. Talvez eu seja o

---

[34] NT: anos sabáticos.

único entre os ecologistas a cometer o erro de escrever um livro que toca na desconfiança da qual você fala. Isso pode ter duas razões. Primeiramente, a modificação de nossas relações com a natureza. Há muito tempo a ciência, vizinha da filosofia, foi incumbida de descobrir os segredos da natureza, explicar a natureza tal como ela é. Pretendemos acreditar que esse é sempre o caso. Porém, na época moderna, atingindo seu ponto culminante, a ciência se interroga, sobretudo, sobre o que fazer com a natureza, como explorar seus segredos. Ele torna-se uma ciência técnica. Cada progresso do conhecimento levanta a questão: como fazer a natureza servir aos fins técnicos? Em seguida, a ciência da qual falamos de forma geral é uma ciência com um C maiúsculo, consagrada adversária e herdeira da religião, depositária da razão e das verdades da humanidade. Por terem sido suficientemente aprisionados pelo obscurantismo e pelo poder, os homens viram nela garantia maior das luzes e da liberdade do espírito. Tudo isso é certamente o passado. Ainda nos apegamos a isto, por falta de algo melhor. Enquanto esperamos, a ciência é também o Valium do povo.

Essa ciência com um "C" maiúsculo se apaga lentamente. Nós não podemos falar a não ser de ciências com um "c" minúsculo, das ciências no plural, que não são mais parte de uma ciência unificada como era outrora a mecânica. Elas representam uma rede de disciplinas, tendo cada uma seus métodos, seus conceitos, sua abordagem dos problemas ou seus modelos de explicação distintos. Elas representam múltiplos tipos de saberes cujo fluxo cresce sem cessar e cujas regras variam em função dos fenômenos estudados. É aí que encontro algo de difícil: essa quantidade de ciências cria uma incerteza e mesmo uma aflição, quando devemos tomar a decisão quanto ao que é: verdadeiro ou falso, aquilo que conhecemos e o que ignoramos. Não que nós nutríssemos uma desconfiança, mas nós não podemos ter uma confiança plena e indiscutível nelas. Por pouco que a crença na ciência se afrouxe, a perspectiva se desloca e, no lugar de atingirmos a luz, nós temos, não importa que momentaneamente, uma confusão desconcertante das ciências enfermas em sua torre de Babel.

Eu acredito, portanto, que os ecologistas partilham do embaraço no qual se encontra a maior parte das pessoas hoje. Muitos dentre os ecologistas partilham da crítica das próprias ciências, no que tange à situação da pesquisa, suas colusões com o poder vestido de civil ou militar. Por essas razões, então, nós nos mostramos, é verdade, intolerantes aos pratos requentados que são servidos nos banquetes da ciência e às velhas cortesias que ela espera em troca. Mas somos muitos a pensar que podemos mudar as ciências ao mesmo tempo em sua relação com a natureza e com a sociedade. Nossa pretensa desconfiança é totalmente contrária à passividade e ao abandono. Ela exprime, sobretudo, a tensão que sentimos para pensar a contracorrente de uma época, na qual a ciência técnica tem um papel essencial.

Ser contemporâneo significa falar da ciência com um "c" minúsculo. Como uma imensa bricolagem de fatos, idéias com as quais milhares de pessoas comuns tentam se virar com seus aparelhos e suas calculadoras, divertindo-se em descobrir um truque ou em demolir o truque do vizinho. São milhares de indivíduos que, inaptos para imitar, incapazes de se adaptar à realidade tal como ela é, fogem para um laboratório ou para a frente de uma mesa de trabalho. Como essa imensa bricolagem se transformou em regente de nossa civilização, em fantasma que assombra as imaginações, é um mistério que freqüentemente tentamos explicar. Você vê, eu me digo, às vezes, que é impossível compreender o que se passou no século XIX, se não partirmos da constatação de que ele foi um século de aflição: ele entristeceu tudo, pomposo, cinza. Se traduzíssemos a evolução da humanidade em cores, constataríamos que existiu um século em que o mundo virou cinza. Tenho certeza de que uma das grandes mutações dos últimos 15 anos é a explosão de cores e a diminuição do cinza. O século XIX também marcou a passagem da ciência alegre para a ciência triste. Da ciência para a Ciência. A alegria, as cores começaram a ser consideradas como obstáculos epistemológicos e este filósofo maravilhoso e ambíguo que era Bachelard escreveu um livro, *A formação do Espírito Científico*[35], no qual ele descreve o internamento da alegria e da cor, tanto quanto o triunfo da razão. Não obstante, produziu-se também outra coisa; a saber, a inversão da velha relação de necessidade, tanto que a ciência e a técnica poderiam, a partir de agora, ser determinadas pelos que as fazem, pela sociedade. Nós podemos escolher o que queremos de fato da ciência e da técnica e, entre todas as variantes possíveis, decidir qual realizar. Existem restrições internas, evidentemente; mas, no conjunto, permanece uma *latitude* de escolha.

JPR: *Não podemos estabelecer uma relação de necessidade entre ciência, técnica, produção, modo de produção, portanto sociedade, logo homem?*

SM: No sentido tradicional, não. Aqueles que afirmam essa relação diretamente são ou dogmáticos, ou ignorantes. Os mais sinceros entre eles nos contam apenas sua própria experiência. Eles não podem nos explicar a natureza dessa relação – Econômica? Social? Antropológica? – porque não dispomos de fatos convincentes para apoiá-la. Eles não podem generalizar para um número significativo de sociedades de hoje e de ontem. São forçados a admitir que os fatos da história, os de diferentes ciências e os da vida social, são mais diversos do que nunca. Todos esses fatos se misturam, entretanto, sem se sintonizar. Desculpe a comparação: sofremos de engarrafamentos de compreensão tanto quanto de trânsito. Talvez possamos contornar esse obstáculo, se tomarmos a liberdade de mudar de direção. Antigamente todos pensavam que a ciência propunha e a sociedade dispunha. De uma só vez, vemos melhor qual é esse engarrafamento das ciências e da sociedade. Quer dizer que as disciplinas físicas ou químicas fizeram primeiramente descobertas, como o galvinismo e o magnetismo, das quais algu-

---

[35] NT: Bachelard, *La formation de l'esprit scientifique*, Vrin, 1938.

mas foram em seguida desenvolvidas nas indústrias civis e militares. Mas então a pesquisa era rara, as ciências pouco numerosas e o seu uso pouco evidente. Agora as coisas mudaram radicalmente. A fórmula tornou-se: a sociedade propõe, a ciência dispõe. É indiscutível, por exemplo, que a profusão de invenções no domínio dos foguetes e dos satélites, esses corpos celestes criados pelos homens, foi anunciada pelas "propostas" das sociedades americana e soviética, cada uma desejando demonstrar sua superioridade sobre a outra. É significativo que as propriedades dos materiais sejam determinadas pelos critérios econômicos; por exemplo, mesmo antes que as pesquisas comecem, a escolha de uma molécula terapêutica é feita em função de uma demanda de mercado, sem falar dos inúmeros expedientes militares, cujo sucesso ou fracasso depende do estado das ciências físicas e biológicas que eles solicitam. No início do século XX, nós descobrimos os antibióticos, mas foi preciso esperar mais de vinte anos e uma guerra com milhões de feridos, para que nos apercebêssemos de sua existência e os utilizássemos. Ao final disso, construímos as usinas nucleares, verdadeiras bombas civis, antes de dominar a técnica ou saber de maneira científica o que fazer com os dejetos.

A partir de então, depois que a sociedade propõe e a ciência dispõe, as ciências e os cientistas são os árbitros da situação. Seu poder é em grande parte baseado nas coações que eles podem exercer sobre a sociedade e sobre os valores que eles têm o poder de impor maciçamente. A máxima genérica, saber é poder, recebeu assim nos nossos dias um conteúdo preciso e uma aplicação concreta. Tudo isso é bem conhecido. O mais estranho é que nós mal começamos a tomar consciência disso, a desejar extrair conseqüências. Eu acredito verdadeiramente que elas são de ordem política. E essa é a fraqueza e a força dos ecologistas. A fraqueza: não se pode voltar atrás, à fórmula do passado. A força é que eles têm por prática não aceitar nada por normal e que eles não respeitam as convenções tácitas. Eu prontamente penso que se no passado os homens combateram pela liberdade da ciência, nos dias de hoje eles deveriam combater por limitar o seu poder. Ela está instalada numa hierarquia acima dos cidadãos e do debate aberto que permite uma escolha entre alternativas, pois jamais há uma solução única, encontramos sempre ao menos uma solução alternativa. Resistir ao poder da ciência é manifestar seu amor por ela. Sua distância de nós e nossa distância dela transformaram esse amor em medo, medo de que ela se perca e medo de que ela nos perca. Mas o medo é um mau conselheiro e não deve guiar nossa política.

No momento, eu percebo apenas dois caminhos a seguir. O primeiro e mais eficaz: mudar a forma de pensar de cada um. Nós devemos sugerir e convencer o maior número de pessoas de uma idéia simples: sempre existem alternativas. Uma porta não é necessariamente aberta ou fechada; em algum momento ela está entreaberta e nós podemos decidir abri-la ou fechá-la. Quando se afirmar em alto e bom som que devemos impreterivelmente fazer avançar tal e tal pesquisa para o "tudo nuclear", o "tudo genético" ou o "tudo informático", uma questão deverá surgir na mente da cada um: não existe uma solução alternativa mais simpática à natureza? Aos homens? Não vamos hesitar em colocar essa questão em voz alta e discutir as alternativas possíveis, que se difundem gradualmente, parando o automatismo da idéia única e possibilitando a reflexão daqueles que não acreditam conhecê-las ou tampouco crêem alcançá-las. O segundo caminho: admitidamente é conhecido, mas não acreditamos que seja da conta dos cidadãos, sobretudo numa democracia, enquanto a pesquisa é uma coisa pública sob todos os pontos de vista, o que compreende o ponto de vista financeiro. Ela absorve uma parte de nossos impostos. Nós deveríamos discutir não somente a percentagem que lhe destinamos, a forma que toma, em termos vagos, mas igualmente o seu conteúdo, de maneira explícita e detalhada. Nossa aquiescência vale hoje apenas em razão de sua gratuidade. Na medida em que a nossa vida e o nosso meio ambiente estão em jogo, em que a espécie humana se tornou cobaia de experiências em escala natural, como dizemos, essa aquiescência não concerne a um domínio inacessível e secreto. Nós não podemos dá-la antes de ter conhecido seu objeto e escolhido entre alternativas razoavelmente apresentadas e discutidas. Eu fico bastante surpreso que nós sejamos criticados por sermos perturbadores da ciência e perturbadores do progresso, porque nós desejamos fazer reviver, nas condições atuais, uma tradição que remonta à Antiguidade. Somente as seitas místicas e mágicas escaparam. Eu estou fadado à heresia, mas tenho a convicção de que os ecologistas são os verdadeiros amigos da ciência, que desejam renová-la e defendem-na contra as idéias de poder capazes de deformá-la.

JPR: *A ciência não é naturalmente apaixonada pelo Estado?*

SM: Não a ciência, mas o corpo científico, o que não significa também cada indivíduo que pertence a ele. As coisas são muito complexas. Até o presente, a ciência mantém uma relação privilegiada com a guerra, com o militar, pois lá tudo é permitido desde que funcione, e o cálculo de rentabilidade não importa tanto. A teoria e a prática do computador e do radar, o início da cibernética, tomaram corpo desta maneira, durante a guerra. Todo ferro-velho de foguetes, toda a radioastronomia, mesmo a biologia molecular, são filhos legítimos e ilegítimos da Segunda Guerra Mundial. Isso é em parte por existir um antagonismo entre a lógica da rentabilidade e a pesquisa. A sociedade civil é mais lenta e vagamente alérgica à ciência, como a muitas outras coisas, o que inclui a arte. Se quisermos uma ciência pacífica, sob esse plano, devemos mudar toda uma atitude da sociedade para fazê-la aceitar a ciência de maneira normal, dentre as funções ordinárias, e não unicamente sob o seu aspecto mágico, sob o aspecto do medo. Sim, ocorrem coisas estranhas. Antigamente, o conhecimento passava por antídoto ao medo que os homens experimentavam face às forças da natureza, ou para a expressão de admiração e respeito frente às maravilhas da natureza.

Mas essa imagem, tão clara e tão límpida, não tem nada a ver com a nossa ciência de hoje. Eu a reconheço no livro, na memória coletiva e nos olhos dos puros, eu fico escandalizado que a tenhamos difundido nas escolas e colocado em cena em nossas telas. Mostram-nos um sábio diante de um quadro-negro, ou com o olho na borda de uma luneta astronômica, observando a galáxia, da mesma forma que nos mostram um camponês ao lado de uma vaca no pasto, embora saibamos que o gado não saia praticamente nunca do estábulo. A ciência, hoje, é a *big science*[36]: os imensos laboratórios, dos aceleradores de partículas do tamanho de muitos quilômetros, de grandes institutos de agronomia, etc., que empregam milhares de pesquisadores organizados em redes tecnocráticas, que dispensam fundos, regem contratos, propõem candidatos a prêmios, etc. Eu acredito que o fordismo manual desapareceu das fábricas e foi substituído pelo fordismo intelectual nos campus de pesquisa: as pessoas que não vivem mais, sobrevivem sob a égide do mecanismo darwinista de publicar ou perecer.

Ao desprazer de examinar esse vasto assunto de forma superficial, soma-se o desprazer da conclusão. De um lado, não acho que um ecologismo científico seja mais seguro e tranquilo do que simplesmente um ecologismo. O socialismo científico, mesmo sobre o ombro gigante de Marx, foi mais seguro e tranquilo que simplesmente o socialismo? Portanto, a ação política dos ecologistas será de pouco alcance ao limitar-se a fazer de nós apenas os ocupantes de cargos executivos nas esferas governamentais, trabalhando para a proteção do meio ambiente para promover a higiene urbana, evitar a poluição das águas, cuidar das paisagens e do ar puro. Um prêmio de consolação, sem dúvida, mas estaríamos errados em fazer agora a previsão. Todos os órgãos da *big science*, todas as suas redes de pesquisadores e o conteúdo de suas pesquisas estão como centros de gravidade de toda a política da natureza. Tudo se transforma em fantasma ou mentira em matéria de ecologia, se não temos algo a dizer e se não há entre nós pessoas capazes de falar sobre projetos de energia, de recursos vivos e não-vivos, do fordismo intelectual, sobre o fim programado em nossos laboratórios, dos animais domésticos e de tudo que fez a base de nossas vidas, desde a revolução neolítica. Em regra geral, vituperar a ciência não serve para nada. Nós somos seu amigo insistente, em busca da verdade e de uma relação fecunda na natureza, e não os heróis desiludidos de uma batalha perdida de início, eu quero dizer, uma batalha por uma nova ciência.

Mas, antes de prosseguir, coloquemo-nos uma questão: existirá uma relação entre a prosperidade social das ciências e a fecundidade intelectual? Uma conduz à outra? Uma questão bastante árdua! O século XX, até o fim da Segunda Guerra Mundial, foi um século muito revolucionário, muito criador, muito prolífico. O que vejo, lançando um olhar sobre sua história dinâmica, é a imagem que quero descrever: a ciência mudou, ela se tornou irreconhecível nas alturas para onde foi

---

[36] NT: grande ciência, em inglês no original.

içada. Esse fato nos serve para explicar por que todos os cientistas não se reconheçam nela ou estejam inquietos? Essa defasagem é, para nós, de grande importância. Nós todos sabemos, por experiência, que na política é preciso usar por vezes tanto o espírito da geometria quanto o espírito da delicadeza. Para o primeiro, a política é uma questão de adversários, de categorias (ecologistas, cientistas, etc.) e para o segundo, uma questão de alianças móveis, de diversidade de homens e de circunstâncias. Nós combatemos os adversários com um espírito de geometria, mas estamos em contato com eles pelo espírito da delicadeza, a fim de trazer de volta as coisas às suas dimensões normais através de nossas propostas. Uma fórmula única não resume nem as críticas, que são necessárias fazer à ciência, nem as relações que mantemos com os cientistas. Em lugar de procurar uma fórmula, eu contarei uma pequena história.

Eu tive como mestre Alexandre Koyré, que me ensinou que a ciência é um percurso de nosso espírito, em direção à descoberta da verdade. Graças a ele, eu fui *fellow* do Instituto para Estudos Avançados[37] de Princeton, onde trabalhei no mesmo pequeno prédio que Dirac, o autor da teoria da antimatéria. Falei com Henri Weil, um dos maiores matemáticos. Eu vi Gödel na biblioteca, e encontrei Maurice Lévy, pioneiro de nossa física no pós-guerra, etc. E me lembrarei sempre de uma conversa com Oppenheimer, que era na época diretor do Instituto. Ele me recebeu e num dado momento declarou: "Deve ser difícil se levantar toda a manhã e dizer para si mesmo, que é preciso ter uma idéia"; somando: "Não é angustiante? Existem por vezes grandes momentos". Foi assim que, durante um ano, eu vivi pela primeira vez no meio dos pesquisadores consagrados e de outros mais jovens, mas não menos brilhantes, quase todos matemáticos ou físicos. Suas disponibilidades me impressionavam e, sobretudo, a percepção aguda que tinham sobre o que mudava na ciência, sobre a rigidez das autoridades e das gerações, a prosperidade nascente dos institutos de pesquisa, das universidades e de tudo que continuava opaco ou mesmo imprevisível para eles, na corrida das máquinas da física, cada vez mais gigantescas e mais poderosas. Por outro lado, eu senti e continuo a sentir neles um balanço análogo ao nosso em meio ao movimento de rota das ciências que, sem desenvolver ainda uma vertigem, levanta questões que são comprovadas como exatas. Em todo o caso, o primeiro contato com os cientistas e os demais contatos que se seguiram me fizeram pensar que, a despeito de suas críticas, os ecologistas deveriam procurar um permanente e íntimo contato com os cientistas. Não somente porque alguns são também ecologistas, mas também porque nós não podemos substituí-los na elaboração de uma política da natureza ao mesmo tempo imaginativa e concreta. E, para fechar esse giro de 360 graus no exato lugar onde começou: da mesma maneira, os ecologistas continuarão marginais na política da natureza, se não estabelecerem um laço com os cien-

---

[37] NT: *Institute for Advanced Studies*.

tistas; de forma análoga, os cientistas não cortarão o nó górdio da crise da ciência – que é uma crise de nossa cultura –, se eles não a abordarem do ponto de vista da questão natural, conosco. Tentemos, portanto, estabelecer uma relação contínua com eles e imaginar em conjunto se a ciência pode continuar de um modo diferente. Para dizer a verdade, isso é essencial ao sucesso de nosso movimento e de nossa política.

O estabelecimento de um método científico ou técnico deveria depender de uma avaliação de suas vantagens e efeitos negativos psíquicos, físicos ou sociais. Fazemos raramente esse tipo de avaliação, devido à hierarquia existente entre as ciências e notadamente à influência das ciências exatas sobre todas as outras. A atitude crítica dos ecologistas diante dessa hierarquia é justificável, pois eles mantêm em mente em primeiro lugar, e sobretudo, o respeito à vida. Não o dizemos suficientemente: a vida é rara e frágil. Dito isso, em nenhum caso o projeto da natureza solucionaria os problemas da sociedade! Ele estabeleceria simplesmente um certo número de possibilidades ou de constantes,[38] cuja presença nos parece necessária à vida.

A segunda hipótese relaciona-se aos objetos pelos quais a ciência se interessa. Esses são considerados em geral como conhecidos, mas, como fazia perceber o matemático Thom, não sabemos ainda por que certa folha se desenvolve seguindo tais linhas; nós ignoramos a significação biológica das relações entre as pessoas, mal redescobrimos a energia solar, a eólica, a geotérmica, etc. A ciência tem seus tropismos: ela se interessa obstinadamente por certos problemas e não por outros. Por exemplo, conhecíamos a eletricidade há séculos, mas ela não era um assunto interessante. O dia em que a ciência redescobriu a eletricidade, uma coisa vulgar e divertida, ela se transformou, da mesma forma que a literatura mudou quando a linguagem vulgar fez sua aparição.

JPR: *Existem ciências ecológicas?*

SM: De uma certa maneira, o que importa? Se não começarmos logo, não começaremos jamais. A ciência não ecológica existe e não serve para nada deixá-la se desenvolver tranqüilamente ainda mais, cavar com maior profundidade o fosso entre o homem e a natureza. Mudemos a ecologia das ciências e nós teremos ciências ecológicas. Nós as vimos anteriormente surgir aqui e ali na medicina e na biologia. Mesmo na química, em lugar de *fissurar* e *quebrar* em pequenos pedaços as substâncias elaboradas, vamos à escola da natureza, que combina as moléculas simples e abundantes para constituir moléculas complexas. O desperdício prodigioso, que consiste em aniquilar em algumas horas o que a natureza levou milhões de anos para fabricar, este desperdício era, ou é, sempre a base da maior parte dos "milagres" da técnica e da ciência modernas. Os químicos, que

---

[38] NT: constantes matemáticas ou geométricas.

lançam as bases dessa nova química, se propõem a inverter a tendência. É por isso que eles aderiram ao movimento ecológico. É necessário adicionar que indiretamente nós temos algo a ver com isso? Podemos apostar que esses casos não ficarão isolados, que uma mudança de epistemologia vai se operar no mundo da pesquisa. Sejamos exigentes e de qualquer modo lúcidos. Toda ditadura, científica ou não, seria contrária à idéia que nós perseguimos.

JPR: *A ecologia aparece então como um movimento epistemológico?*

SM: Como ela não o seria? E qual movimento importante não o é? Sem dúvida, depois de vinte anos, fazemos reconhecidamente parte da história como o único movimento verdadeiramente novo numa época. Não nas universidades ou meios semelhantes – como o pós-modernismo, por exemplo – mas na sociedade, na cultura talvez e na vida de cada comunidade no planeta. Isso não nos mudou muito, mesmo que nós tenhamos mudado muito a sensibilidade e as práticas dos homens. Nossa questão natural se tornou a deles, e se talvez estivermos enganados, cedendo ao que os psicólogos chamam de ilusão de universalidade? Em todo o caso, a vida não continua exatamente como no passado, talvez tenha melhorado um pouco, mais próxima da natureza por um lado, mais selvagem por outro. Nossas idéias, se elas não encontraram ainda o caminho do futuro, conseguiram ao menos indicar uma direção. Não é fácil se manter nela. Isso exige bastante clarividência e coragem. Nós não as temos todo o tempo. Nossa chance, não meritória, que responde em parte à sua pergunta, é a de sermos os herdeiros de uma tradição epistemológica, o naturalismo que de Diógenes a Wittgenstein, passando por Rousseau, Goethe ou Marx, nos intimida e que, como toda tradição, tem a necessidade de ser reinventada. Existe então aqui algo a ser feito. Eu não sei se sou suficientemente próximo dessa epistemologia. Ao menos eu já a experimentei, eu aprendi que ela é a face visível, a expressão de uma mentalidade. É claro, o que vou dizer será rápido. Na massa de documentos sobre a religião, as línguas, os saberes das culturas, ditas primitivas, Lévy-Bruhl descobriu que, longe de ser uma frivolidade de associações irracionais, elas constituíam uma "mentalidade *pré-lógica*", que tolera as contradições, por exemplo: que um homem é também um pássaro, ao mesmo tempo que ela não tolera o acaso. Não existe acidente, tudo é produto de alguém ou alguma coisa. Onde, para muitos de nós, a violação da regra de não-contradição seria o efeito de uma falha da razão, Lévy-Bruhl via a forma mascarada de um outro princípio de razão. Em seguida nós conhecemos a "mentalidade lógica" do Ocidente, clássica desde os Antigos Gregos. Encerrada entre as premissas e a conclusão, a cadeia de silogismos explora as razões, para desembocar numa saída necessária e incontestável. Para dizer a verdade, é preciso eliminar toda contradição, seja diante de um juiz ou de um público. Para ser verdadeiro, é preciso guardar a razão. Eu não estou dizendo que ela não mudou depois e mesmo de maneira draconiana, tornando-se científica.

Ela admitiu a dúvida, adicionou ao silogismo o cálculo, à observação dos fenômenos a experimentação dos mecanismos, como meios de prova, que se tornaram nossa idéia fixa. E eu penso aqui no aforismo de Braque: as provas cansam a verdade.

Salvo erro de minha parte, nós estamos a caminho de adquirir uma prática *eco-lógica*. Dois fatos nos fazem pensar isso. Primeiramente, a extensão das ciências, dos conhecimentos, que admitem o princípio de complementaridade. Em outras palavras, elas descrevem a realidade do ponto de vista de duas "teorias" exclusivas uma à outra, mas, entretanto, igualmente necessárias para apreender os fenômenos. É o caso, a despeito das polêmicas, da física quântica. Mas também da biologia evolutiva – que recorreu à teoria genética e à teoria etnológica - da termodinâmica – que maneja as noções de entropia e de informação, por exemplo.

Em seguida, nós assistimos, com a teoria quântica, ao retorno do tema dentro do processo de conhecimento, donde o havia excluído a mentalidade lógica. Quem conhece está fora do que conhece, sem relação com ele, por assim dizer. É então que o argumento retorna, certamente diferente. Veja, eu vou lhe resumir o que pensa Heisenberg. A revolução quântica não parece má, contanto que nós não olhemos o que ela significa. A saber, que o objeto da pesquisa e do conhecimento não é mais a natureza em si, mas a investigação da natureza pelo homem. Se admitirmos isso, segue-se uma grande reviravolta: o que conhecemos através das teorias não é a natureza em si, mas, sobretudo, a nossa relação com a natureza. É certo que, a partir dessa revolução, não estudamos mais os fenômenos materiais separados de nossos esforços humanos para compreendê-los. É mais necessário encontrar o objeto da pesquisa através de nossa interação com as outras forças materiais.

É isso que diz Heisenberg: "Pela primeira vez no curso da história, o homem contemporâneo sobre essa terra se confronta sozinho consigo mesmo e não tem mais companheiro ou adversário. Assim, mesmo dentro da ciência, o objeto de pesquisa não é mais a natureza ela mesma, é o estudo que o homem faz da natureza."

Existe aí uma misteriosa coincidência a propósito da qual eu desejo abrir um parêntese. Essa palavra, *natureza*, que repito sem cessar, há muito aprendi que é preciso deixá-la aos não-sábios, seu destino é dado. E, entretanto, Husserl, o pai da fenomenologia, questiona-se sobre qual é essa natureza concreta e viva, humana, portanto, que se esconde atrás da natureza abstrata e inerte dos sábios, quase ao mesmo tempo que aqueles descobrem que nós não conhecemos a natureza sem os homens, mas apenas suas relações com esses. Por isso fiquei feliz de encontrar entre eles uma preocupação relativa a essa palavra ou essa idéia repetida, como quando encontramos um amigo de infância; eu me pergunto ao mesmo tempo: Heisenberg, Bohr e outros não pertencem à corrente de Husserl, contrariamente ao que clamam. E, portanto, os físicos notadamente já levantaram a questão da natureza e admitiram que a anfitriã esquecida de nossa pesquisa e de nossa vida tem o direito de fazer com que nos lembremos dela.

Fecho esse parêntese que abri com uma intenção precisa. Para nós que desejamos que apareçam na ecologia temas novos, esse problema da epistemologia é o mais espinhoso. Um novo movimento social não difere dos antigos pelos problemas que levanta e pelas soluções que propõe, mas pela forma como pensa esses problemas e essas soluções. Você se percebe ao discutir com um tecnocrata perito em energia nuclear: o que nos distingue dele não são nem os fatos, nem os números, nem o que julga bom ou ruim, mas a forma como pensa os fatos, os números, os seus julgamentos morais; ele raciocina em relação aos meios; você, em relação aos fins, aos valores. Um movimento novo como o nosso deve, portanto, acumular uma certa cultura, afinar sua própria epistemologia, quer dizer, seu próprio pensamento; ela quer permanecer na política, existir além da política. Ocorre-nos, por vezes, não mais nos remeter a esse aspecto geral, histórico, do movimento ecológico, e nos tornamos alheios, limitando-o aos aspectos econômicos, administrativos, eleitorais, em suma, fazendo como todo mundo. Ora, se nós fazemos ou mesmo pensamos a política como todo mundo, logo todo mundo não precisará mais de nós.

Eu não posso encontrar uma melhor imagem do que a de um radar para designar o desejo de compreender, que é o desejo da ecologia: nós queremos ser o radar o menos cego possível, nós queremos nos sensibilizar sobre toda a inovação, estabelecer as convergências, tal é também nossa função.

JPR: *Apresentamos freqüentemente os ecologistas – os Verdes – como os defensores da campanha contra a cidade. O que acontece realmente?*

SM: Se eles realmente o fossem, isso não seria assim tão mal. Isso é melhor do que defender a *tecnetrônica*[39], esse artefato do marxismo para ricos, que permitirá se viver em uma grande metrópole acolchoada de computadores e que dará ao Ocidente uma vantagem definitiva sobre o resto do mundo, ou do que defender os campos eletronucleares (a palavra central não é suficiente), os Seveso, os Ekofisk do futuro, a proliferação incontrolável de bombas atômicas que os acompanham. Isso parece melhor do que um marxismo para os pobres, que lhes coloca o mercado nas mãos: ou o Concorde ou o desemprego, ou a energia nuclear ou a austeridade. Sim, é melhor ser um defensor do campo. Ao menos nós lembramos assim que, em nossa sociedade, como em qualquer outra, se a economia tem agora a palavra, a natureza terá a última palavra.

Dito isso, se é verdade que entre os ecologistas existe um certo amor pela natureza vegetal e animal, é um pouco fácil reduzi-los a meros contempladores

---

[39] NT: *La société «technétronique»*, relatório publicado em 1975 pela comissão trilateral, célula de reflexão composta pela iniciativa de David Rockefeller, de personalidades políticas, de executivos seniores e de homens de negócios da América do Norte, Europa e Japão, que fixa objetivos para enfrentar a "crise da governabilidade das democracias ocidentais".

do campo. O interesse pelo campo, como o interesse pela antropologia, pelo estudo das sociedades diferentes, tem lugar dentro de uma pesquisa de uma vida plena, de uma vida completa, face ao vazio, às exclusões provocadas pela vida urbana. Nós nos tornamos de fato incapazes de responder a toda uma série de problemas elementares e nós devemos recriar as condições de vida e as relações próprias para reintroduzir comportamentos elementares. Peguemos alguns exemplos: se eu não sei mais cozinhar para mim mesmo, lavar e consertar minhas próprias roupas, se não sei mais em qual estação estamos e o que cresce nessa estação, se não sei prever o tempo, se não sei mais me cuidar, dependo para tudo de um conjunto, de uma informação social, em detrimento de minha autonomia. Reencontrar habilidades é reencontrar a autonomia, mas é também reencontrar a tolerância ao cotidiano, à conversação, à trivialidade. Nossa sociedade, devido a uma espécie de preocupação com o controle e a racionalização, foge do bate-papo, da conversa, perda de tempo, etc. Entretanto, as técnicas tradicionais circulam a despeito de tudo e elas têm sua utilidade, mas as pessoas têm *vergonha* delas, elas querem o racional, o organizado, o mecanizado.

JPR: *Toda a vida em sociedade é uma diminuição de sua autonomia; não há sociedade sem divisão de tarefas; e nós aceitamos a vida em sociedade...*

SM: Toda a sociedade tolhe e concede a autonomia. A nossa atingiu um limite em que ela tolhe mais do que concede e sobretudo ela exerce um controle extraordinário sobre as coisas da vida cotidiana; nós gozamos de autonomias imaginárias, eu sei – ou acredito saber – de tudo aquilo que acontece em Washington, em Londres, conheço personagens longínquos e ignoro meu ambiente, o mais próximo, meus vizinhos. É preciso reequilibrar isso!

JPR: *Isso implica certamente um projeto urbano diferente: qual?*

SM: Somente aquilo que é diversificado é viável! É preciso reconstituir nos espaços urbanos e entre os espaços urbanos as possibilidades de vida diversificadas. Os ecologistas querem salvar as cidades: não o seu desaparecimento, mas a sua cura; nós vivemos numa grande pobreza urbana; as grandes cidades da periferia de Paris (de Marselha, ou de Lion) são catástrofes, cemitérios. É necessário reduzir, reconstruir pequenas cidades nas metrópoles. Deslocar-se, por exemplo, é um dos dramas da vida cotidiana na cidade, salvo para alguns raros privilegiados. A própria noção de deslocamento não é jamais estudada, jamais enfocada. A maior parte dos trabalhadores presenteia o empregador com o seu tempo de deslocamento. Para os ecologistas, o deslocamento é parte da casa, como a casa é parte do quarteirão, etc.; a cidade deve ser um todo, um meio vivível e não somente um reagrupamento de atividades. Além do mais, a diversidade da cidade é também uma diversidade de formas, de materiais, de combinações entre o orgânico e o construído. Enfim, primeira e última qualidade do espaço: a quantidade. Um prédio é sessenta metros quadrados por unidade habitacional e nada ao redor, senão ruas para os carros e estacionamento. São necessários terraços, jardins e espaços abertos. Cada um tem necessidade de espaço perdido, do espaço de lazer. Como encontrar um meio de fazer compreender às crianças do concreto – que são nascidas espremidas entre os conjuntos, que tomaram a lição numa escola coberta pelo barulho dos aviões e das auto-estradas, que tiveram como a única paisagem um oceano de prédios – que o espaço de lazer pode existir! Como estimular a fantasia das pessoas que passam três horas por dia mal-acomodadas em meios de transportes obsoletos, cansadas dos problemas em relação a dinheiro, a habitação, etc.?

Os especialistas declararam recentemente, em uma só voz, que a ecologia era uma ilusão e que o salário-mínimo[40] de 2.400 francos seria uma catástrofe econômica de primeira grandeza. Um tanto *ecoingênuos*[41], nós exigimos ao mesmo tempo mais ecologia e o salário-mínimo de 2.400 francos, mais um investimento massivo na renovação de tudo que foi construído nos últimos vinte anos. Tenhamos a coragem de dizer em voz alta que os arquitetos, por falta de coragem ou talento, são responsáveis por grande parte do problema qualitativo habitacional. Portanto, partindo do princípio de que nós não resolvemos uma crise chamando aqueles que a geraram, essa renovação deveria ser obra dos próprios habitantes.

JPR: *Outra divisão dessa sociedade urbana, as gerações: para cada idade um espaço, pouca comunicação, falta de encontros urbanos naturais no mais belo sentido do termo.*

SM: Nós não podemos a não ser questionar: podemos viver em camadas de pessoas de mesma idade? O modelo de vida que antes agrupava aproximadamente três gerações sob um mesmo teto, hoje reúne apenas duas e mesmo, durante uma parte significativa do tempo, uma só: os velhos com os velhos, os adultos com os adultos, as crianças com as crianças. Isso exclui todas as transmissões naturais de elementos do saber e da cultura.

O descarte dos velhos deve-se em grande parte a um novo fenômeno social, a aposentadoria, que é também um fenômeno econômico: as sociedades ocidentais são todas responsáveis por dívidas futuras, que irão crescer de acordo com o envelhecimento da população. A aposentadoria é uma aberração, ela significa que as pessoas, em um certo momento, saem totalmente da vida ativa e da esfera na qual essa vida ativa acontece. É uma coisa muito bizarra e bastante desumana.

---

[40] NT: no original em francês, *SMIC*, sigla de *Salaire Minimum Interprofessionel de Croissance*, que equivale atualmente, em euros, a aproximadamente • 1.217,88 mensais para uma jornada semanal de 35 horas.

[41] NT: no original em francês, *econaïfs*.

Nós não podemos admiti-la. Mas pode-se temer, ao contestá-la, parecer questionar uma "aquisição social". Existe certamente um aspecto de direito ao repouso, etc; mas não a um preço de um tipo de condenação à morte[42] social. Nós devemos recolocar em questão essa forma de segregação da *terceira idade*, com tudo aquilo que ela implica.

JPR: *E a família?*

SM: Enfim um assunto fácil! É muito simples dizer que, como se fala freqüentemente, a família é um refúgio para todos as infelicidades da sociedade e remédio contra o isolamento dos indivíduos; essa família não é o ideal dos ecologistas. Nós somos os cúmplices de um modo de vida que possibilita e tem como objetivo transformar as pessoas em uma tropa de consumidores, que olham juntos uma mesma tela de televisão, mudos e taciturnos. Sim, é sobretudo esse modo de vida que nós desejamos mudar e nós nos propomos a fazê-lo, para abrir o espírito das pessoas e recriar uma vida social digna desse nome. Isso permanece secundário em relação a uma transformação profunda, de longo prazo, da família e que a política pode acompanhar. Eu evoquei a questão, faz alguns anos, no meu livro *Sociedade Contra a Natureza (ou antinatureza)*, persuadido de que isso chegaria num futuro distante.

Vejamos aqui, em poucas palavras, do que se trata. Fazendo uma reflexão, nosso tipo de família pertence às sociedades de afiliação, que garantem, através de laços entre pais e filhos, uma ordem hierárquica dos homens em relação às mulheres, dos velhos em relação aos jovens, dos jovens em relação aos solteiros – estes últimos estando, na realidade, excluídos da sociedade e condenados à morte social. O mais estranho é que eles se excluem a si mesmos, como se o celibato fosse marcado pela proibição, gêmea à interdição ao incesto, obrigando cada um a se casar. Talvez essa seja a mais velha proibição, sempre em vigor até nossos dias, pois o celibatário é banido das relações sociais. Eu penso, às vezes, que o esquecimento do convite ou de acolhida, do qual é objeto, é como punições, essas que a sociedade "deveria infringir" e que não lhe infringe. Ora, no meu livro, eu sugeri que, em parte, a mudança de relações de poder entre os homens e as mulheres e, de outra parte, o crescimento do celibato, que se seguiu à urbanização massiva, esboçam o modelo de uma sociedade de afiliação. Vou-me aventurar aqui nas fronteiras do real e do imaginário, falando de uma família reconstituída sem laços hierárquicos, donde os membros decidem se afiliar, menos obcecados pela ascendência ou descendência, do que pela aliança de mulheres e homens e pelo reconhecimento de filhos e de pais.

O bizarro é que nós assistimos neste momento ao declínio da paternidade por filiação e à emergência de uma paternidade por afiliação, certamente minoritária,

---

[42] NT: no original em francês, *mise à mort*.

sem ainda conhecer suas modalidades exatas ou os obstáculos sobre os quais ela tropeçará. A natureza da crise *da* família se modificou: ela não afeta mais o desgaste da forma tradicional, mas a emergência de uma nova forma, sobre a qual nós nos perguntamos se é conveniente ou viável. Eu bem sei que é difícil saber o que é melhor fazer ou não fazer do ponto de vista político, ao se tratar de fenômenos culturais de larga escala. Nós podemos escolher reforçar de modo diverso o laço de filiação, como, por exemplo, ajudando as mães nos lares. Eu acredito que os ecologistas deveriam ter como política legitimar e assegurar a implantação do laço de afiliação, permitir uma espécie de experimentação social de suas versões nascentes. (Eu não esconderei que, a meus olhos, a nova lei sobre os Pacs[43] confere uma legitimidade ao laço de afiliação, e a palavra *pacser*, ao lado da palavra *casar*, faz passar essa lei no conteúdo e no senso comum.)

Eu apenas imagino, sem misturar suficientes doses de humor e amor. O papel dos ecologistas não é planejar o prazer ou o futuro: deixemos à imprevisibilidade o que é imprevisível, e esperemos que o prazer tenha a última palavra.

JPR: *Vendo sob outro ângulo, sabemos que os ecologistas são partidários de uma demografia limitada, mas o exercício da função de reprodução permanece uma liberdade e um gozo fundamentais. Não há uma contradição?*

SM: De modo algum. É raro que uma sociedade não limite de uma maneira ou de outra os nascimentos. Portanto, se dizer partidário de uma demografia limitada é enunciar um pleonasmo. Qual é o problema? A pobreza. Acreditamos erradamente que reduzindo o número de crianças nos países pobres, nós diminuiremos a pobreza, sem aumentar sua riqueza, mas entre uma e outra não há vasos comunicantes: a pobreza diminui se a riqueza aumenta, e vice-versa. Ao raciocinar sobre as sociedades como se fossem máquinas elementares, nós temos todas as chances de nos enganar. Sejamos então mais rigorosos nos raciocínios: a pobreza não é talvez o efeito de uma demografia galopante, mas provavelmente uma de suas causas. Comparemos as classes ricas e pobres. O que vemos nós? As primeiras têm menos filhos que as segundas. Comparemos mesmo as sociedades ricas e as sociedades pobres e chegaremos talvez à mesma conclusão. Tentemos fazer uma dedução prática: seria suficiente elevar o nível de vida das populações para frear a demografia galopante. É claro que se essa solução não surge, deve-se à falta de uma relação de reciprocidade entre nós, o primeiro mundo, e os outros, aqueles do terceiro mundo. Esses mundos permanecem separados, cada um por si e em si, a despeito de todos os falatórios humanistas. De mais longe, observamos o estranho vai-e-vem de especialistas obtusos, "esses voluptuosos sem coração" – eu amo essa definição que Max Weber dá aos tecnocratas – entre as soci-

---

[43] NT: no original em francês, *P.A.C.S.*, sigla que corresponde ao *Pacte Civil de Solidarité*, lei que foi promulgada em 15 de novembro 1999 e que rege a união civil.

edades onde as mulheres que não desejam ter filhos recebem auxílio social sob a forma de transferências para tê-los e as sociedades onde despejamos toneladas de contraceptivos, onde pagamos, portanto, às mulheres que desejam filhos, para que não os tenham. É da mais alta importância o que se exprime através desse meio, a angústia de nossa cultura, mais do que a gravidade de nossa demografia.

Mas, em outro plano, você tem razão. Nós não podemos chamar as mulheres e os homens para proteger a natureza, para defender as espécies, para gozar a vida aqui, e ao mesmo tempo lhes proibir essa volúpia, que procura o nascimento de um novo ser. Para a maioria, é a única criação a que terão direito e a sua única chance de imortalidade: dar a vida. Entenda bem, eu não sou nem contra a contracepção, nem contra a interrupção voluntária da gravidez, nem contra toda outra limitação da natalidade. Somente não acredito que esses sejam remédios para a pobreza. Com o tempo, eu tomei consciência de que o que falta às nossas cidades e às nossas ruas, não são somente as árvores e os espaços verdes, mas também crianças. Cidades e ruas sem crianças! Seria hora de remediar, ao fazer de tudo para tê-las presentes, ouvir suas vozes, vê-las brincar, criar espaços abertos, escolas abertas e verdes, lugares onde elas se encontram protegidas e brincando livremente? Isso seria demonstrar o verdadeiro espírito ecológico.

Além disso, a condição das crianças deveria nos inspirar outras reflexões. O século terminando nos mostra a imagem de milhões e milhões de crianças de uniformes, manipuladas em massa a partir da mais tenra idade, desfilando em filas em muitos países, educadas de maneira padronizada. Aos olhos e com o consentimento dos seus pais, dos professores, elas aprenderam a perpetuar sua servidão, a não ver os estigmas que terão que carregar. Nenhum outro grupo etário e nenhuma classe social conheceram esse regime de opressão brutal, de repressão dos sentimentos e do conhecimento, que é uma das imensas tragédias de nossos tempos. Sem dúvida, essa tragédia modificou tudo, inconscientemente, em nossa visão da infância. Os ecologistas têm, portanto, uma missão com respeito à infância, que desejamos descontraída e espontânea, que brinca em vez de fazer a guerra.

Achamos importante ver as crianças tornarem-se cidadãs e compartilhar nossa liberdade, ao abrigo das influências e dos assédios em massa de todos os tipos, publicitários inclusive. Após o pacto privado dentro da família, o direito a voto aos 12 anos, que nós propusemos, consagraria simultaneamente sua autonomia e sua aliança com toda a sociedade. Se hoje as crianças tornam-se ecologistas antes de seus pais, é porque seu sentimento da natureza não está atrofiado, mas também porque, vendo ressuscitar por todos os lados a natureza, elas vêem nisso uma promessa. Ao esperar que essa promessa seja mantida, somos submetidos aos altos e baixos da opinião, quando isso não é a compaixão por aqueles que se deixam capturar pela ecologia, uma utopia água-com-açúcar, segundo um novo filósofo.

JPR: *O que acontece com os ecologistas e a não-violência? É suficiente ser pacifista para que não haja mais guerra?*

SM: Sem entrar em uma discussão sobre a natureza guerreira ou pacífica do homem, eu farei antes uma constatação: a guerra se tornou uma ameaça para a espécie. Hoje, um marco quantitativo é ultrapassado, tanto no que concerne às destruições absolutas quanto a traços genéticos imprevisíveis. É a sobrevivência da espécie, desta vez, que estará em jogo numa guerra mundial; por mais graves e sangrentas que pudessem ter sido as guerras do passado, estas deixavam aos homens e à natureza uma certa faculdade de reconstituição.

Mas, no presente, a preparação da guerra mobiliza gastos de energia fabulosos. A crise de energia lidera hoje as crises sociais e econômicas e o militar, que funciona por certas facetas como locomotiva do crescimento e da produção, possui aqui um papel de agravamento dessas crises.

JPR: *Todo o Estado, entretanto, prepara-se para a guerra; todo o Estado paga tributo ao militar?*

SM: Certamente. Estado e militarização caminham juntos, não somente em relação ao plano econômico, mas também ao plano do pensamento e da ciência. Nos Estados Unidos, como na França, os homens políticos têm rapidamente a sensação de se sentir em situação guerreira; eles repetem, inúmeras vezes, que é preciso pensar "como se nós estivéssemos em guerra", mesmo se o inimigo está maldefinido. Isso tem como conseqüência o cinismo, o sentido de eficácia a todo custo – o humano não sendo contabilizado –, a primazia da vitória sobre a discussão e a escolha dos objetivos. A militarização possui um papel igualmente importante na manutenção e no agravamento das desigualdades internacionais: ela não somente protege as superpotências, como tende a cavar o fosso entre os ricos e os pobres. Hoje, os países ricos tiram grande lucro dos confrontos entre os países pobres. Todos os discursos conduzidos sobre a redução das desigualdades Norte-Sul, todas as propostas generosas e filantrópicas se apagam diante dessa realidade: as superpotências são elas ou não implicadas, de qualquer forma que seja, nos conflitos ou nas despesas de armamentos que minam o Terceiro Mundo?

Se hoje o Estado reage tão fortemente – veja Malville – contra os ecologistas quando eles atacam o nuclear, isto é menos pelo medo de conseqüências civis do que pelo reflexo militar. A energia atômica reside profundamente ancorada na sua origem, ela não deixará, sem dúvida, jamais, sua ambivalência, o peso maior de ter sido inicialmente uma energia de guerra.

Lutar contra a guerra é, portanto, ter em vista estes quatro pontos: salvar a espécie, lutar contra a espiral de crises sociais e econômicas, lutar contra as desigualdades das nações, lutar contra a repressão.

JPR: *O militar é então, como último recurso, a forma social mais oposta à ação ecológica?*

SM: No âmago do pensamento político dos ecologistas, existe o cidadão, o civil, o vivo! Nós somos o único movimento que luta pela restauração do civil. A militarização obscurece sempre os direitos civis e sociais, o conhecimento e mesmo a ciência. Todas as descobertas fundamentais das quais o homem poderia se orgulhar (o que compreende a descoberta atômica, notável sobre o plano intelectual, ou a exploração espacial) são imediatamente apropriadas pelos militares. Sabemos qual utilidade formidável os militares estão preparando para os satélites; falamos pouco disso, mas o perigo, mesmo sob o plano simplesmente técnico, é considerável.

JPR: *É impossível sair "por cima", quero dizer, pela equalização no nível superior das forças militares?*

SM: Certamente. Essas doutrinas da dissuasão têm um efeito sonífero para nós, para afastar as imagens de guerra em favor de imagens limpas, de jalecos brancos e de laboratórios luminosos. Nós devemos, ao contrário, permanecer muito vigilantes, tanto mais que nossa geração se encarrega de responsabilidades que concernem às gerações futuras. Nós fabricamos as armas: talvez evitemos usá-las, mas nós as deixaremos aos nossos descendentes e isso é muito grave. Talvez passemos o leme, mas de um barco carregado de explosivos! Isso deve ser repetido com energia. Existe um elo sutil, mas forte, entre a não-violência, o combate antinuclear e a liberdade.

JPR: *Em suma, um grande retorno a Rousseau?*

SM: E mesmo mais longe. É muito fácil, desde que pronunciamos a palavra natureza, ou natureza humana, associá-la a Rousseau. Na realidade, todo o movimento naturalista, desde que ele existe, tem afirmado que a liberdade está associada a qualquer coisa de natural, que ela é da ordem da natureza humana. Agora, como nós reintroduzimos efetivamente a linguagem da natureza na crítica da sociedade, é fácil nos tratar de rousseauistas[44], com uma pequena nuance de passadismo, de regressão.

Finalmente, a liberdade de pensar continua o Alfa e o Ômega de todas as liberdades. Deixe-nos dizê-lo de maneira provocativa porque não mais ousamos dizer: a liberdade de pensar é o direito à diversidade consciente e desejada, o direito de recusar toda pressão uniformizante. Onde ela existe, as outras liberdades não estão tão distantes. Ela se exprime, aliás, de forma também material,

---

[44] NT: *rousseauistes* no original em francês, termo empregado para os seguidores de Jean-Jacques Rousseau.

concreta: ela faz agir e, se nós a respeitamos, torna-se uma força. Toda a sociedade que se constrói contra a natureza tende a se militarizar e a fazer bom mercado das liberdades; a sociedade pela e com a natureza não esquece jamais o homem, não esquece jamais *sua* natureza, que é ser livre!

JPR: *O movimento ecológico parece ter ganho recentemente uma amplitude considerável, em constante aceleração. Isso parece que continuará. Quais podem ser as conseqüências internas disso?*

SM: Qual o futuro do movimento ecológico? Eu amaria evocar alguma coisa, que é imprecisa e misteriosa, que nós chamamos de mito. Pode ser que nós estejamos às vésperas de inventar um mito, sem procurá-lo nem o desejar, e que seu nome seja empregado para fins aos quais jamais previamente serviu. Eu não julgo, simplesmente exponho. Em seguida, nós formamos uma nebulosa de associações, um movimento poliforme, que é uma boa coisa no momento, mas que não permite prever em qual sentido ele evoluirá. Deve haver em nós uma desconfiança inata, algum localismo mesquinho, que nos deixa alérgicos a qualquer forma de grupamento ou de consenso, por medo de que ele não se torne, por magia, um sistema de poder opressor. Como se entre a espontaneidade pura e niilista e a tirania da organização, mesmo aquela de um único indivíduo, nós não encontremos o compromisso, mesmo que provisório. Para completar o quadro, nós ficamos presos no dilema entre um naturalismo reativo, dentro da tradição de um retorno à natureza, e um naturalismo ativo, mais novo e talvez mais subversivo, da escolha da natureza. Em todos os lugares existe contato entre essas duas tendências, essas duas sensibilidades, mesmo que uma pareça mais apolítica e a outra mais política. Mas isso é a vida: nós não podíamos esperar que a ecologia nascesse bem formada e pronta para a conquista dos moinhos de vento, como Pallas Athenas nasceu da coxa de Júpiter, para usar um clichê bem antigo. Além disso, é somente quando a ecologia se difunde universalmente, embora nós continuássemos a ser apenas um punhado de indivíduos, uma minoria que luta para nascer, que isso cria desordem e nos incomoda. Esses são os dias da nossa longa, muito longa primavera, de nossa vida plena de atrativos e cores. Assim, de nossas conversas surgem, às vezes, iniciativas que fazem avançar as coisas de maneira inesperada. Tal como os passeios de bicicleta: é o movimento!

Evidentemente, eu poderia ter constatado mais cedo, mas assim como o movimento comprova-se ao caminhar, nosso movimento se constrói na ação. Ele será o resultado do que fizemos. Assim, nós éramos muito poucos a compreender – eu, um pouco por profissão – que as associações, os grupos locais de defesa do meio ambiente, as ações antinucleares, os pequenos círculos intelectuais, etc. terminariam por se cristalizar em um movimento social, que atrai os demais (regionais, feministas) em torno de um tema comum, nesse caso, a questão natural. Eu pensei que hesitaríamos mais tempo antes do *salto mortal* político, que era inevitável desde o início. Se outros se recusam a se unir, não é agora o momento e o lugar de discutir sobre isso. E nós então partimos para uma longa caminhada, que está transformando a paisagem social e política. Se eu desejasse nos homenagear, eu diria que nós soubemos fazer emergir das profundezas para a superfície da vida pública, a natureza. E com ela, energias até então contidas irromperam no campo da política, substituindo as energias usadas e não renováveis. Sim, nossa aparição na cena contemporânea, um tanto desvinculada, seria, para a maior parte, um espetáculo burlesco ou indiferente, se não houvesse gozado de uma popularidade tão instantânea quanto surpreendente. Por certo, as pessoas gritaram: "Bravo, artista!" Mas cada partido colocou um pouco de verde em seu vinho tinto ou branco.

Quando toda a possibilidade de parar ou de voltar atrás nos é proibida, é preciso inovar para que na casa do ferreiro, o espeto não seja de pau. Aqueles que estão envolvidos na ação ficam tão concentrados nela, que se esquecem do que está por nascer e pelo qual eles são os responsáveis. A fim de compreender minha idéia sobre a estruturação de nosso movimento, lembre-se do princípio de Claude Bernard: o organismo é dotado de um meio interno que tem o seu próprio equilíbrio e é relativamente independente do meio externo que o cerca. Conseqüentemente, eu sugiro a instalação de uma dupla rede: – uma rede de "comunidades de iniciativa" (associações locais, *Les Amis de la Terre*, *Vivre et Survivre* e outras), em função de sua proximidade e afinidades. Essas comunidades são capazes de agir e reagir ao ambiente físico, portanto, de também viver a ecologia no cotidiano: formar cooperativas, lugares de vida, ou de reflexão, e o resto. Obviamente, essas comunidades, ancoradas na sociedade civil, representariam de alguma forma o nosso meio interno, nossos locais de difusão e de influência.

– Uma rede de grupos de cidadãos, como *Paris Ecologie, Ecologie 78*[45], responsabilizou-se pelos problemas transversais – nucleares, urbanismo, poluição, etc. – conferindo-lhes uma expressão política na época das eleições. Seria conveniente tornar essa rede mais permanente, já que a cada vez, a cada eleição, nós deveríamos refazer tudo de novo, sem falar das questões de pessoal e outras.

Eu certamente admiro e invejo aqueles que são suficientemente hábeis para improvisar sem cessar, sem perder sua autonomia. Mas, errada ou corretamente, eu penso que minha sugestão corresponde à dupla vocação de nosso movimento social: primeiramente, "mudar a vida" e não fazer política, fazer a política de maneira diferente em seguida. A característica das comunidades de iniciativa é a de ser a carne, e a que é própria aos grupos de cidadãos, a de fornecer a ossatura do movimento. Esses são nossos radares dentro do meio social, criando uma ati-

---

[45]NT: mantidos no original em francês, os nomes dos grupos correspondem, respectivamente, em português, a Paris Ecologia e Ecologia 78.

tude e uma cultura ecológicas. Os últimos são orientados para a opinião pública, as instituições, em suma, o Estado.

Eu não sei se sou suficientemente claro quanto ao alcance dessa sugestão. Nem sobre o fato de que não haverá movimento de ecologia política viável por tão longo tempo, se não consagrarmos as energias físicas e intelectuais indispensáveis. Senão, em um dia próximo, será necessário enfrentar seu verdadeiro dilema: ou bem esse não terá sucesso em convencer as pessoas de sua vontade política e, neste caso, ele será o principal responsável pelo seu fracasso, ou bem ele terá sucesso, mas sua tentativa deverá ser acompanhada de uma transformação profunda. Avançamos sobre um terreno em que não dispomos de um saber verdadeiro, só conta a experiência. Assim, se nós tentássemos resumir o que é o movimento ecológico nesse momento, diríamos que ele é entusiástico, que ele é diverso e que é bem próximo daquilo que a maior parte das pessoas sente. Ele ainda não é político, ele não se preocupa com a sua estruturação, nem com o seu futuro. Mas, ao mesmo tempo, nós respiramos, falamos e pensamos de maneira diferente de outrora. Quando me distancio um pouco e me volto para ele, é sempre a mesma frase de Paul Valéry que me vem à cabeça: "Apenas o provisório dura". Talvez tenhamos aí um princípio ecológico, pois nós nos sentimos melhor em casa do que num lugar onde tudo é calculado, tendo em vista um futuro fechado, fixado entre os programas asseados em um mundo programado.

JPR: *Deveríamos nos orientar na direção do que chamamos de "experimentação social"?*

SM: Certamente, é preciso fazer aquilo de que somos os únicos capazes de fazer hoje: tentar novas práticas. Para falar a verdade, nós crescemos muito rapidamente e em todas as direções ao mesmo tempo. É hora de aplicar a nós mesmos a fórmula dos três R: reduzir, repensar, reorientar. Por quê? Porque o essencial na experimentação é fazer nascer as coisas que não existem ou que têm necessidade de ser ajustadas. Trabalho de reflexão e de paciência, muito mais do que de cálculo. No limite, um pouco de bruxaria social: enxergar um feixe inteiro de efeitos num piscar de olhos. Mesmo se o experimento não tem sucesso, ele estimula. É porque eu vi também uma prática destinada a mobilizar os ecologistas e a deixá-los mais conviviais. Eles se tornam mais confiantes em si mesmos e em nós. O conselho de Sócrates: "Conheça-te a ti mesmo" tornou-se uma regra de vida: "Faça-se por si mesmo." É a regra da experimentação social, que dá a possibilidade a todos de tomar a iniciativa que eles precisam tomar, de escolher o esforço que eles podem desenvolver, se eles o sentem como algo vital. Tudo isso é um pouco filosófico. Mas quero sublinhar que, de fato, a experimentação social é uma prática que nos transforma. Não é somente uma solução de espera reservada aos marginais culturais ou políticos e às associações locais supervisionadas por uma sólida autoridade estatal.

JPR: *É preciso se dar conta da admirável capacidade de apropriação e banalização dos temas pelas instâncias políticas dos dois lados...*

SM: Eu me candidatei na chapa do *Les Amis de la Terre* no *13ᵉ arrondissement*[46]. Eu aprendi a fazer o porta a porta, a recolher testemunhos e informações sobre um bairro doente com a especulação imobiliária, sendo destruído, a população aterrorizada por capangas, com a cumplicidade, eu espero passiva, da Prefeitura. Falei com meus pares nas escolas. Eu estava ansioso para ver a reação. Mas, acha que eu esperava ver as salas cheias, as pessoas tomando a palavra e expondo-nos sua experiência, fazendo uma análise e dizendo-nos o que esperavam de nós? Não, da mesma maneira que eu não esperava ter o resultado que nós obtivemos. Todos sabem que o crescimento rápido de um eleitorado verde, a partir daquelas eleições, nos deu um impulso forte e nos virou a cabeça. Nós ganhamos coragem e uma certa euforia. Em suma, o movimento ecológico foi legitimizado, reconhecido pelos franceses, que foram votar com seus próprios pés em Malville e em Larzac e com sua cédula nas eleições municipais.

Esse duplo voto, surpreendente para todos, representa ao mesmo tempo uma ameaça e uma grande tentação para as forças políticas tradicionais. Todo mundo começou a fazer cursos rápidos de ecologia e convocou os publicitários, "costureiros", para se fantasiar de chapeuzinho "verde". Equipamos as bicicletas, plantamos árvores, colorimos de verde o vocabulário e os cartazes. A propósito, o melhor "traje" foi o de Brice Lalonde, uma obra de arte. Da direita à esquerda, as pessoas ficaram primeiramente verdes de raiva, depois prestaram um juramento verde: "Nós somos todos ecologistas, nós sempre o fomos." Isso foi cômico de ver. Mas lhes sejamos reconhecidos: eles nos prestaram um admirável serviço de difusão de nossas idéias e de nossos símbolos, um trabalho profissional, muito mais eficaz do que nossos discursos e folhetos. As diversas viradas às quais assistimos, de D'Ornano a Mitterrand, constituem uma homenagem involuntária às nossas teses. Infelizmente, eles têm a tendência irritante de querer nos dar lições... M. Giscard d'Estaing, repreendendo-nos por um perigoso culto ao passado; M. Mitterrand, por uma incurável inocência política: tomam nossas idéias e depois se arvoram em mentores filosóficos ou políticos. A coisa já é produto de um certo número de movimentos, entre eles o movimento estudantil e o feminista. Freqüentemente não nos incomodamos. Mas quando se tenta tomar o controle de um movimento, algo muda: não há mais o objetivo de mudar a polícia, mas os policiais, quer dizer, agir em seu lugar.

Recomecemos. Se não me engano, nós fomos os primeiros a nos lançar na ecologia política. E devemos esperar que a onda verde role por cima dos diques da marginalidade, escorra impetuosamente, irrigue o campo político, nos outros

---

[46] NT: mantido no original em francês; em português, 13º bairro de Paris.

países europeus. Espero que tal perspectiva nos ajudará a precisar nossas atitudes e a esclarecer nossos objetivos: ou bem nós seguiremos nos caminhos que nos são próprios, ou bem nos perderemos em terrenos onde nossas diferenças não aparecem mais. É a virtude da política, sua motivação e seu limite, a necessidade de se definir e indicar sua posição. Nós, ao mostrarmos que não somos nem o avatar do antigo conservacionismo da natureza e do patrimônio ético – a terra e o sangue – nem aquele do esquerdismo pós-68, *grognards*[47] de uma revolução que não sabemos bem por que nem onde deveria acontecer. Mesmo que ainda seja verdade que esse tenha sido um evento capital, um fenômeno de deslocamento de placas tectônicas da sociedade e a fissura de cada uma dessas placas, deixando jorrar pelas frestas grupos, idéias e sentimentos até então dissimulados, fique claro que os nossos também aí se incluem.

Então, eu o digo freqüentemente, nós não mudamos a sociedade, mas liberamos as energias para mudar a sociedade. Deixemos de lado todo esse amontoado histórico, do qual aproveitamos pouco, após ter dilapidado tanta energia e tanto tempo de juventude. Deixemo-nos primeiramente levar pela lógica um pouco mais rigorosa de um movimento nascido numa época em que se exaurem tantas possibilidades de invenção, em que devemos inventar sem cessar idéias e práticas por ela esperadas. Não é a banalização que é a nossa inimiga, mas o medo da banalização, portanto aquilo que nos obriga a ir mais longe e a subir mais alto, até que os outros se sufoquem e cheguem aos limites de suas concessões e sua resistência. Eu sei que isso parece ingênuo para muitos. Mas direi, tanto melhor, porque é necessário ter ingenuidade para empreender o que nós empreendemos, sem poder colher os frutos, pois aquele que os colher o fará apenas no longo prazo. Haverá reviravoltas e reveses imprevistos, rupturas e alianças nas quais ecologistas se reencontraram após se terem perdido e também a ilusão de imitar preguiçosamente os outros, tudo isso é igualmente perigoso. Hölderlin disse: "Onde há o perigo, cresce também o que salva". O que é esta possibilidade de salvação, senão a ingenuidade de sermos nós mesmos e arcar com as conseqüências?

JPR: *Quais seriam os principais obstáculos à compreensão desses objetivos?*

SM: A maior parte das pessoas é dualista e deseja escolher entre os dois pólos de uma mesma dimensão, digamos o liberalismo e o socialismo na dimensão socioeconômica. Para usar uma ilustração familiar, podemos ver os ecologistas sentados entre os dois, mais próximos de uns e de outros, de acordo com tendências individuais. Quando temos a impressão de que isso não funciona, percebemos que os ecologistas estão em uma outra dimensão, perpendicular: – a da natureza, para ser breve, encontrando-se num pólo, enquanto os socialistas e os libe-

---

[47] NT: mantido no original em francês, o nome designa os soldados da velha guarda de Napoleão I.

rais estão juntos, no outro pólo. Quando é preciso situar um movimento ou um partido num espaço de duas dimensões – a dimensão socioeconômica e a dimensão natural –, sua imagem move-se bastante. É verdade que é uma arte dos jovens perceber distintamente essa dimensão natural, ela lhes é mais familiar, então há esperança. Se me fio em minha experiência, direi que esse é o maior obstáculo. Em seguida, é preciso considerar estes três pontos:

1) Na medida em que a maior parte dos colegas, de nossos amigos, representa a realidade em termos da economia, de relações sociais, etc., eles julgam suspeito um discurso que se apóia em coisas tão triviais quanto os espaços verdes, o desaparecimento das espécies animais, a poluição urbana e assim por diante. Eles se admiram que nós possamos levar a questão natural a sério, que possamos votar por um movimento que, de certa forma, se situa fora, além ou anterior à sua realidade. Eles não imaginam que um trabalhador, um jovem, um executivo, um intelectual – quem então? – possa ser candidato ecologista e *menos ainda* que seja eleito.

2) Em seguida, eles nos consideram inimigos do progresso, pessoas voltadas para o passado, para a natureza, os rousseauistas contemporâneos ou os contemporâneos rousseauistas, o que for mais apropriado. Tudo acontece como se os especialistas do crescimento exponencial, dos quais falamos menos hoje em dia, tivessem descoberto o segredo da longevidade de nossa sociedade, afirmando que se o passado é desbotado, o futuro é brilhante, sendo a classificação feita hoje. O crescimento opera a triagem e se ele não fosse rápido, haveria apenas mediocridade e pobreza. Prontamente eles nos escutam, quando nós lhes falamos da regressão do progresso ou do crescimento em matéria de pobreza, de desertificação, de nocividade de produtos. Não somente eles escutam, eles reconhecem a gravidade dos fenômenos e ao mesmo tempo se colocam na defensiva contra nós, como se nos perguntassem: "É necessário fazer disso um caso? Esses são os custos do progresso." Tudo ocorre como se nos esforçássemos para abrir os olhos de uma pessoa que decidiu mantê-los cerrados.

3) Por fim, existe o obstáculo do *gadget*[48], que exige que nós fabriquemos todo o tempo a raridade ou a obsolescência. Portanto, de novos *gadgets*. Sem dúvida, esse é um efeito do consumerismo[49], que reduz a tensão de um estilo de vida compulsivo: se hoje comemos num prato de vidro, amanhã devemos comer num prato de papel e depois de amanhã num prato de outro tipo. O carro que utilizamos deve envelhecer mais rápido do que o condutor, cada objeto deve ser

---

[48] NT: *gadget*, pequeno objeto que agrada mais por sua novidade e originalidade do que por sua utilidade.

[49] NT: consumerismo, termo que designa o comportamento do consumidor que tende a criar associações visando a defesa de seus direitos.

descartável para deixar rapidamente o seu lugar para outro, etc. Em resumo, fazemos funcionar a economia hoje ao consumirmos hoje os dejetos e o que abandonaremos amanhã. O frenesi publicitário contribui enormemente para fazer consumir qualquer coisa, sem nada saber, sem mesmo saber o que se consome. Segundo o adágio chinês: "Que o soberano procure encher a barriga do povo, mas não seu espírito." Tudo isso implica que os ecologistas, em contraste, são uma espécie ascética e dietética, distanciada do *savoir-vivre* e do bem-viver habituais.

Contabilizemos esses obstáculos que na realidade são dois: a dificuldade de nos situar num espaço político de duas dimensões primeiro, e a opinião disseminada, em seguida, de que nós somos contra o progresso e o consumerismo. Você o sabe certamente e não era necessário resumi-los. Seja bem entendido que esses obstáculos cedem progressivamente ao persistirmos e insistirmos, mas também ao vermos as grandes catástrofes ecológicas com as quais nós sensibilizamos as pessoas e que aparecem como confirmações do que sustentávamos há tanto tempo. Nós penetramos no senso comum da cultura e este é talvez o único sentido ao qual não se resiste.

JPR: *Uma coisa é apresentar essas questões; procurar soluções, implantar uma estratégia, é sem dúvida mais difícil. Em que ponto estão as coisas?*

SM: Cá entre nós dois: tivemos mais medo do que dificuldades. Diziam-nos: ninguém os escutará, cada um cuida de sua vidinha, sem olhar para os lados, apenas para a frente: a televisão. Repetiram-nos – e tanto mais que nossa linguagem e nossas idéias davam da ecologia uma visão exótica e global – que tínhamos pouca chance de fazer dessa natureza ultrapassada um assunto de interesse. Eu me lembro das caçoadas sobre as bicicletas, as árvores, os "écolos"[50], o papel reciclável, esquecidas depois. No entanto, eu achei simples falar com as pessoas sobre aquilo de que elas caçoavam pelas nossas costas, explicar-lhes o que buscávamos na realidade, ou seduzi-las por sua novidade. Parecia-me seguir sem esforço a inclinação de minhas convicções pessoais, a atitude a mais contagiante que seja. Seguramente eu não tinha um passado de militante experiente, eu não era tampouco um diletante, longe disso. Assim, a difusão de nossas idéias foi, eu acredito, para a maior parte dentre nós, ao mesmo tempo como uma corrida de obstáculos e um passeio no campo,[51] no sentido próprio e figurado.

No momento, nós somos um movimento poético-político, uma minoria ativa da qual mal podemos nos queixar: ela possui iniciativa. Eu digo um movimento poético porque nós nos engajamos num empreendimento desproporcional e tam-

---

[50] NT: abreviação da palavra ecologistas, mantida como no original em francês.
[51] NT: no original, *partie de campagne*, possível alusão ao homônimo documentário de 1974, proibido por mais de 28 anos por Giscard d'Estaing, lançado apenas em 2002 em DVD.

bém porque aqueles que não podem mais sonhar o mundo, não sabem tampouco mudá-lo. É, portanto, a resistência aos sonhos que facilita a vitória de todos os conservadores. Mas nós não dormimos: se nós podemos sonhar com a ecologia, nossa vocação não é fazer da ecologia um sonho.

Após essas reflexões verdadeiras, mas um pouco vagas, resumamos a situação paradoxal que é a nossa: nós somos uma minoria do ponto de vista da realidade e, porém, nós somos uma maioria virtual do ponto de vista das idéias: todo mundo se tornou ecologista, embora poucos adiram ao movimento ecológico. O que, em termos técnicos, significa que o nosso poder continua modesto, embora a nossa influência seja muito grande. Os numerosos indecisos se perguntam por que querer aderir ao movimento, para quê? Essa é uma passagem difícil nessa situação paradoxal, mas que podemos facilitar ao perseguir – e eu penso que nós o fazemos – duas estratégias que, sem se contradizer, têm um papel sensivelmente diferente: a primeira é de "ganhar ao centro"; a segunda, de "ganhar nas margens". A primeira consiste em ter um impacto sobre o centro ao participar das eleições, ao agir no contexto dos sindicatos e dos partidos, ao influenciar as mídias de massa, menos para difundir nossas idéias do que para aparecer como uma alternativa legítima, nas ocasiões em que cada um é levado a escolher por um voto, ou mesmo ao girar o botão do televisor para ver ou escutar nossos candidatos. Assim efetuamos as mudanças, mesmo que sejam elas modestas. Em suma, devemos aproveitar que a ecologia começa a obter resultados para o crescimento da visibilidade do movimento, pois num dia próximo virá a deterioração, o refluxo, e será necessário recomeçar novamente, em um nível superior certamente, mas recomeçar de toda a maneira.

A segunda estratégia, "ganhar nas margens", significa ocupar espaços atualmente mudos em nossa sociedade, de maneira constante, nos quarteirões, nas regiões, para ao mesmo tempo se expressar, conversar e tecer alianças com os regionalistas, com as mulheres, os estudantes, etc. Deixar as idéias das minorias penetrarem na ecologia e a ecologia nas suas. Certamente eu não teria acreditado antes, mas nós assistimos a um florescimento de minorias ativas, que remodelam o mapa de nossa sociedade. Também, nossa tarefa é a de suscitar um campo de forças onde a ecologia é ao mesmo tempo o denominador comum e a resultante – o ecofeminismo é um exemplo. Admitamos que é uma estratégia delicada, sabendo que cada uma dessas minorias ativas quer preservar a sua autonomia.

"Ganhar nas margens" equilibra "ganhar no centro". A primeira estratégia visa um laço em profundidade e a segunda, uma extensão em superfície. A política que nós conduzimos é fora da política para evitar tensões muito grandes ou fragmentações. É também uma nova política: com poucos participantes e meios, nós somos obrigados a agir de outra forma, a fim de estarmos presentes em tantos *lugares* ao mesmo tempo, atuantes ou receptivos. Você conhece os problemas: nós somos pouco numerosos, cada um tem outras ocupações e preocupações e é com esforço que podemos fazer frente a tantas coisas. E, no entanto, de maneira quase miraculosa, elas são feitas. Perder ou ganhar, portanto, não tem a menor importância no imediato. Mas, um pouco à maneira dos antigos exploradores, nós descobrimos um *no man´s land* [52] político e cultural. Hoje, todo mundo se apressa para conquistar uma parcela desse novo terreno. Não para fazer alguma coisa, mais para nos impedir de criar esse campo de forças de diversas minorias que eu mencionei e das quais nós somos o denominador comum. Enquanto isso, o trem da história corre e será audacioso de minha parte dizer que sei em qual estação ele vai parar, deixando alguns de nós descer e outros subir.

JPR: *Essa "virtude" dos ecologistas, a publicidade de seus debates e de suas decisões, é no momento seu melhor trunfo e sua melhor arma: é suficiente?*

SM: É verdadeiro que nós não pretendemos surfar nas cristas das ondas da moral. Na "praia" onde nos encontramos, a virtude é uma necessidade. A virtude está para a participação como o vicio está para o poder. Não é necessário dizer que após a curta sessão de preliminares, nós começamos a existir para aqueles que vivem num mundo que os despreza e os distancia da vida pública, dos debates e das escolhas que lhes concernem. Ainda mais: aquilo a que eles têm direito é tão episódico – uma eleição, um comício –, tão restrito – votar, aplaudir -, que eles se tornam indiferentes aos objetivos que eles mesmos perseguem, apáticos entre os seus, na sociedade ou em seus partidos. Os homens têm necessidade de participar, têm sede dessas discussões que são muito próximas das conversas informais, fome de falar com as pessoas e não com as paredes, de exprimir seu ponto de vista sobre o que lhes interessa e não sobre o que lhes é imposto. Eles querem se reunir entre vizinhos ou com os outros, para recuperar a vida que lhes escapa, investir o banal e o transitório com uma paixão duradoura. Sem essa paixão, todo o resto é despido de importância. Deixe-nos reconhecer que é em grande parte para se fazer reconhecer, dizer sua verdade, se desgarrar de sua própria impotência ou refrescar sua paixão, que muitas pessoas aderem às nossas associações. Como sabemos, a participação em um grupo ou em uma ação comum tem sua recompensa em si mesma. Uma minoria não pode oferecer à outra sinecuras, cargos, privilégios, seguindo o exemplo da maioria. Portanto, a virtude, que aumenta a vontade de participar, não é somente a nossa melhor arma no campo político, é a única. Nós continuamos ao mesmo tempo conscienciosamente, com perseverança, a falar de ecologia, a desejar convencer, com a impressão de que as pessoas partilham cada vez mais conosco essa coisa que nós nomeamos ecologia, natureza. Cada vez mais freqüentemente, nós observamos que as associações se formam espontaneamente; folhetos ou revistas são publicados aqui e ali, a literatura circula, e parece que nós não melhoramos muito a situação ao

---

[52] NT: expressão em inglês no original, corresponde em português a "terra de ninguém".

intervir na sua própria vida ou estruturando-a. Os movimentos sociais deveriam ser assim? Eu penso assim. Aliás, compare o nosso movimento com os mais antigos, que organizaram o mutismo e o segredo, e você verá o resultado.

Mas eu desconfio que a sua pergunta esconda uma outra. É preciso tomar cuidado, como num cruzamento, quando um trem pode esconder um outro que não está visível. Bom, as forças no exterior e no interior do movimento, pressionadas pelas eleições, nos obrigam hoje a optar: esquerda ou direita? Nós não podemos escolher sermos surdos, nós não podemos escolher não escolher, escolher catar as sobras aqui e ali, em resumo, fazer tudo e nada ao mesmo tempo. Essas não são observações espirituosas, eu me limito apenas a descrever as atitudes que julgo imprecisas e confusas. Quanto mais eu reflito, mais me dou conta de que o movimento ecológico pertence à corrente de socialismos por razões históricas e teóricas. Não existe futuro para nós na direita, o futuro não é de direita! Mas nós não nos reconhecemos no espelho de uma esquerda que se identifica com essa civilização técnica, que escolheu o automatismo do progresso contra a ação na história, querendo mudar a fachada dessa forma de vida no lugar da forma de vida ela mesma, e assim por diante. Entre ela e nós, sempre haverá um *make-belive*[53], uma falsa similaridade: ela não pode acreditar naquilo que acreditamos, mas ela se acomodará com isso. E nós? É muito cedo para dizer, nós ainda não chegamos lá. Não esqueçamos que, se nós existimos, é sem dúvida porque a esquerda tradicional se atolou e em grande parte falhou. Sendo assim, o verde é mais fresco que o rosa ou o vermelho[54].

Entretanto, se procuramos saber o que a escolha da esquerda nos proporciona, veremos que ela é, em primeiro lugar, a direção mais plausível para o nosso movimento e para a representação que os outros fazem dele. Viam-nos como um ponto que oscila sem cessar num espaço de duas dimensões; agora é sabido que nós nos situamos no pólo "natureza" da esquerda, em expansão rápida na direção do pólo da sociedade. Tendo esclarecido melhor nossa posição e deixando a teoria de lado, por enquanto, nós poderemos mais francamente e mais energicamente cooperar com os outros movimentos, pelos direitos do homem, por exemplo, os quais, aos olhos dos ecologistas, significam em primeiro lugar e acima de tudo o direito à vida: a vida dos indivíduos e a vida das culturas. Todas essas ações – da luta antinuclear aos direitos do homem, passando pela defesa das espécies – estão relacionadas hoje. Nesse caso, nós devemos ser terrívelmente simplificadores: um crime no Chile não compensa um crime na URSS. Eles se somam e não se anulam jamais.

JPR: *Podemos ir um pouco mais longe; não existem crimes "leves", pelos quais ninguém é verdadeiramente responsável e todo o mundo porta cotidiana-*

---

[53] NT: em inglês no original, corresponde à expressão em português *"faz de conta"*.

[54] NT: a rosa, flor, é o símbolo do partido socialista e o vermelho, do partido comunista.

mente a culpa? A morte lenta dos índios, dos curdos, dos hmong, o desaparecimento das culturas tradicionais na África, em suma, o empobrecimento regular de nosso patrimônio em favor de uma uniformidade e da eficiência? Ou, aqui também, a ecologia propõe uma reflexão e novos valores, quase uma nova moral – após a Igreja, e após o comunismo, que foi a moral de uma geração: não há aqui um risco? De toda forma, o dogma é uma ameaça!

SM: Nós não podemos negar que o movimento ecológico seja investido de um número de valores, não temos necessidade de nos defender disso, ao contrário. Aquilo que nos pedem é participar na criação de uma cultura diferente; se nós não obtivermos sucesso nesse plano, a ecologia não será mais do que uma brisa leve sobre essa sociedade. Mas é verdade também que nós devemos ter a medida das coisas, uma certa sabedoria deverá nos ajudar a nos dotar de limites, de meios práticos muito simples para não sermos transformados em guias, em partidos, em profetas. É preciso, portanto – o que não é novo –, estabelecer uma ligação muito visível entre o que nós dizemos e o que nós fazemos.

JPR: *Nosso dever não é deixar para trás de nós um mundo tão disponível, tão livre e reversível quanto possível?*

SM: Sim. Isso vai contra todas as grandes doutrinas sociais modernas, que são obcecadas pela idéia de transição para um futuro fixado. Nós somos muito centrados no presente. Fraudar o futuro é ainda um meio de arrancar das pessoas o direito ou a consciência de organizar seu presente. O futuro, felizmente, continua amplamente imprevisível, surpreendente. Na realidade, nós temos a impressão de que a principal utilidade das previsões é fazer andar no passo da sociedade quem não desejaria muito mais do que gazetear.

JPR: *Como nas sociedades primitivas?*

SM: Não se retorna a um modelo que já existiu. Talvez como nas sociedades de grande cultura e grande sabedoria. Entretanto, é certo reconhecer que o pessimismo é bastante divulgado para minar todo o entusiasmo e toda a crença em nós mesmos. Sim, é uma época agitada, mas estéril, deixe-nos reconhecê-lo, e numerosas causas explicam essa esterilidade. Evidentemente, em nossa época não há falta de gênios, de grandes descobertas ou de revoluções incríveis. Mas ao que ela chega? Parece claramente que é à gaiola de aço, descrita por Max Weber, concebida segundo os planos de uma razão que não conhece os fins, mas somente os meios e realizada por especialistas em inteligência mineral; indiferentes à questão do saber, eles prosseguem fundindo ou destruindo, preparando a vida ou a morte. Assim dissecamos o tecido vivo da humanidade, eliminando valores, sem nada para substituí-los, esgotando o amor ao conhecimento da natureza, que se acreditava possuir e que não foi substituído. Agora, no que se transformou o homem, reduzido ao estado de produtor e/ou consumidor, senão num "homem sem qualidades", desperdiçando-se e desperdiçado em uma rede de pequenas tarefas, solto numa infinidade de dimensões fabulosas e revolvido por uma civilização na qual, escreveu Maïakovski, a técnica mais grandiosa se transforma no "aparelho o mais perfeito do provincianismo e da comercialização em escala mundial"?

Finalmente, devemos colocar a questão inevitável: qual é a saída, onde devemos procurá-la? Os ecologistas a sentiram e com tanta acuidade, que encontraram uma resposta passada pelo crivo empírico e pelo teórico. Não é quimérico supor que ela foi boa, trazendo um pouco de otimismo e de cor numa existência em que isso faltava, e suficientemente profunda para modificar o fluxo e o refluxo dos movimentos sociais, mesmo intelectuais de nosso tempo. Quanto às outras respostas, mesmo que sejam muitas, não existe nenhuma cuja influência possa se comparar verdadeiramente à sua própria, que já parece fazer parte da consciência e da realidade humanas. Existe aí alguma coisa que eu sinto intensamente e que não se reduz a uma reflexão contemporânea que nos agrada chamar de científica.

JPR: Para terminar essa entrevista, uma questão mais pessoal: como você próprio se voltou para a ecologia?

SM: Não sei se fui eu que cheguei à ecologia ou se a ecologia veio até mim. Isso simplesmente porque ela não existia em 1968, quando publiquei o *Ensaio Sobre a História Humana da Natureza*. Tudo o que eu podia fazer era deixar o mais claro possível o conteúdo desse livro para as pessoas que tinham consciência da coisa, sem lhe dar um nome, antes de tê-lo lido. Não sabendo nem com quem, nem por onde começar, nós fizemos muitas coisas, dentre outras, criamos disciplinas sobre as ciências e a sociedade, sobre a etnologia da natureza, por assim dizer. Eu confesso que nós não sabíamos aonde estávamos indo, mas que nós íamos num passo decidido. Assim, uma das iniciativas públicas foi organizar, com o antropólogo Jaulin e o matemático Grothendieck, uma exposição itinerante: *Métro, dodo, boulot* [55]. Ela representava as condições de vida urbana, suas poluições, a destruição das civilizações e do meio. Era um tipo de afresco em fotografias, não muito irreal, não muito estético, para que fosse crível, e nós o apresentamos durante um mês, cada dia numa pequena cidade diferente do Aude[56] até mesmo nas feiras. Nós pendurávamos as fotos numa sala da Prefeitura e discutíamos o meio ambiente, o etnocídio, com os habitantes que vinham em número relativamente grande nos ver. Toda a reticência levantada, depois de um certo momento, nós deslizávamos para as questões mais graves, mais familiares, pois,

---

[55] NT: mantido no original em francês, o nome da exposição pode ser traduzido como *Metrô, Dormir, Trabalhar* e possivelmente refere-se a uma inversão da expressão *Métro, Boulot, Dodo* que é uma imagem corriqueira do cotidiano urbano: indo e voltando ao trabalho de metrô e dormindo após.

[56] NT: região de Languedoc, França.

dentro de certa medida, era a sua própria realidade que os habitantes das pequenas cidades contemplavam. Daí eles compreendiam nossas inquietações e por que deveríamos nos preocupar com o etnocídio dos índios. Não estariam se reconhecendo, eles também condenados ao desaparecimento com o seu modo de vida, suas tradições e por razões diferentes, mas análogas? Eu me lembro do prefeito de uma comuna que nos disse que não podíamos protestar contra o desaparecimento da águia-real e deixar extinguir uma coletividade humana. Ao prazer de percorrer uma região tão bela, de ser tão bem recebido, lhe foi somado o de descobrir que nós não nos ocupávamos de bobagens, que tudo aquilo correspondia a alguma coisa de real, que as pessoas encontravam nas nossas fotos e em nossas palavras um sentido que lhes falava e tocava num ponto sensível. Ao escutá-los, tinha a impressão de ouvir uma questão: "Como podemos viver, como devemos viver na nossa época?", à qual eles buscavam uma resposta. Pode ser que nós não lhes tenhamos dado uma resposta. Mas era evidente o interesse recíproco e não menos decisivo, trazendo-nos a prova de que tudo o que ensinávamos e escrevíamos poderia ter um eco fora dos círculos universitários.

Em seguida, Deus sabe como, eu joguei ao fogo minhas reticências e a timidez e fui para o terreno das associações e das ações nascentes. Nós éramos tragicamente poucos. O que exigia de cada um mais tempo e energia, mas, sobretudo, maior improvisação. Sem vanglória, podemos dizer que as ações tiveram sucesso, melhor ainda, o número de participantes cresceu sem cessar. Como eu me encontrei no *Les Amis de la Terre*, que era presidido por Paul Samuel e que era conduzido por Brice Lalonde, isso foi o resultado de uma escolha ou o efeito do acaso? Eu não sei mais, somente sei que estou lá ainda.

Não duvide, tornar-se ecologista não é inato. Encontrar-se dentro de um movimento tão novo, tão insólito, é primeiramente desconcertante, um pouco para si, muito para os outros. Eles não entendem. E eu percebi isso bem, as reações de meus colegas e de meus amigos surpresos: "Como se pode ser ecologista?" e que me diziam "Você perde o seu tempo, deixa para lá, isso não é sério, você tem responsabilidades" e assim por diante. Difícil de saber se eles acreditavam que eu delirava, ou se eles se inquietavam com a mudança de idéias ou de opiniões que eu expunha sem cessar sob seus olhos. Evidentemente, a "conspiração verde" tornou-se ao mesmo tempo o bicho-papão que nós usávamos para fazer medo aos mais jovens, mas sobretudo aos menos jovens, face à questão natural que cada um se colocava. Ao mesmo tempo, as publicações começaram a aparecer, *Le Sauvage* e *La Gueule Ouverte*[57]. Elas me permitiram participar do debate nascen-

---

[57] NT: respectivamente os nomes das revistas poderiam ser traduzidos como *O Selvagem* e *A Boca Aberta*. Tais revistas foram criadas nos anos 1970 e marcaram o início do jornalismo voltado para a causa ecológica, fato que precedeu a criação da APRE - L'Agence de presse de réhabilitation écologique.

te em torno de nosso movimento e responder a certas interrogações sobre a ecologia ou a ecologia política. Estando ligado a Alain Hervé, um dos primeiros jornalistas "Verdes", eu encontrei outros ecologistas, entre os quais o inglês Goldsmith[58]. Mais variadas e mais regulares foram minhas relações com os alemães, muito numerosos no centro de pesquisas ecológicas *Synopsis*, em Lodève, ou nos quadros universitários dos programas de verão organizados a cada ano. No mais, os movimentos e os escritores regionalistas, muito ativos na época, convergiam com o nosso. Assim, pude conhecer Robert Lafont, e talvez especialmente Bernard Charbonneau, cujo espírito ardente e os livros me fascinaram.

Para aquela época e aquela geração, foi uma descoberta, a de poder multiplicar relações com as correntes novas, que se aproximavam de nós. Que isso fosse na ocasião um debate sobre o Ecofeminismo com Françoise d'Eaubonne, por exemplo, ou uma exposição de nosso ponto de vista junto às jovens protestantes (onde creio ter encontrado Solange Fernex), eu compreendia melhor como poderíamos ser "Verdes" e por quê. Também compreendia melhor o que era necessário para preencher a lacuna entre os interesses teóricos do início e as preocupações, mesmo a linguagem, dos grupos sociais. De toda maneira, não havia mais espaço para nos envergonhar de sermos pegos em flagrante delito de ecologia. Ao contrário, havia se tornado cada vez mais difícil nos isolar, pois éramos solicitados por aqueles que procuravam ampliar o campo intelectual da ecologia. Existia, por exemplo, o círculo liderado por Armand Petitjean, ou o *groupe des Dix*,[59] de Jean Robin, entre os primeiros dos quais tive a oportunidade de conhecer os trabalhos. Como não brincar por um instante com a imagem do que poderia ter sido nosso movimento, se aqueles que foram atraídos por nossas idéias tivessem também em maior número vindo participar da vida do movimento e tomado parte da ação? Mas muitas pessoas pensam que a questão natural será resolvida quando formos mais razoáveis e não quando formos associados a fim de solucioná-la. Essas são as escolhas difíceis que esperam o julgamento do futuro.

Até o momento, ficando no campo político, eu tomei parte da criação em Nancy – e me parece que por lá eu tenha cruzado com Jacques Delors – da *Ecoropa*, a Associação Européia de Ecologia, cujo secretário era Kreismann, de Bordeaux. Podemos dificilmente imaginar duas pessoas mais diferentes do que ele e eu. No entanto, nossas relações de trabalho posteriores foram perfeitas. Teria eu realizado muito ou pouco ao longo desses anos? Uma coisa é certa: foi o quanto minhas idéias e o nosso sentido de realidade amadureceram num lapso de tempo muito curto, sem que eu possa dizer se tal ou tal coisa que eu alcancei contribuiu mais para esse resultado. Assim, eu tive a impressão de que os católicos estavam mais

---

[58] NT: Edward Goldsmith, fundador da revista *The* Ecologist, nos anos 1970.

[59] NT: o nome do grupo corresponderia a "grupo dos Dez".

reticentes diante dos ecologistas. Alguém me colocou em contato com o enigmático padre Jean-François Six. Eu lhe expliquei por que isso nos contrariava e, depois de termos conversado, ele arranjou um encontro com outras pessoas escolhidas por ele numa escola, não sei mais aonde, na região. Um exemplo entre outros. Esse encaminhamento nos levou por fim diante dos eleitores. Dumont e Lalonde têm certamente mais coisa a dizer sobre isso. Em todo o caso, as campanhas eleitorais me fizeram aprender a combater e a convencer. As mais memoráveis, ao que me concerne, foi a campanha legislativa no 5e arrondissement.[60] Também, é claro, a campanha presidencial de René Dumont, nosso primeiro candidato ao Eliseu, em 1974, como a de Brice Lalonde, em 1981. A primeira foi um golpe de audácia e de simbólico, a outra, de vontade e de decisão política, que, para serem reconhecidas e legítimas, deveriam se traduzir por um escore significativo. Esse foi o caso.

Sigamos em frente agora. Esse esforço visando a ampliar e legitimar um movimento social teve como motivação uma idéia que eu tinha antes de me engajar. A saber, a questão natural é a nova questão de nossa época perturbada e exausta. Assim, o que precisamos, de agora em diante, é construir nossa sociedade e nossa história a partir da natureza. Sim, essa idéia me estimulou, era uma maneira de olhar o que se passava no mundo de outra forma. Entretanto, nada mostrava que ela poderia corresponder a uma realidade. Essa dúvida, essa necessidade de certeza foram, no início, um recurso de meu engajamento ao lado de outros e de minhas ações com eles.

Ora, não somente essa necessidade despertou um eco, mas o resultado dessas ações ultrapassou as esperanças de cada um. Prova de que a natureza é a maior preocupação dos homens de nossos tempos. Eu não quero me arriscar a perder a estima de ninguém ao dizer que somos uma minoria ativa – o termo nebuloso de ecologia o denota – e dizer também que observamos uma conversão coletiva às nossas idéias, gradualmente, na medida em que as sensibilidades, as práticas, a linguagem se tingiram de verde. Em suma, o movimento ecológico ganha corpo, sua expressão concreta exige uma visão, um itinerário, escolhas que ele faz entre inúmeras alternativas, o que outros chamariam de programa. Em um sentido, essa escolha está feita: nós estamos percorrendo, não sem resistências e divergências, os poucos metros que se estendem entre a ecologia e a política.

E assim é que entendo sua questão: por que os ecologistas fazem política? Como anúncio de uma mudança que ocorre na França e estará num maior ou menor prazo também um pouco em todo lugar. Mas nosso horizonte não é o da política ou da ciência. Os ecologistas não formam somente um novo partido ou os discípulos de uma nova ciência ou teoria. Eles possuem um ideal, uma sensibi-

---

[60] NT: 5º distrito em Paris.

lidade e uma cultura, que têm como vocação se realizar. E me dirão, e já me disseram: "Você profetiza." A isso, eu respondo com o apóstrofo de Brecht: "Vocês me dizem que isso é utópico, eu peço a vocês que me digam precisamente por quê." Sinto muito, mas nós não podemos mais, pois a pretensa utopia não é a invenção do que não existe mais, é uma forma de ver alternativamente o que pode existir, de concebê-lo previamente. Isso é necessário porque se os homens não podem mais suportar tanta realidade, eles não podem também suportar tão pouca (realidade).

3. O REENCANTAMENTO DO MUNDO*

> A vida não tem tempo de esperar a precisão.
>
> Paul Valéry

Com esse terceiro capítulo nós chegamos ao coração do pensamento naturalista de Serge Moscovici. O conceito central é a criação de uma nova maneira de viver que deve assegurar uma maior liberdade na compreensão de nossas relações com a natureza e a história. Serge Moscovici não cessa de insistir sobre um ponto: a vocação dos ecologistas em solucionar a questão da natureza não reside principalmente na sua defesa ou na sua proteção em tal ou tal lugar, mas na tendência profunda de nosso pensamento e de nossa cultura.

Nosso limiar: o ano 2000

O ano 2000 já começou. O sol da natureza não se levantou ainda e já percebemos, no crepúsculo incerto da terra, a agitação de milhares e de centenas de milhares de homens e mulheres, que se manifestam há mais de duas décadas em todos os continentes, provocando um temor refreado da maioria e suscitando a esperança de uma minoria. O milênio se prepara para deixar a cena do mundo, eles se põem a fazer, entre os escombros, o balanço do desequilíbrio crescente de ameaças a evitar, seja das armas nucleares e das centrais de mesmo nome, até a poluição de todos os dias em todos os lugares. E cada um reconheceu no campo os sinais de nosso mal: a exploração ilimitada da natureza. Na verdade, nós não pensávamos mais nela. Desaparecida de nosso horizonte com um nome atrás do qual se esconde e que nós pronunciamos com dificuldade, ela ressurgiu e nos relembrou que ela existe, que o simples fato de viver depende dela. Ela reapareceu, não no esplendor de sua beleza, mas como um espírito, e os movimentos naturalistas e ecologistas se tornaram fantasmas que obsedam a Europa e a América.

---

* Publicado sob este título, este artigo foi completamente revisto, revisitado e aumentado pelo autor. Ele foi publicado numa obra realizada sob a direção de Alain Touraine que reuniu artigos de Norman Birnbaum, Hans Peter Deitzl, Richard Sennet, Rudi Supek e Alain Touraine sob o título *Au-delà de la crise*, Ed. Seuil, Paris, 1976.

Eu falo aqui da obsessão atual, da inquietação dos homens, que, em todos os lugares, se perguntam: por que nos assombram? Afinal, para que fim nós vivemos? Na verdade, nós não esperávamos nem por eles nem pelo retorno espectral desse Hamlet do nosso foro íntimo, que repete: ser ou não ser para a natureza, eis a questão. Ainda há pouco, nós estávamos certos de saber, afinal, que vivíamos o fim: o fim da desigualdade e da injustiça por um lado, da pobreza e da opressão pelo outro. Os caminhos que deviam nos conduzir estavam todos traçados: o progresso pela revolução, a via soviética, e a revolução pelo progresso, a via americana. Eis a oportunidade de vocês fazerem a história, eles nos diziam, agarrem-na. Então nós passamos a acreditar, com a cabeça cheia de teorias e números, que até o ano 2000 isso já teria sido alcançado. O último passo, o portal atravessado, nós entraríamos numa era que nos daria aquilo que inúmeras gerações acreditavam impossível: a sociedade sem classes de um lado e a democracia abundante de outro. Não se trata apenas de palavras, vocês sabem. Ou melhor, não seriam essas apenas palavras? Então nos curvemos ao seu poder. Elas deslocaram montanhas, mobilizaram homens que abriram fronteiras e oceanos, enfrentando riscos e perigos, iluminando as massas e obtendo delas o sacrifício de suas vidas, das quais só restam a lembrança e uma poeira gloriosa.

Não é fácil dizer quando começamos a duvidar. Tampouco dizer porque essas palavras perderam seu poder, o seu magnetismo. Mas há pouco soubemos que as coisas não se passam da maneira como elas deveriam se passar. A princípio, porque nesse meio tempo o mundo atingiu um ponto em que, por todos os lados, as ciências e as técnicas se impuseram às massas humanas, encarregando-se de fazer a história no lugar delas. Em termos concretos, falamos aqui de nossa própria vida e da vida de milhões de homens engajados na via soviética que, ao invés de servir à revolução, se viu obrigada a servir primeiramente e sobretudo o progresso. Mas, lutar é uma coisa, entretanto, se encordoar às ciências e às técnicas para escalar a história, isso é outra. Isso é o mesmo que dizer que a elevação do nível de desenvolvimento da sociedade é alcançada pela elevação automática das forças produtivas e por uma exploração desenfreada dos recursos da natureza, que finalmente confiamos ao progresso o cuidado de proporcionar a nós, nossos filhos e netos, um futuro melhor. Isso ficou claro no dia em que a marcha para o socialismo se traduziu em massas de carvão e aço, e o Sputnik, o primeiro vôo do homem no espaço, não se traduziu em igualdade e justiça para as massas de homens e mulheres.

Ao longo do tempo, e em paralelo, a via americana se voltou no mesmo sentido porque ela mobilizou mais e mais talentos e conhecimentos, em um patamar jamais alcançado anteriormente. Ela foi, simultaneamente, motivada pelo desejo de poder e pela necessidade de alcançar o bem-estar, enfraquecer as crises e diminuir o descontentamento das classes trabalhadoras, que poderiam ceder às tentações do socialismo. Guiados por um otimismo tingido de agressividade, que lhes é próprio, os americanos confiaram à técnica e à ciência a tarefa de realizar seu velho sonho: recuar a fronteira. Mas – será preciso dizer? – desde que elas tomaram esse curso de ação, as ciências e as técnicas criaram um semblante de opulência, elas abriram aos indivíduos espaços de liberdade, ao dar-lhes a impressão de emancipá-los de todo o controle, graças ao automóvel, às redes cibernéticas, e assim por diante. Para batizar essas coisas, fé e imaginação são necessárias. O essencial é que nós conferimos ao progresso científico-técnico o crédito de ter realizado tudo o que anteriormente era alcançado pelos homens, deixando-os para trás, como o progresso da democracia.

Tudo isso é conhecido. Então, por que essa inquietude? Bem, pense na enorme quantidade de trabalho que os homens investiram, nas poderosas tradições das quais foram extirpados e nos valores dos quais se desviaram, para acabar acreditando que o que eles fazem na sociedade – história, ciências, artes e o resto – existe para eles e por eles. É essa a razão pela qual a sociedade assumiu o lugar dos deuses, o centro de gravidade de nosso mundo real e da história, a idéia força de nossos tempos, sua religião universal de alguma maneira. O princípio é sempre simbólico do que deve normalmente se passar, a realidade é outra coisa. Na realidade, sabemos que inventamos continuamente e que o princípio é engolido pelo que é inventado. Não era necessário ter um grande dom de profecia para adivinhar que tendo começado a atribuir às técnicas científicas a missão de se substituírem aos saberes e aos *savoir-faire* dos humanos no trabalho, depois de eliminar dele os próprios homens, acabaríamos tentados por qualquer razão a ir até o final, tirando-lhes, em grande medida, a tarefa de fazer sua própria sociedade e sua própria história. Agora que o milênio se aproxima do fim, esse objetivo parece estar prestes a ser alcançado – a modernidade obriga – pela via soviética ou pela via americana. Os homens percebem isso, observando que não há mais nenhuma forma de saber, nenhuma forma de trabalho, nem *habitat* familiar, nem lugar sobre a terra onde eles não sejam submetidos a um processo destinado a apagar os traços de sua presença, de suas obras, incluindo as espécies que eles domesticaram e até seu próprio corpo. Será a morte do homem anunciada pelos filósofos? Isso se parece bastante.

"A humanidade se virará como puder. A inumanidade terá talvez um belo futuro." Esta frase desabusada de Paul Valéry nos incita a nos perguntar agora: mas como é que isso aconteceu? O que foi que mudou?

Nós descobrimos, então, que deveríamos partir do fato de que homens e mulheres pensaram que os problemas seriam resolvidos e que os ideais seriam atingidos se eles fizessem sua história, isto é, se transformassem suas sociedades. É tão verdadeiro que cada indivíduo, cada grupo encontrou suas razões últimas para agir e os limites da realidade em geral. Mas, e a natureza? Está claro que a escolha de realizar através das ciências e das técnicas aquilo que deveria ser realizado por nós mesmos, não somente transformou a sociedade e fez história, como também mudou a natureza. Mudou aquilo que não fora anunciado e o qual não se esperava. À medida que termina o milênio, esse sentimento se propaga como um lastro de pólvora, nosso centro de gravidade se desloca da sociedade para a natureza, e nosso dever nos incumbe de fazer a história, tanto de uma quanto da outra, pois nossa natureza é o fundamento da história de nossa sociedade. Compreendamos isso no sentido mais amplo possível. Compreendemos, em todo o caso, por que os homens desmobilizados mais uma vez em suas lutas sociais, reenviados às suas vidas privadas por um período indeterminado, remobilizam-se por eles mesmos, para participar com mais ímpeto e vigor da defesa do seu mundo mais próximo, enfrentar os desperdícios de recursos e a degradação do *habitat*, e se posicionar contra os riscos da destruição nuclear. Não é o caso de uma seqüência de descontentamentos menores, de uma fuga diante do progresso ou da técnica, nem de um acontecimento trivial. Subjacente a todos esses movimentos e a essas mobilizações voluntárias, nós percebemos uma resposta à questão: "Mas, e a natureza?" que é colocada com uma insistência e uma urgência crescentes. No fim das contas, esses semeadores de problemas são também os semeadores de um outro futuro, liberto do fardo de uma indiferença tão longa e de um esquecimento tão longo da forma de nossa vida, a natureza ela mesma. Deixando à realidade todo o direito de nos surpreender e o privilégio de ter a última palavra.

Sob os lacres da lei, quem então assegura a natureza?[61]

L´Internationale

O desencantamento do mundo e seus efeitos

1. A mecânica do espírito

A civilização moderna nasceu da união entre a mecânica e o espírito mecânico, mas nós acabamos de ver que o curso da história parece mudar. Tentemos então compreender a razão dessa união, para justificar o sentido dessa mudança. Com respeito à imagem que fazemos dessa civilização, encontramo-nos numa experiência singular: a natureza não se assemelha à natureza. Como se ela devesse necessariamente ser aquilo que não é: o mundo das forças impiedosas ou inimigas contra as quais devemos lutar, a fim de dominá-las. A natureza é, como ela sempre foi, imediatamente acessível a nossos sentidos e a nosso pensamento, o universo familiar das águas, dos ventos, das plantas e das árvores, a terra sobre a qual se encontram os homens e os animais sob o céu chuvoso ou ensolarado,

---

[61] NT: a frase se remete ao uso do lacre para impedir o acesso a determinados locais por determinação judicial.

segundo o ritmo das estações, do dia e da noite, nosso *habitat* rico em cores e odores. Ao viver e ao trabalhar, os homens e a natureza constituem uma unidade, eles são a natureza e nós não temos nenhuma dúvida a esse respeito. Mas a idade da Terra conta, nós bem sabemos, muitos bilhões de anos. Ela gira em torno do Sol, atraída pela força da gravidade. Cada objeto é formado de átomos, cada planta ou ser vivo, de um conjunto de genes que se transmitem de geração em geração e tudo se move dentro do espaço, em uma velocidade infinitamente maior do que aquela que conhecemos ou imaginamos. Na natureza, estranha e invisível, a existência dos homens é um acidente e uma hipótese inútil.

Mas se nós fizermos uma pesquisa histórica, nós aprenderíamos ainda que, ao descobrir novas forças materiais, combinações entre elas no espaço e no tempo e as revoluções dos corpos celestes, a natureza muda de leis e de matéria, tornando-se cada vez mais distante e abstrata, colocando em xeque toda a nossa realidade, sem, entretanto, ser para nós uma outra realidade. Portanto, Valéry o exprime com força: "Ninguém mais pode falar do Universo. A palavra procura seu sentido. O nome de natureza se enfraquece. O pensamento o abandona à palavra. Todas essas palavras nos parecem de mais a mais palavras."

São esses, é claro, um traço e um resultado da civilização moderna. De todos os processos enunciados para explicá-la, o mais impregnado de experiência de vida e aquele que nós ressentimos em maior profundidade – o valor racional – é o desencantamento do mundo. O que há de tão repercussivo nessa expressão de Max Weber, para torná-lo o Cristóvão Colombo da modernidade? Primeiramente, a metáfora da passagem da magia à ciência. Em seguida, a tendência milenar que se estende do mundo encantado dos homens ao mundo desencantado das máquinas. O mais interessante é que não são os pontos de partida e o ponto de chegada fixados pela filosofia das Luzes, mas a razão da passagem e o sentido da tendência; quero dizer, do processo de desencantamento propriamente, que transforma nosso modo de pensar e nossa forma de vida. Dito de outra forma: nas origens, a natureza é alguma coisa de vaga, de misteriosa, plena de deuses, de espíritos que habitam as árvores e as águas. Os astros e os animais têm todos uma alma, têm boas ou más relações com os homens. Esses não obtêm jamais o que desejam, têm necessidade de milagres e tentam alcançá-los através de sortilégios e encantamentos, processos e conjurações, que servem a retomar contato com o mundo. Um mundo de sentidos, de corpos, de imaginação, sobre o qual a magia opera, através de fórmulas, pela simpatia, pelos gestos simbólicos que exprimem paixões, amor ou ira, medo ou desejo, breve por todos os prodígios e todas as magias, que fazem um mundo encantado. E o mago que tem o poder ou a sorte de alcançá-lo é, dizia Pic de la Mirandole,[62] "o servidor e não o mestre da natureza".

---

[62] NT: filósofo da Renascença Italiana (1463-1494).

Quem quer que consulte os velhos documentos e os livros antigos, verá o avesso da história e terá assim uma imagem fiel da magificação[63] do mundo até os tempos da renascença na Europa.

Para resumir o que é o desencantamento do mundo, eu direi que ele é um processo de desmagificação[64], visando liberar a natureza do animismo, que povoa o universo de almas angélicas ou demoníacas, como também do antropomorfismo, que concebe toda a imagem do homem, a fim de dissipar toda a sua aura feérica ou grotesca e expô-lo em plena luz, impessoal e indiferente aos homens. Eles esperaram assim esse ponto culminante donde eles poderão dizer, como Nietzsche: "A ciência nos ensinou que o universo é uma máquina e que não precisa de nós". Ele não duvida, a meu ver, que desencantar o mundo é, primeiramente e sobretudo, desencantar os saberes do mundo. "O homem deseja naturalmente saber", dizia Aristóteles. Ao desejo de conhecer, somam-se a paixão de conhecer, o amor ao saber e à sabedoria, além do medo e da alegria, que refletem aquilo que o homem conhece e a melancolia daqueles que buscam conhecer, donde podemos dizer, como Virgílio: "Eles temem e eles desejam, se entristecem e se afastam."

Ora, em toda a história da humanidade, poucos desejos foram manifestados com um tal vigor e poucos saberes foram preparados de tão longa data, por inúmeras gerações, quanto esses que chamamos hoje de Ciências, que foram criadas umas após as outras. A maior parte começa, seguramente, por exprimir as paixões, ao falar de tudo o que é mutável e instável, suscetível de mudar, e se esforça em satisfazê-las ao inventar fenômenos os mais estranhos e os saberes os mais originais, dos quais os matemáticos. Elas adquirem o faro inigualável de descobrir quais as necessidades que essas invenções deveriam suprir. Mas continua verdadeiro que, com o tempo e como Weber, eu penso que as grandes religiões e suas artes empreenderam disciplinar as paixões para dobrá-las a seu serviço, impor-lhes regras, estabelecer um modelo de saber ao qual se conformar. Em suma, dividi-las e racionalizá-las em um sistema, do qual a escolástica, antes de desmoronar, nos apresenta um modelo perfeito. É um fracasso, sem dúvida, mas que segue a mesma direção que a ciência ou, para ser mais exato, a filosofia mecânica, que consegue, num golpe de força extraordinário, substituir a lógica pela matemática, para descrever as leis do movimento, explicar a ação das forças materiais, predizer uma grande variedade de fenômenos observáveis e reduzi-los a um sistema único. Dando as costas a um mundo pleno e animado, para entrar

---

[63] NT: no original em francês, *magification*, um neologismo para tornar mágico, que foi versado para o português.

[64] NT: no original em francês, *démagification*, portanto, evocando o mesmo neologismo em seu sentido inverso.

num mundo onde os corpos celestes e terrestres são reduzidos a serem somente corpos materiais, girando no vazio, o sábio se aplica com perseverança a libertar a razão de todo o contato com os resíduos da paixão e testemunha um espírito impassível e metódico, que não se deixa mais abusar pelas ficções da alma ou pelas impressões do corpo. Podemos imaginar uma desordem mais radical que o desencantamento do saber que submete toda a razão em busca de verdade? O método a descobre, as matemáticas a possuem e separam do joio os erros. E na medida em que a razão é uma e os erros são múltiplos, a ciência moderna se arroja o monopólio da verdade e desqualifica todas as outras formas de conhecimento, do senso comum à filosofia, às artes, às religiões, dos saberes práticos às tradições. Ela lançou o descrédito sobre os conhecimentos, julgando-os dominados pela paixão, indigentes ou mágicos, tolerando-os somente até o ponto em que pudessem ser substituídos por uma ciência ou outro saber racional. A menos que esqueçamos pura e simplesmente sua existência.

É notável que nenhuma idéia tenha impregnado nosso espírito tanto quanto essa: a verdade se pensa diferentemente de como a pensamos. Pois se os homens tivessem sido capazes, a ciência os impediria de se fiar nos seus sentidos, nos raciocínios e nas linguagens familiares, nas paixões e nas emoções que as formas da realidade despertam neles, ou no senso comum aprendido com o próximo e partilhado com ele. Ela afastaria todos os resultados úteis obtidos pela maneira antiga, com resolução e arrogância, não vendo neles mais do que charlatanismo e superstição, ficção inapta ou falsa aparência. Era previsível. Tudo se passa como se, para desencantar o mundo, a razão, calculista e formal, começasse por reenviar aos tempos idos o leque colorido dos saberes do mundo, manifestações cativantes enraizadas em nosso espírito, que se tornariam, no melhor dos casos, estágios preliminares ao pior dos lixos. A religião havia demandado o sacrifício da razão, para afirmar que as crenças absurdas são mais verdadeiras que a verdade. A ciência, nossa religião moderna, exige da razão que ela sacrifique o corpo dos saberes vivos e partilhados de uma geração à outra, decretando que eles são menos verdadeiros que a verdade.

Podemos adiantar para defendê-la que, se nós sacrificamos tantas coisas que nos são caras em seu favor, ela se mostrou de uma eficácia inigualável, e não existe uma linguagem nem método diferentes que possam se manter em oposição à sua linguagem matemática e formal, ao seu método dedutivo. Só existe uma única racionalidade que, no interior do processo de desencantamento do mundo, exclui todas as outras possibilidades de conhecer o que é real e seguramente verdadeiro. De qualquer forma que nós o abordemos, além dos limites que esse processo impôs, o benefício que obtemos é reduzido para o conhecimento, e o ganho é marginal. A princípio servidor da natureza, o homem, que se proclamou mestre, abre os olhos sobre sua solidão infinita no coração desta, como sobre o deserto da inteligência na superfície do planeta perdido onde ele vive. Assim, o mal-estar de nosso tempo revela-se no desencantamento do mundo. Neste final de milênio, as vozes levantam-se freqüentemente para se inquietar no sentido de que as ciências, que enriqueceram nosso espírito de admiráveis descobertas, não tenham consciência para empobrecê-lo ao mesmo tempo. No lugar de propagar, como elas prometiam, a luz da razão e a magnificência da natureza, as ciências, tão incentivadas, tornando-se abstratas e esotéricas, nos afastaram da razão e nos barraram o contato com a natureza. Elas estreitaram o espaço luminoso, reduzindo-o a uma mancha clara, em torno da qual se difunde uma impenetrável obscuridade. É porque, não é exagero dizer, nós vivemos num mundo verdadeiramente desencantado.

2. A sociedade concebida e a sociedade vivida

O milênio termina sem nada concluir. Mas não invoquei o desencantamento do mundo para chegar a essa constatação evidente. Para desencantar o mundo que o sustenta e fazer dele um todo mais racional e abstrato, como disse, era preciso desmagificá-lo, separá-lo e libertá-lo da quantidade de forças com as quais nós o havíamos povoado, ao lhe atribuir, há tanto tempo, poderes extraordinários: o pôr-do-sol, o nascer da lua, a correnteza dos rios, e assim sucessivamente. Não há uma experiência humana, ao que me parece, em que essas forças estejam ausentes e não tenham recebido um nome próprio, segundo uma época ou cultura. Isso é verdade para a nossa própria experiência, que conheceu um acesso de entusiasmo mágico, ilustrado pelos escritos de Pic de La Mirandole, Marcile Ficin e Giordano Bruno e por sua fé na magia natural ou pretendida como tal. Em seguida, a tendência ao desencantamento do mundo retomou forças, e se vocês pensam naqueles que prepararam essa orientação nova, vocês pensam imediatamente em Galileu, Descartes, Newton e a sua filosofia mecânica. Eles nos obrigam a observar os fenômenos através de máquinas conformadas às necessidades do homem racional e pragmático.

Mas examinemos agora a seqüência do desencantamento do mundo, que não poderia ter sucesso sem eliminar o animismo de nosso mundo próximo e humano. Nós podemos mesmo afirmar que esse é um traço essencial de nosso pensamento: o de considerar os seres humanos como animados e intencionais, e fazer assim da alma um princípio de explicação dos fenômenos orgânicos e sociais. Por exemplo, nós atribuímos uma alma às pessoas e às coletividades: nós falamos da alma dos povos, sujeita a humores e a desordens, ampla e profunda, sana ou exposta a doenças, e nós fazemos talvez o mesmo para as coisas, ao falar de sua perversidade. A alma tem um laço evidente com a intenção, que pode ser boa ou má, benéfica ou maléfica, segundo a inclinação ao bem ou ao mal, às vezes contra a sua própria vontade. É o trabalho constante do desencantamento do mundo o de separar o casal "alma e intenção" e de conferir aos seres uma realidade fechada e sem equívoco. Portanto, é uma ação que procura afastá-los do circuito tanto quanto possível, ao taxá-los de ilógicos, efêmeros, quiméricos. Digo isso brevemente, acrescentando que se pode exorcizar essa tendência, se focalizamos a atenção sobre uma determinada forma corporal, um certo conhecimento prático, assim como um contexto objetivo sobre o qual nós relacionamos uma alma e uma intenção. Conseqüentemente, nós podemos tratar como coisas esses seres animados ou sociais. É pouco digno de nota, mas isso torna a separá-los de maneira concreta, como os fatos de um lado e do outro, mantendo qualidades ou funções atribuídas às almas ou às intenções, como os valores. Esse não é talvez o melhor modo de reconhecer que o mundo e nossas ações possuem um sentido, mas ele produz um resultado conveniente, um universo bem moderado.

A dicotomia absoluta dos fatos e dos valores prevaleceu numa tal evidência no interior do mundo desencantado, que ela não poderia deixar de ser ratificada pela racionalização sistemática de uns e a exclusão de outros. É bem assim que acontecem as coisas quando lhes aplicamos um método, que as descreve e as define de uma maneira única, a fim de poder medi-las, pesá-las, adicioná-las e subtraí-las, breve, compô-las e contá-las seguindo as leis ou regras análogas àquelas vigentes no domínio físico. Eis então nosso mundo, que seja psíquico ou social, pouco importa, tendo como característica a uniformidade, a preponderância das repetições, uma independência relativa dos fatos, uns em relação aos outros, num sistema rigorosamente construído. Nada deverá escapar dele. Nada o modifica sem que ele se dê conta da diferença e calcule seus efeitos. Neste domínio dos fatos, o inverso do domínio dos valores, não se age mais de dentro para fora, mas de fora para dentro.

Ora, todos sabem que hoje as palavras racionalidade e racionalização estão, muito justamente, por sua vez desacreditadas. Mas, para chegar àquilo que desejo expressar, devo empregá-las a fim de focar essa sociedade concebida segundo o ideal do conhecimento moderno, que consiste em reduzir os fenômenos humanos, de maneira a poder enumerá-los e calculá-los, como todo objeto de pensamento em geral. E se dizemos que lhe "falta uma alma", não posso me impedir de ver, como um dos seus traços essenciais, o *fatochismo*[65], que preenche o vazio deixado pelo animismo, demasiadamente irreal ou obsoleto para que possamos ainda acreditar nele. Esse *fatochismo,* que em si não é bom ou mal, simplesmente define uma razão, donde as formas lógico-matemáticas ou os procedimentos são tudo, sem que haja nada além. Nós podemos defender esses procedimentos ou legitimá-los sem apelar para algum valor que seja, como se suas formas pudessem ser verdadeiras ou falsas. Freqüentemente, nada de tangível prova que esse

---

[65] NT: *faitichisme* no original em francês, trata-se de um neologismo para o fetichismo, com base no fato; grifo do autor.

seja o caso. Qual é o efeito que nos permitirá crer nele? Nós não sabemos dizer. Ao mesmo tempo, nós fazemos como se essa razão pudesse ser verdadeira ou falsa, e nós podemos imaginar que as instituições e as evoluções da sociedade sejam também verdadeiras ou falsas, como foi o caso na sociedade soviética e continua sendo o caso na sociedade liberal.

A cada vez, nós entrevemos que essa razão neutra, melhor ainda, niilista, continua a desencantar nosso mundo ao abandonar os valores, que arriscam a se assemelhar a traços simbólicos da alma, quando os excluímos das esferas da vida, donde nos chamam em seguida para resolver os problemas de maneira impessoal e imparcial, sem levar em conta nosso destino, sem se preocupar mesmo com o sentido da solução desses problemas. É de se crer que, em cada uma dessas esferas, não restam mais que os fatos. Essa é uma mudança de importância extrema, pois no instante em que estabelecemos a dicotomia de fatos e valores numa sociedade, as relações que opõem e ligam os seus membros em grupos e classes, dicotomizamos também a sociedade ela mesma, num espaço público, no qual nós reconhecemos somente os fatos, e num espaço privado, no qual desconhecemos e dissimulamos os seus valores. É o que se passa hoje em dia na maior parte das sociedades. Mas há uma outra mudança ainda mais surpreendente, que advém dessa racionalidade niilista, sem deus nem mestre, aquém do bem e do mal: nada mais existe, a não ser a máquina e o mercado.

Isso é, portanto, uma negação radical de todos os valores e, claro, igualmente de todas as tradições, de todas as instituições fundadas numa crença ou numa idéia-força, de todos os atos que fazem nosso mundo comum ser mais próximo e mais familiar. Isso quer dizer em profundidade: uma sociedade sem qualidades, na superfície: um homem sem qualidades. É seguramente o grande mal da civilização moderna, que, tendo o exemplo dessa ciência aí continuamente sob seus olhos, tivéssemos desejado imitá-la, fazendo uma sociedade concebida à sua imagem, por assim dizer, uma sociedade sem homens.

Não se engane sobre o alvo contra o qual se dirigem essas observações. Eu afirmo, expressamente, que elas dizem respeito ao alcance do desencantamento do mundo nos nossos tempos e não à ciência ou à razão em geral. A história dessas últimas conheceu períodos mais luminosos, um céu mais limpo, em que nós nos sentíamos vivendo mais intensamente. A modernidade, ela se caracteriza pelo seu pessimismo quanto a seu próprio futuro e também ao da humanidade. A leitura dos grandes pensadores nos faz partilhar suas impressões: nossa existência é preciosa. Mas nós temos o espírito obtuso. Em suma, eles nos dão a impressão de não estarem receptivos a tudo o que ocorre em nós e em torno de nós. Eis porque a ciência econômica chama-se de ciência lúgubre, devido ao sentimento que gera e à racionalidade que a sustenta, razão lúgubre de um conhecimento verdadeiro e ignorância não menos verdadeira da realidade autêntica do homem.

O filósofo Putnam disse que, para nós, a razão se identifica com a razão instrumental. Se ela prevaleceu, a perda mais significativa que nós tivemos é a da crença no antropoformismo. É inegável: o curso do desencantamento do mundo parece mudar de maneira mais acentuada, à medida que a ciência se apropria dos fenômenos sociais e psíquicos. Ela se submete à sua gravitação, que foi por muito tempo exclusiva na crença que reconhecia em todos os seres animados e inanimados a possibilidade de sentir e agir como os seres humanos. De alguma maneira, isso era o espelho no qual o homem se reconhecia um ser como os demais, ao mesmo tempo que era, como o dizia Bacon, *quasi norma et speculum naturae*, portanto, um espelho para a natureza inteira. O que uma tal crença pressupõe, em última análise, é que os seres agem visando alcançar um objetivo, que eles existem e se ordenam em vista de um fim interior ou exterior. Não pode ser de outra forma. Pois todo o raciocínio espontâneo e, mais ainda, um espírito religioso representam cada coisa supondo um fim, em vista do qual ela foi criada e uma pessoa ou uma instituição, que perseguiu um objetivo ao fazê-lo. Isso leva à conclusão, bem humana, de que onde esse objetivo foi alcançado reina a ordem, e que onde ele falta resulta na desordem. É assim que nós damos ordem ou criamos desordem nas coisas do mundo sensível e inteligível.

E agora, diria você? Nós o sabemos. Sem dúvida não nos demos conta o suficiente de que o desencantamento das crenças antropomórficas altera profundamente nossas relações com a natureza. Ele nos separara dela, ao nos fazer renunciar aos fins e ao nos obrigar a admitir que ela geralmente não os tem. Isso nos leva a concluir que uma explicação racional deve excluí-lo e que somente os meios que podemos descrever, calcular, deveriam tomar o seu lugar. O que foi feito, não faz tanto tempo, quando colocamos acima de tudo uma razão para a qual o fim não é nada, o meio é tudo. Nós imaginamos sem dificuldade o que sua aplicação teve como resultado, ao transformar todos os fins humanos no trabalho, na ciência, na arte, na economia, na sociedade, em meios polivalentes e tangíveis. De tal sorte, que tudo o que fazemos é reduzido a um instrumento que não corresponde a nenhum objetivo preciso, nem mais nem menos que um objeto qualquer. Talvez essa limitação do "reino dos fins" complete o desencantamento do mundo por aquele dos homens que se tornam simples meios, desprovidos de fins, para si mesmos e para os outros. Não é pouca coisa!

Eu não saberia ilustrar melhor a universalidade dessa transformação de fins em meios, a primazia disso em nosso pensamento e nossa prática, qualquer que seja o domínio no qual elas se apliquem, o que torna essa reflexão tão atual de Paul Valéry, que não cessa de consagrar toda a sua atenção ao que chamamos hoje de questão natural: "O mundo moderno é um mundo ocupado pela exploração das energias materiais, de maneira cada vez mais eficaz e intensiva. Não somente o mundo moderno busca e gasta essas energias para satisfazer as necessidades eternas da vida, como ele as prodigaliza e se excede no desperdício, *a ponto de criar uma enormidade de necessidades inéditas.* Muitas delas, que jamais podíamos imaginar, criadas *a partir dos meios de satisfazer essas necessidades*, como se, ao inventar uma substância, nós inventássemos, *a partir de suas propriedades*, a doença que ela cura, a sede que ela possa saciar. Toda a nossa vida atual é inseparável deste abuso. Nosso sistema orgânico é submetido a experiências crescentes, físicas e químicas, sempre novas, e se comporta em relação às forças dessas e aos ritmos aos quais afligimos o corpo, um pouco como numa intoxicação insidiosa, dele se exigindo crescentemente: ele julga a cada dia a dose insuficiente."

Esse comportamento pode parecer normal, mas de toda maneira existe um desenvolvimento, uma longa história nisso. Se nos encontramos cercados por todos os lados por uma tal racionalidade, ninguém, nenhuma espécie humana e não-humana pode se furtar àquilo que deve reconhecer como sua lei. Dizemos de um amnésico, que ele não sabe mais quem ele é. Talvez esse seja o caso de um homem que perdeu seus objetivos, como nós o fazemos sem grande reprovação nem resistência, ao expor nosso corpo a uma vasta e contínua experimentação. Essa experiência é signo, não de que nós somos desencantados de nós mesmos, mas de sermos considerados como uma espécie animal dentre outras. O descontentamento e a irritação que sentimos ao vê-los maltratados e a partilhar a mesma sorte que a das cobaias nos provam. Nós estamos desencantados como um homem que perdeu sua memória e, contudo, reconhece no presente se está triste ou de bom humor, se tem vontade de ler um livro ou pode se olhar num espelho. Sim, ele pode e sabe fazer tudo, exceto voltar no tempo para saber realmente quem ele é. É o que nos importa: a racionalidade instrumental limita seus cálculos ao curto prazo e sua história ao presente, sem voltar o olhar em direção ao passado, para compreender o que essa história foi. Compreendemos agora o que há de verdade nas palavras de Goethe: "Aquele que não consegue voltar há mais de três mil anos não vive mais do que o dia-a-dia." É por isso que nós nos submetemos a essas experiências: para viver racionalmente, nós devemos viver no dia-a-dia, em seguida nós as exigimos e, como diz Valéry, "achamos a cada dia a dose insuficiente".

Eu presumo que isso não seja válido somente para o homem. A mesma reflexão se aplica às ciências que o tornam possível, elas também são um meio que, por sua vez, torna a natureza um meio. Um instrumento como os outros, donde nós não queremos mais conhecer o que é, somente o seu modo de uso. Sem retomar os argumentos que eu exponho há muitos anos, eu lembro aqui a opinião límpida do físico Heisenberg sobre essa evolução: "Ao mesmo tempo a atitude dos homens sobre a natureza mudou: de contemplativa, ela se tornou prática. Nós não nos interessamos mais pela natureza tal como ela é, nós nos perguntamos mais freqüentemente o que podemos fazer dela. A ciência da natureza se tornou, portanto, uma ciência técnica; cada progresso do conhecimento tem origem na questão de saber qual a utilidade que podemos obter." Quanto mais pensamos, mais nos perguntamos se quando a técnica se tornasse uma bússola das ciências, elas poderiam ainda concentrar suas faculdades sobre o pensamento teórico e evitar o seu declínio. Mas não é a ciência técnica e não é nunca o imperativo da performance que, de uma maneira qualquer que seja, prevalecerá no longo prazo; é, nós sabemos, a paixão pelo conhecimento, e contra ela, nós não podemos fazer nada.

Eu desejo completar o que precede. Resulta de tudo isso, a meu ver, uma definição, e mesmo um protótipo do homem que não tem objetivo ou que perdeu seu fim, um homem que perdeu a sua sombra. De modo que ele tinha um fim dentro da natureza da qual ele havia herdado sua própria natureza de espécie humana; ele poderia então antropomorfizá-la, seja atribuindo a seu deus seus poderes e sua natureza, seja pensando que a natureza opera a exemplo da espécie humana, para ou contra seus fins. De outro modo consciente ou subliminar, ele se via quase como demiurgo[66], mas pelo menos um ser vivo, dentro e para seu mundo. Assim pode nascer o mito da perfeição da natureza, da qual ele se sentia por vezes responsável, como o famoso relojoeiro divino, do mecanismo de seu relógio. Tendo isso por conseqüência decepção e ingenuidade, ao apresentar um fato deveras comovente: a partir do momento em que se desencanta o antropomorfismo, antes de o proibirem, o homem deixa de estar em seu lugar na natureza do mundo. Falta-lhe "a chave" e ele não tem mais um fim pelo qual viver nesse e por esse mundo, donde ele não é mais um demiurgo, mas um usuário. Essa desvalorização de seus fins não resulta apenas da racionalidade, não, é o espírito que não tem outra escolha senão a de depreciar toda a vida. Deste ponto em diante, desencantado, o homem não tinha outra opção que a de se adaptar ao mundo e ao que ele havia talvez criado, mas que se tornou distante e estranho. Não porque ele desejasse gozar a vida, mas para evitar a morte: sobreviver, ser um sobrevivente, não importa qual o meio. Hoje, a sobrevivência dos mais aptos deixou de ser uma hipérbole, é a definição do que somos, é a condição prática que permite subsistir no reino dos meios do presente. Se a ciência o justifica, é que nós temos fé na sua verdade, mesmo que não seja ela que não nos diga mais o que nós a fazemos dizer.

Quando escreveu a obra *La Mort de Danton*[67], Büchner estava enfeitiçado pela Revolução Francesa, da qual ele diz: "Eu me sentia atormentado pelo horrí-

---

[66] NT: nome dado por Platão ao deus criador.
[67] NT: BÜCHNER, Georg. *A morte de Danton*. Pref. Erwin Theodor. Rio de Janeiro: Tecnoprint, s.d. Universidade de Bolso. Georg Büchner nasceu em Goddelau, Hesse-Darmstadt, Alemanha, em 17 de outubro de 1813. Estudante de medicina em 1831, encontrou vazão para seu espírito revolucionário na literatura. Ao tentar promover uma insurreição em Hesse sob o lema: ´Paz às cabanas! Guerra aos palácios!´, foi preso e refugiou-se na casa do pai, onde escreveu *A morte de Danton* (1835), uma análise exaltada e pessimista das causas do fracasso da Revolução Francesa, sendo o primeiro drama realista alemão.

vel fatalismo da História. Eu habituava meus olhos ao sangue. Simplesmente a espuma da onda, a grandeza de um simples acaso, o império da razão: tudo se tornara um teatro de marionetes." O desencantamento do mundo é talvez a ficção de um teórico dessa história e dessa sociedade que foram atravessadas pela Revolução Francesa. Mas é uma "ficção com um fundamento real", que Max Weber expõe de forma extraordinária, penetrante e grave, sem lamentações sobre o passado nem apologia do futuro. Nós aprendemos a conhecer o nosso tempo e as luzes difusas que planam no alto de nosso teatro de sobreviventes. Isso dito, voltemos à crença do sobrevivente. Ela pode se exprimir em termos positivos, assim: o sobrevivente confia nos fatos. Em seguida, o conteúdo de sua realidade é o mesmo que o conteúdo das ciências técnicas, segundo a equação de Hegel: "Tudo o que é racional é real." Qualquer coisa que se faça, é fora de cogitação que as críticas confusas dirigidas contra a perda da direção, o espírito do cálculo, os tristes excessos da razão, as vozes que se arrependem da precisão do pensamento, a tirania dos fatos, possam prevalecer contra os dois artigos dessa crença firmemente estabelecida na mentalidade e em nossas instituições.

A distinção entre sociedade conhecida e sociedade vivida pode ser objeto de uma controvérsia, a meu ver, ultrapassada pela realidade. É fora de dúvida que essa distinção nos é imposta pela racionalidade que, segundo Musil, é "simples, prosaica e, como ela mesma se classifica, econômica." No mais, trabalhadas pelos Estados e pela economia política modernos, é uma razão prudente e instrumental, cuja medida de seu rigor é a eficiência. Sua fórmula é a *eficiência pela eficiência* – que nos lembra a *arte pela arte* –, por sua seca indiferença sobre os fins e sua neutralidade no que diz respeito aos valores, a verdade inclusive, fórmula que transformou tudo ao redor de nós e em nós. Resultam a possibilidade de eliminar os sentimentos, os entusiasmos individuais, os carismas coletivos e tornar tudo uma rotina, segundo procedimentos comprovados. Seja qual for o domínio ao qual nós os apliquemos, a receita consiste em dividir as tarefas de maneira estrita, padronizar os saberes dos especialistas que as devem executar, organizar suas relações conjuntas segundo regras que asseguram uma eficiência máxima. Esses tipos de procedimentos se apóiam precisamente sobre o que há de mais rígido e de mais automático no homem. Ele apela para faculdades despistáveis facilmente, para a coordenação e as reações previsíveis, que podemos utilizar de uma forma notavelmente produtiva. No caso, isso significa, nem mais nem menos, tornar impessoais as relações entre os homens através e dentro das instituições, cuja razão – niilista ou instrumental – é a alma sem questionamentos, sem alma[68]. A Igreja sozinha provou no passado que ela pode edificar uma instituição desta espécie: concebida pela razão, para tornar rotineira a vida religiosa dos homens, obedientes como cadáveres. Que ela tenha se enfraquecido em seguida, é uma coisa muito natural.

---

[68] NT: no original em francês, *l´âme sans l´etat d´âme*.

Seus erros foram corrigidos pelas instituições do Estado, administrativas, os partidos, os burocratas, as empresas, entre outras que cobrem a terra hoje com uma malha fina da qual nada escapa. Todas têm em comum se apoiar sobre um princípio de hierarquia que é tão velho quanto elas. Mas eu retomo a teoria de Weber, que o concebeu como um princípio de racionalidade, destinando a essas instituições o papel de veículo de padronização do entusiasmo e das paixões, a princípio, de seus criadores – sejam os protestantes ou os revolucionários – e de desencantar as massas humanas, suas crenças, seu mundo por conseqüência. Mais exatamente ainda, ao desencantar sua sociedade, que se torna distante, isto os leva a falar *deles* e de *nós*. Tendo em vista esse resultado, compreendemos que uma sociedade concebida é fundada sobre essas instituições, nas quais o princípio hierárquico se confunde com o princípio da racionalidade em nossas tecnocracias e que o termo hieroestruturas[69] caracteriza bem. Elas concentram em suas mãos os meios espirituais e práticos necessários para estender o campo das racionalizações às diferentes esferas da vida. Elas não fabricam mais produtos, elas disciplinam os sentimentos, canalizam as iniciativas, reprimem os excessos de fé e/ou de inteligência, transformam os fins em meios ou em interesses e lançam os julgamentos de valor cegos sobre os valores eles mesmos.

Todas as instituições possuem os dois lados da moeda. Do lado coroa, as hieroestruturas, a pleno vapor – o lado da técnica, como o da ciência – paramentam-se com o brasão da verdade, para impedir o acesso à razão dos "não-qualificados"; reservando-se, a razão obriga os privilégios. A lista de regras e códigos, a forma moderna das proibições e das discriminações, corresponde à listagem de procedimentos de seleção e de competição de títulos. Mas também os números: o *numerus clausus*[70] é erigido de forma geral para testar as faculdades individuais e a quantificação das relações sociais. Fazendo uma abstração – o que as distingue das instituições religiosas ou políticas anteriores – das linhas e tradições, de tudo o que tem relação com o sentido do humano, com os valores da existência, com o amor ao conhecimento, com as inquietantes preocupações da *ars vivendi* e da *ars morrendi*[71]. Entrevejo a explicação disso no fato de que, ao contrário de se saberem eternas, como as instituições de uma sociedade, fundadas sob o princípio da hierarquia, elas se sabem efêmeras, vivendo a cada dia, como todas as instituições, concebidas segundo o princípio da racionalidade.

---

[69] NT: no original em francês, *hiérostructures*, *hiero*; do grego, significa sagrado ou santo, donde o significado evocado, portanto, corresponde à "estrutura sagrada".

[70] NT: termo latino que significa número restrito e é usado ainda hoje na França para determinar uma cota de indivíduos a serem admitidos numa instituição educacional, como nos cursos de Medicina na universidade.

[71] NT: expressões em latim mantidas como no original em francês, respectivamente a arte de viver bem e a arte de morrer bem.

De todas as maneiras, do lado cara, as hieroestruturas constituem-se de forma a substituir os indivíduos que as compõem e as pessoas em geral. Propõe-se freqüentemente o seu domínio ou o seu saber como únicos, como sendo a verdade, e a massa social diversa como sendo o erro. Elas têm o direito de falar em nosso lugar e de decidir em nosso lugar. Somente seus especialistas têm direito à palavra, pois estamos certos de seu unânime acordo. Todo o debate de opinião é desacreditado *a priori*, falatório sem conclusão, ou esvaziado de seu conteúdo, porque se misturam certamente os argumentos racionais e não racionais. Não serve de nada produzir provas de sua realidade, ou protestar contra a pressão ao conformismo, que se exerce de cima para baixo: nós somos julgados por um tribunal mais elevado, o da verdade sem apelação. Como se o mutismo coletivo fosse uma homenagem à razão, e a apatia das massas, um sinal de saúde da sociedade. Eu presumo que é por esse motivo que nós não falamos mais às pessoas, nós lhes explicamos, nós não procuramos mais convencê-las, procuramos ensiná-las.

Enquanto permanecemos no domínio das hieroestruturas, a questão da sociedade em seu conjunto não se apresenta. Contanto que permaneçamos numa hieroestrutura, nós estamos num meio mais ou menos especializado, obedecendo às mesmas regras, estranhas ou desconhecidas às outras hieroestruturas que formam tal ou tal esfera da vida econômica, política ou científica. Isso concerne a nossa sociedade, que, em conjunto, agora atinge uma grande perfeição, racionaliza todos os aspectos da existência e não cessa de nos surpreender ao anexar novos domínios da vida humana e da natureza. Quem quer que não examine o conjunto, não pode representar a audácia com a qual ela unifica e produz a indústria, a agricultura, as ciências ou a educação e me esqueço do mais, ao aplicar os mesmos métodos e as mesmas técnicas, apagando num ritmo vertiginoso suas singularidades ancestrais, descartando seus valores e seus próprios fins, para que cada uma de suas esferas de atividade seja como deve ser. A experiência nos mostra que cada um é apreendido, confinado na rede de uma *sociedade total,* no sentido que Goffman empregava falando de "instituição total" com relação aos hospitais ou às empresas – que, de maneira direta ou indireta, pode revestir todas as formas e realizar todas as funções que a vida fez surgir, da alimentação ao entretenimento, do sexo à amizade, do nascimento à morte, com uma precisão estatística sem par e um zelo que esmaga toda rebelião. Muitas das coisas das quais nós nos servimos, que nós julgamos boas e de que nos orgulhamos, são categorizadas por ela como costumes ultrapassados e como particularidades bizarras. Ela prossegue descartando-se assim da universalidade da razão, para a qual as soluções propostas pela ciência ou pela técnica são mais eficientes e convêm por definição a toda a realidade social ou física, a todos os homens do norte ou do sul, de leste a oeste. Isso a ponto de pouco importar o lugar no mundo onde se vive, sobre a terra ou sob o céu, o que merece reflexão e leva a pensar que a sociedade total parece distante de cada um e de mais a mais abstrata. Mesmo que os sábios, segundo Husserl, tenham criado uma natureza abstrata, a nossa, nós criamos igualmente uma sociedade também abstrata, que alguns evocam como metáfora da cidade planetária ou do mercado global.

Agora, a conclusão. Certamente, nada pode ser mais diferente da sociedade concebida pelo homem, que a sociedade vivida pelos homens, cada qual caracterizada e inteira. Se a primeira é criada pelo trabalho de desencantamento de uma razão niilista e instrumental, "acima do bem e do mal", esta é a criação de uma espécie de depósito da decomposição do mundo desencantado e uma espécie de reserva, que preserva restos de um mundo encantado. A sociedade familiar, aquela de todos os dias, feita de estados concebidos e de estados vividos, não é mais do que a substituta de uma outra sociedade com a qual a verdadeira relação está escondida; com a sociedade concebida, por ser tão distante e abstrata; com a sociedade vivida, por ser próxima e difusa demais. Essa é a atmosfera da vida social corrente, entre a palha e o sopro, eclética e agitada. Passamos a ciscar a vida, nós não a vivemos mais. Pois essa vida, em seu recorte de instituições e de desejos antinômicos, está extraordinariamente tensa. Ela exige uma lucidez que o indivíduo humano não pode demonstrar permanentemente, pois a humanidade não suporta tanta lucidez.

Fechemos esses parênteses e voltemos à sociedade vivida. Eu desejo fazer com que a compreendam, exprimindo o que até o momento permaneceu subentendido: isto é, antes de tudo, a distinção a ser estabelecida nessa sociedade entre o domínio dos valores e fins e o domínio das paixões. Para dizer em termos mais intuitivos, o domínio da subjetividade, que comporta os valores e os fins relegados ao segundo plano pela razão. Privados de abordagem e de caracterizações comuns, eles se tornaram infinitamente variáveis e individualizados. No limite, cada um pode escolher viver segundo seus próprios valores e fins, definir o bem e o mal, sem que ninguém possa repreendê-lo, a única sanção sendo o sucesso ou o fracasso, quer dizer, a sobrevida. Isso tem uma conseqüência paradoxal: nosso modo de comportamento, subjetivo na vida privada, nos traz uma ilusão de liberdade na vida pública, precisamente por causa da racionalização dos valores e dos fins. Nós mencionamos freqüentemente sua ausência, o que é exato. É o que explicamos por uma negligência ou um déficit de nossa sociedade moderna, o que é errôneo, porque ela se esforça por evacuá-los na parte da sociedade vivida. Eu relembro os fatos, pois os dissimulamos freqüentemente, a menos que os ignoremos. Como Heine:

Autres temps, autres oiseaux,
Autres oiseaux, autres chants.
Et sans doute les aimerais-je
Si j´avais d´autres oreilles.[72]

Assim, a parte autêntica da sociedade vivida não se encontra nos valores ou nos fins subjetivos, mas, em contrapartida, nas paixões da alma, que exacerbam a intensidade dos nossos sentimentos e de nossas crenças, fazendo com que os homens creiam e desejem, sofram e se alegrem, sem o que o mundo nos pareceria terno, os homens apáticos. Não se trata aqui de escolher uma que seja mais social que as outras, nem de enumerá-las, pois ao penetrar no âmago de uma paixão, nós penetramos no âmago de todas as paixões. E a única diferença significativa entre elas é talvez o ritmo de vida que elas impõem, cada uma tendo sua figura rítmica, reconhecível dentre as demais a milhares de léguas de distância.

Espanto-me às vezes que nossa sociedade concebida e moderna, que se vê como cidade da razão, da mesma maneira que Santo Agostinho aspiraria a uma cidade de Deus, não tenha colonizado essa parte selvagem da sociedade vivida. Ela reprovou as paixões, sem substituí-las por uma peça de imitação, de modo que criou uma imitação de valores e de fins objetivos. Deveu-se isso à sua resistência, ou a instintos ou pulsões que exprimem as paixões da alma? Tudo o que podemos adiantar é que, como La Rochefoucauld dizia, "a ação e a paixão não deixam de ser sempre a mesma coisa presente em cada homem." Ao mesmo tempo, nós o sabemos, por elas somente os homens desejam viver e por elas eles não hesitam em morrer. É a paixão, portanto, indispensável a toda ação, e à ação coletiva particularmente. Sem ela, a sociedade quebraria o galho sobre o qual se senta, e o substituiria por uma imitação malfeita, a razão, que tem horror à paixão. O próprio Hegel reconheceu o perigo, quando escreveu: "Nada de grande foi jamais alcançado, nem poderá ser alcançado sem paixão. É só uma moralidade morta, e ao mesmo tempo hipócrita, que se levanta contra a paixão, pelo simples fato de ser paixão." Isso é sempre verdadeiro, mesmo na nossa época: se as máquinas nos substituem nas ações de guerra ou paz, em cada caso existe um homem que deverá apertar o botão, e uma coletividade humana que deverá consentir nisto.

Esses fenômenos da sociedade são um assunto de racionalidade ou irracionalidade? Pretender defini-los seria caricaturá-los, e estou convencido, como Musil, de que "todas essas histórias de racionalismo e anti-racionalismo não fazem mais do que embaralhar os problemas humanos essenciais." Nosso problema é bem a discrepância entre a sociedade concebida e a sociedade vivida, talvez a mais profunda falha de toda a nossa história. Muitas sociedades a cobriram com tradições, rituais e com encontros que as celebram nas épocas de efervescência. Nós não eliminamos as paixões, tampouco a razão. Mas isso lhes permitiu institucionalizar a mania, sua expressão no êxtase ou na paixão. A sociedade

---

[72] NT: mantido como no original em francês, o poema poderia ser entendido da seguinte forma: *Outros tempos, outros pássaros./Outros pássaros, outros cantos./ E sem dúvida eu os amaria./ Se tivesse eu outras orelhas.*

moderna não poderia adotar a sua fórmula, nem encontrar um equivalente para ela, pois a sociedade vivida, que é a conseqüência da sociedade moderna, fazia, do ponto de vista daquela, obstáculo à racionalidade. Ela aceitou, portanto, a perda das tradições, o desaparecimento dos estados de efervescência, fazendo seu luto da sociedade vivida ao instituir a melancolia. Podemos repreender uma sociedade por tomar iniciativas enérgicas e audaciosas? Certamente que não, e ainda menos nos ofuscar por ela ter os males de sua energia e as falhas de sua audácia.

3. A concepção apocalíptica do mundo

Nós temos a impressão de que os tempos estão tranqüilos. E nós vivemos como num mundo de vidro, evitando o menor choque que o faria voar em pedaços, "como uma lagartixa ao abrigo de uma folha que treme". Nós acreditamos também que, a despeito de não ser o melhor dos mundos, é pelo menos o único mundo possível. Portanto, uma crítica do desencantamento, que modelou esse mundo não tem nenhuma chance de abalá-lo. Vou abster-me dela, já que são muitos os que, como o próprio Weber, manifestaram uma crítica mais aprofundada. Ver exorcizadas as ilusões que nós poderíamos conservar, é preciso dizer, não sobre sua teoria, mas sobre o desencantamento ele mesmo. Como se ele desejasse nos advertir de que a calma aparente não é mais que uma calmaria, antes do desastre e do declínio iminentes.

A concepção apocalíptica do mundo é, literalmente, esta na qual não existe mais alternativa, nenhuma solução de contingência no curso existente das coisas. Existiria, no pensamento de Weber, um pessimismo profundo tanto a respeito do destino de seu pensamento quanto do da humanidade em geral? Isso não é impossível, e existe uma estranha relação entre essa concepção e a época moderna: nós sentimos, nós sabemos disso. Fazemos corriqueiramente a apologia de nossa civilização quando a definimos como ligada ao progresso das ciências e das técnicas, à perfeição do gênero humano. Mas esses grandes pensadores, Weber, Marx, Durkheim, para citar apenas alguns, se reúnem quando anunciam essa concepção apocalíptica de mundo, não pela nostalgia das tradições ou das culturas antigas, nem para lançar o anátema sobre o progresso das ciências e das técnicas, mas talvez porque este deixa nossa vida feia, nossas relações frias, e dá a todas essas novidades um aspecto anti-humano, de uma riqueza que empobrece. Eis o que entendo por essa estranha relação.

Com toda essa profundidade de análise, que é notável e seu senso desenvolvido do humano, como que para recapitular de uma ponta à outra o desencantamento do mundo, Weber descobre uma tensão dramática entre o triunfo final da razão calculadora, econômica, e a dispersão dos valores sem enquadramento nem pontos de referências comuns, até mesmo a perda de sentido que disso resulta. Tornadas inconciliáveis, o conflito permanente entre elas leva, portanto, a que o gênero humano não escape jamais. A soberba metáfora que intrigou nossa geração quer dizer que, na cena de nossa civilização moderna, os deuses do Olimpo recomeçam "seu luto mortal e insuportável, comparável àquela que opõe 'Deus' ao 'Diabo'". É preciso completar o que eu acabo de enunciar. Um homem, com mais forte razão um deus, tem sempre uma escolha. Porém, a guerra dos deuses não poderia se extinguir: o antagonismo dos valores se acompanha da impossibilidade de seu conflito, donde a necessidade de se decidir a favor de um ou de outro.

Sou forçado a reconhecer, e não serei o primeiro, que essas noções não fornecem uma representação clara e digna de confiança. Talvez estejam elas destinadas a nos revelar que esse desencantamento, que segue um caminho linear, proporciona saltos vertiginosos na superfície, sem se preocupar com "deus" ou "diabo", com o bem e o mal. Ele acumula nas suas profundezas as nuvens sombrias de guerras sem compaixão: nosso século semeou o vento e colheu a tempestade, terríveis tempestades donde a ameaça não se dissipou de sobre as nossas cabeças.

Mas é essa a única saída? Nós nos perguntamos. Lamentavelmente ou não, a resposta de Weber poderia ser: ninguém sabe. Na verdade, tudo depende do futuro, da condição que ele faça nascer novos profetas e que os antigos ideais renasçam, capazes de insuflar o sentido e a energia e de nos apegar à vida sobre esta terra tão árida. Senão, o verdadeiro fim do desencantamento, nós o atingiremos na justificativa do mundo e no nosso conhecimento desse mundo. E então, para os "últimos homens" desse desenvolvimento da civilização, estas palavras de Weber poderiam se tornar verdades: "Especialistas sem visão e voluptuosos sem coração imaginam ter galgado um grau de humanidade jamais alcançado até então." Que seja dado aos seus cavaleiros do apocalipse, especialistas de curto alcance e desprovidos de coração, que não nos são desconhecidos, alcançar aqui e ali grandes realizações. Mas eles nos fazem galgar tantos degraus rumo ao nada, que nossa fé na grande aventura moderna se perde ao mesmo tempo. Tal é a explicação da concepção apocalíptica do mundo: a perspectiva dos últimos homens. Eis por que ela mantém um relacionamento estranho com a civilização contemporânea: ela recusa a alternativa. "A modernidade", diz Abbrow, "prende seus adeptos num duplo laço: ela lhes promete um novo futuro e, ao mesmo tempo, nega ter a menor solução alternativa." É como de hábito: vemos o que amadurece do alto, não vemos o que nasce em baixo. Ou, no máximo, olhamos para os lados, perscrutamos o horizonte para melhor adivinhar em qual sentido iremos, uma vez que a solução alternativa seja descoberta.

Movimentos naturalistas existem

> *Se você me disser que isso é utópico,*
> *Eu te perguntarei precisamente o porquê.*
>
> Bertolt Brecht

E agora nós iremos falar das rebeliões da natureza, desses movimentos que, desde o início, dizem não e se opõem frontalmente a seu desencantamento. É verdade que a história oficial leva pouco em conta a história não-oficial. Para a história oficial, eles não existem, como se tudo aquilo que eles são e pensam não tivesse nenhuma conseqüência e pudesse passar em silêncio, simplesmente porque o que não é oficial, não é real, e aqueles que não escrevem a história, não a fazem tampouco. Em suma, eles são excluídos por desejarem mudar o seu curso, como se houvesse apenas um caminho, conhecido desde o princípio. Ora, isso não é verdadeiro: a história de nosso século alcança o seu fim. É preciso, portanto, voltar à ponte e deixar subir à superfície as forças que foram comprimidas há muito tempo, pois o horizonte começa a se abrir. Tudo se revela pouco a pouco e tudo se completa. Não podemos mais considerar com desdém ou indiferença esses movimentos, cujo objetivo surge de maneira tangível, o homem acrescido pelo homem, o homem em relação com a natureza. É para protestar contra essa melancolia da civilização moderna ou para escapar dela que eles afirmam que o homem distanciado da natureza ou sem relação com a natureza não pode simplesmente viver? Evidência cândida, ingênua, mas quão poderosa, em que se exprime a recusa desses movimentos. Eles não aceitam a interdição, nem mesmo a dominação e menos ainda, que sejamos despejados da natureza que nos é dada e daquela que nós criamos enquanto natureza de espécie humana. Não aceitam serem tratados como se ela não existisse para nós e nós não existíssemos para ela. Desde que ela está em questão, tudo em nós se apazigua ou se rebela, cada um pode sentir isso.

É por ter expressado e feito sentir isso, que desde sempre não perdoamos esses movimentos. Fazemos mais do que não os perdoar, nós os consideramos retrógrados ou os exilamos à margem da sociedade. Propagamos a suspeita de terem segundas intenções sobre seus pensamentos e ações, dos quais não queremos nada saber, a não ser vê-los como um mundo ao inverso. É certo que, sem o desejar, eles fizeram da natureza um corpo de delito, que escandaliza e alimenta um processo que não está preste a ser concluído. Certamente não acreditaria, se me dissessem, mas o descobri quando mergulhei nos estudos dos movimentos de rebelião. Essa razão me inspirou o desejo de tudo conhecer de sua história e de me informar sobre o processo que lhes intentam, irritante, pois estou convencido de que ele é injusto.

Deter-me-ia voluntariamente sobre a história datada e localizada de cada movimento naturalista, se isso não demandasse tanto tempo. É porque eu me contentarei em esboçar aqui a tendência e as idéias que eles representam, sua especificidade crescente na efervescência geral. Começando pelo *naturalismo reativo*, o primeiro e sem dúvida o mais antigo, o mais espontâneo e o mais popular de todos. Por que é tão fácil compreendê-lo e aceitá-lo? Nós o compreendemos primeiramente porque ele ousa dizer que os homens têm mais dificuldade de ver o que têm na frente dos olhos: o sol, o azul do céu, as árvores, as flores, os animais, tudo aquilo que se move sobre a terra, voa no ar. Também a palavra natureza, a idéia de que somos da natureza são para cada um, ao mesmo tempo, uma descoberta e o reconhecimento de alguma coisa de familiar, de vivido. E o aceitamos em seguida porque esse movimento não hesitou em sustentar que essa natureza é a nossa realidade primordial, que existia antes do homem e permanecerá após ele. Sua luta essencial contra a pilhagem do nosso *habitat*, as agressões da técnica, contra o que deforma ou constrange o nosso corpo, é fundada sobre a confiança, talvez exagerada, na imunidade dos elementos autênticos de nosso meio e de nossa vida. É de crer que as ciências e as técnicas não substituem nada de tudo o que eliminam. Elas perturbam a harmonia entre o homem e a natureza e não a substituem. É sem dúvida por essa razão que nós podemos encontrá-la ao pôr fim a essas perturbações. Deveria, ao que parece, existir, em cada um, um traço invisível do homem pré-histórico que a modernidade mascara e que morre no interior, por ser exterminado no exterior. Ao mesmo tempo, manifesta-se um desejo incontrolável de tornar visível esse traço do passado, de se purificar na e para a natureza ou, para usar a expressão de Thoreau, de se "naturalizar".

Esquecer a natureza, isto se torna, para a espécie humana, deixar aviltá-la, poluí-la, destruí-la, em suma, se desviar e fugir dela. Nós temos provas disso em todas as épocas. O naturalismo reativo quer declinar exatamente três palavras: "retorno à natureza", jorrando como um grito do coração, a fim de ser imediatamente ouvido e compreendido. Um chamado a revivificar a união entre os homens e a natureza, com o ela que aflora em volta deles, permitindo imaginar toda uma existência selvagem, pacificada, num ambiente próximo e caloroso, com respiração e com visão de homem e mesmo ao nível de corpo de homem, animado de uma energia fresca, liberando-se da apatia fútil e inconseqüente da rotina civilizada. Sim, é em nós mesmos que celebramos nosso próprio retorno, nosso desejo de viver efetivamente dentro da natureza. Como se tivéssemos renunciado à idéia falsa de poder controlá-la, dominá-la realmente. Essa natureza, que é necessário em realidade respeitar, tomando conta dela como uma mãe, diz-se um pouco por todo canto, cuidando de tudo o que ela engloba, para aqueles que a escolheram como seu lar.

Mesmo se a vida das origens, essa vida sã que buscamos, não a alcancemos jamais, os naturalismos reativos estão certos de estar no bom caminho. Eles nos permitirão restabelecer a harmonia da lira e do arco, da beleza e do saber, do coração e da razão, do mundo animado e inanimado, da realidade física e da realidade orgânica, dentro de uma natureza viva que Goethe opunha à natureza morta dos quadros do mesmo nome.

Ora, eis o paradoxo: esse naturalismo, que se apóia no passado para se defender do presente, apelando para a tradição sobre a inovação, ao homem pré-histórico antes do homem histórico, para uma forma de vida primordial aparentemente incompatível com as condições e necessidades da vida atual, revela-se porém o mais eficaz e por vezes irresistível, numa civilização modelada pela ciência e pela técnica, urbana e mecanizada. Será a simplicidade mágica dessa fórmula, ou bem a sua fé em uma natureza viva e a culpa de ter tanto destruído e tanto pilhado o que inúmeras gerações criaram, que confere a esse apelo "agora ao retorno" o dom de suscitar os desejos que acreditávamos esgotados e as forças que esperávamos domadas? O retorno, ele mesmo, se reveste de uma aura poética que desperta no fundo do homem o povo, no fundo do social, o comunitário, no fundo da natureza, a vida. Em todo o estado de causas, é uma cura que nos é prometida e que esperamos.

Não existe evidentemente nenhuma incompatibilidade intrínseca entre os movimentos naturalistas e os movimentos sociais no sentido clássico. De fato, aquele que escuta aquilo que se diz e lê, aquilo que se escreve, constata o contrário. Pois muitos pensam que eles estão ao mesmo tempo separados e opostos, tal como a ecologia e a economia, que os primeiros são menos reais – o que quer que isso signifique – do que os segundos. Eu sei que essas opiniões podem mudar e a realidade ainda mais. Nós vemos, aliás, a possibilidade e a direção da mudança através de um segundo movimento, o naturalismo crítico, nascido ao mesmo tempo no coração e à margem das correntes políticas e sociais que modelaram a civilização moderna. De fato, ele compartilha com elas a análise da história e a representação da sociedade e mesmo da cultura. É partindo dessa representação que o movimento critica nossa relação com a natureza e os problemas que decorrem disso. Mas ele tem como alvo verdadeiro o desencantamento do mundo, sob a forma que nós vimos, como um duro distanciamento do passado, do que foi talvez nosso paraíso: a natureza mágica, o que acarretou a perda progressiva do sentido e da plenitude do nosso conhecimento do mundo e do próprio mundo. Heiddeger nos disse: "Toda a história do ocidente poderia ser lida como sendo a da perda do ser". Weber a leu como um esquecimento da natureza, do seu elo carismático conosco, que se distende na história sem jamais se romper e sem que nós possamos decifrar a destinação: *dead end* ou *happy end* [73]? É o verdadeiro incômodo da civilização, o véu da ignorância jogado, não sobre suas origens, mas sobre o seu fim.

---

[73] NT: em inglês no original, as expressões correspondem respectivamente a "sem saída" e "final feliz".

O futuro está embaralhado, porém ele não deveria estar. Assim, Webber se pergunta: "Esse processo do desencantamento, realizado no curso de milhares de anos de civilização ocidental e mais amplamente nos mais próximos, em que a ciência participa como elemento e como motor, terá ele um significado que ultrapasse esta pura prática e esta pura técnica?" Que pergunta! É claro que ele tem o significado de um autômato, que não conhece nem de onde vem nem para onde vai, mas que avança num passo decidido rumo ao futuro, fazendo tábula rasa do passado a tal ponto que a infinita diversidade de coisas, das tradições e dos saberes é fragmentada e misturada pelo movimento perpétuo do progresso, "o moinho sempre se movendo por si mesmo" do qual falava Novalis.

De fato, ele não se enganava. Debatemos contra ou a favor do progresso, e estamos prontos a reconhecer que ele hoje tem um papel próximo ao que ontem era reservado à tradição, isto sim. Aceitá-lo é difícil, nós estamos certos, pois nós não aceitamos jamais seu automatismo, nem sua cegueira que nos conduziu mais de uma vez à beira do precipício. Karl Kraus, o pensador enigmático, que influenciou toda uma geração, detalha isso a propósito da "natureza torturada". É confortável supor que o progresso é o único em questão. É confortável e é covarde, pois essas agressões à natureza não poderiam ter sido possíveis se nossa moral não o tivesse permitido. Que aquele que é obcecado pelo dilema "Sou ou não contra o progresso?" perceba primeiro aquilo que a cumplicidade moral fez dele mesmo. O progresso tem a cabeça para baixo e as pernas para o ar no éter e assegura a todos os espíritos servis que ele domina a natureza. Ele inventou a moral e a máquina para expulsar, da natureza e do homem, a natureza, mais ainda, se sente abrigado numa construção de mundo, no qual a histeria e o conforto mantêm a consistência. O progresso das vitórias *à la* Pirro[74]. Certamente, para quem não é um profeta reconhecido, como Karl Kraus, essas vitórias podem parecer um mistério mais ou menos incerto, mas ele afirma que essas vitórias, *a la* Pirro, parecem com as nossas catástrofes ecológicas em série e conferem um caráter extraordinário, quase demoníaco, à nossa civilização. Isso porque, segundo ele, ela dá prioridade aos fins da vida sobre a vida. Ela provoca, assim, rebeliões da natureza, os "descontentamentos cósmicos contra as inconseqüências e violências das quais os homens, esses caolhos que carregam o progresso cego sobre os ombros, são tão orgulhosos."

Vocês farão objeção, talvez, dizendo que isso não é novidade – antigos interesses se dissimulam por detrás do *slogan* reiterado – "não novo" –, mas o que faz parte da verdade não tem necessidade de ser novo. É suficiente, aliás, observar os excessos cometidos contra a "natureza torturada", para se convencer disso.

Mas, e a história? Mas, e a sociedade? Nós compreenderemos melhor porque Walter Benjamim levanta essas questões, se rememoramos certas características

---

[74] NT: vitórias obtidas com grande esforço, como a de Pirro sobre os romanos, em 279 a.C.

do progresso. De toda a evidência, ele veicula a crença de que o seu motor, por assim dizer, a razão, a ciência portanto, governa a história da sociedade e a história dos homens. O ritmo das descobertas e invenções que se aceleram é, ao mesmo tempo, o símbolo e a prova disso. Tudo se passa na história como imaginamos que as coisas se passam nas ciências e nas técnicas. As novas teorias corrigem as antigas, a verdade substitui os erros, as técnicas novas, mais eficazes, substituem as antigas e as tornam obsoletas num processo cumulativo, seu número crescendo fortemente. Assim, na história, o presente e, acima de tudo, o futuro apagam os traços do passado, o mais rápido toma o lugar do mais lento, o mais eficaz descarta o que é menos. O conjunto da sociedade torna-se mais racional. A história é, portanto, cumulativa, linear e vai para a mesma direção, do pior em direção ao melhor. Tal é a concepção mais comum e que pressupõe um finalismo na história.

Mas eis o reverso da medalha. No esforço de buscar provas de uma história progressiva, esquecemos que história e progresso são contraditórios. A evolução das espécies nos mostra que as espécies que pertencem a épocas diferentes do presente e do passado coexistem, tal como os insetos e os homens, e que as melhorias das funções de umas e outras não explicam nada. O próprio Darwin excluiu formalmente a idéia de um progresso. A um colega que acreditava no progresso na evolução das espécies, Darwin escreveu: "Após longa reflexão, tenho a firme convicção de que não existe uma tendência ao desenvolvimento progressivo." Poderíamos dizer o mesmo da história cósmica e o mesmo da história das ciências ou das técnicas. Kuhn e eu mesmo mostramos que suas transformações não significam que as teorias novas substituem as antigas, como a verdade substitui o erro, ou que as técnicas mais eficazes excluem as menos eficazes – de que maneira o avião é mais eficaz que a roda? Podemos dizer que uma língua moderna é mais perfeita ou mais eficaz que uma língua antiga, o francês o seria mais que o chinês ou o grego?

Sem dúvida, é preciso dizer que não podemos explicar de maneira científica a história das espécies, das galáxias, das ciências, por uma noção finalista do progresso, assim como não podemos explicar os fenômenos biológicos por uma noção como o vitalismo. De toda a maneira, Walter Benjamim tinha razão ao propor alternativas: história ou progresso? Progresso ou história? É a expressão mais franca de nosso dilema. É uma declaração de guerra contra concepções tão propagadas nos debates políticos e sociais. Libertar a história do jugo do progresso implica que o passado subsiste e pode mesmo subsistir à aparição do novo. Assim como ele o diz em uma soberba metáfora, o anjo não avança em direção ao futuro, ele mergulha seu olhar para trás na história e não pode se impedir de interpretar os indícios e os acontecimentos. "Como tudo isso pôde começar?" é o mais importante para compreender, pois sabemos alguma coisa a respeito, do que "Como isso vai terminar?", do qual nós não sabemos nada ou quase nada. Dizer que a história segue um curso previsível e que avança na direção de um objetivo visível em relação ao qual estamos adiantados ou atrasados, nos precipitamos ou perdemos tempo, indo da obscuridade à luz, é ilusão. Pior: é fútil, serve somente para justificar a burocracia do tempo, que mede e calcula, deformando a substância da história. "A idéia de um progresso do tempo através da história", diz Benjamin, "é inseparável de seu trajeto no tempo vazio e homogêneo." Confundimos, assim, de maneira tácita, o tempo histórico e o tempo mecânico; o primeiro é uma realidade conjunta com o segundo, que, para os físicos, como Einstein, é uma ilusão. Ao menos são esses problemas que ainda aguardam uma solução.

Chegamos então a um dilema curioso do ponto de vista da sociedade: progresso ou história? O esforço para passar do outro lado da história na direção do progresso é ainda um ato de fé neste, que economiza o trabalho de fazer a história. Uma espécie de artifício das ciências e das técnicas, para agir no lugar e no espaço do homem. Não me cabe julgar controvérsias das doutrinas, marxista ou socialista. Mas é um fato de observação que o comunismo e o socialismo, que começaram por mobilizar a classe operária assegurando a elas que seguiam de acordo com o sentido da história, cederam à tentação de acelerar o processo e desejaram simplificar as coisas ao julgar que o sentido da história se atingiria plenamente no e para o progresso. Para utilizar seu próprio vocabulário: eles se tornaram progressistas. Atenção! Não há nenhuma ironia nesse comentário. Isso me serve somente para sublinhar o ponto de vista que eles adotaram: podemos confiar às técnicas científicas a tarefa de satisfazer as necessidades dos trabalhadores. Elas tornam mais leve o seu trabalho, fazem crescer o bem-estar, podem promover a justiça e mesmo a igualdade, numa sociedade reformada e revolucionária.

Uma vez tomada essa direção, a vontade de lutar e de viver por um ideal conta menos do que a capacidade de administrar e de organizar, a adesão das massas conta menos que a racionalidade das hieroestruturas do partido. Presos em gaiola de aço, todo o retorno à situação anterior parece-lhes impossível e Walter Benjamin acrescenta: "Como imaginara o cérebro dos sociodemocratas, o progresso era, primeiramente, um progresso da própria humanidade (e não somente das aptidões e de seus conhecimentos). Ele era, secundariamente, um progresso ilimitado (correspondendo ao caráter infinitamente aperfeiçoável da humanidade). Em terceiro lugar, nós o considerávamos essencialmente como automático e seguindo uma linha reta ou espiral." Nós podemos falar de transtorno: o discurso econômico muda de sentido ao mesmo tempo que a prática política muda de nível. Ela é empurrada para baixo, na direção do conformismo, com seu ponto de vista dominante acentuado pela tendência de seguir o desenvolvimento técnico, estando convencida de estar seguindo a "direção da corrente, o sentido para onde é preciso nadar."

Isso inspira em Walter Benjamin repugnância e um mau pressentimento. Aprenderá ele que, ao seguir o sentido da corrente, a sociedade mergulhe num estado de despreocupação serena, de deixar seguir e de passividade na história? Que através de promessas de amanheceres idílicos, ela não se apercebe mais das ameaças de camadas de tempestades que o progresso ocasiona? Resposta: um e outro. Suas palavras colocam em evidência o dilema de toda a sociedade moderna, mas, sobretudo, ele critica a política de esquerda, que mudou as premissas da ação histórica. Por uma razão visível em Marx: traduzir a natureza por sua imagem científica e não a imagem científica por sua natureza. Está aí a perversão da visão dos primeiros socialistas, uma falta de clarividência diante da realidade. "Ele (Marx) quer somente encarar o progresso do domínio sobre a natureza", disse Benjamin, "não as regressões da sociedade. Notadamente uma noção de natureza que rompe de maneira sinistra com aquelas utopias socialistas de antes de 48." Sobre esse problema que o tempo tornou terrível, outros, assediados pelos mesmos tormentos, já meditaram. Cada um sabe que o desencantamento do socialismo utópico pela ciência não o transforma em um outro socialismo, mas em outra coisa diferente do socialismo. Assim, cria-se o poder dos "últimos homens", o poder de um partido ou de uma classe, em detrimento de uma coletividade e de indivíduos, tendo compartilhado a concepção apocalíptica do mundo, que exclui toda solução alternativa.

Uma última observação. Nós consideramos em geral que as sociedades modernas, os movimentos liberais ou socialistas que as modelam, têm por objetivo a emancipação. Eu não o contesto. Isso é documentado pelos maiores pensadores e pelos cientistas sociais cujas teorias se acreditam – e com que fervor! – emancipatórias. Isso não é tudo! Com efeito, parece que a condição dessa emancipação é a dominação da natureza. Mostramos facilmente – é um jogo – que, desde Descartes, ela mede o avanço de nossos conhecimentos, a amplificação de nossos métodos práticos e, em definitivo, o poder de nossa razão. É tanto quanto fácil supor que esta última nos libera de nossas limitações interiores ou exteriores da vida individual e social. A equação – razão igual à emancipação – é muito antiga e familiar para que eu me detenha. Ela se confirmaria rigorosamente se fosse possível separar a sociedade da natureza, o sentido de nossa ação em uma e o sentido de nossa ação na outra. Mas, se esse não é o caso, chegamos à conclusão de que os homens dominam a natureza contra si próprios.

Horkheimer não figura entre os moralistas que vituperam as dominações que os incomodam ou indignam. Ele observa – a coisa escapou ao grande filósofo, autor da fórmula – que cada um "deve não somente tomar parte na sujeição da natureza externa humana e não-humana, mas a fim de fazê-lo, ele deve sujeitar sua própria natureza. A dominação se interioriza pelo amor à dominação." Esse amor à dominação, ao mesmo tempo recente e muito antigo, posto à prova na própria pele, aspira a transformar e a assimilar o amor ao saber, que não desapareceu, portanto a fazer com que ele se torne parte de si mesmo. Ele se identifica com a ciência moderna, para a qual o saber é poder. Eis nossa *trade-mark*[75] ocidental. Quanto mais se amplifica essa fusão entre o amor pela dominação e o amor pelo conhecimento, mais a natureza torna-se meio, nos disse Horkheimer, "de uma exploração total sem nenhum objetivo determinado pela razão, sem nenhum limite. O imperialismo ilimitado dos homens não está jamais satisfeito."

Não é meu propósito, aqui e agora, expor e discutir a concepção da famosa escola de Frankfurt, da qual Horkheimer e Adorno são as figuras de proa. Mesmo os admiradores do primeiro devem ter-se dito, por vezes, que sua grande fraqueza, seu erro histórico, foi de, após ter feito uma crítica penetrante e lúcida desse processo, ter-se demorado nela por muito tempo. Pois sobre todas as convulsões que eles reconheceram e analisaram, qualquer coisa procurava nascer e queimava por se impor. De toda maneira, eles tornaram evidente que a dominação da natureza, que nos conduz à dominação do homem, "o imperialismo ilimitado dos homens", não desemboca numa emancipação, mas, ao contrário, na incapacidade e na restrição do seu desejo de se emancipar. É esse o verdadeiro eclipse da razão: do que nos serve conquistar a natureza com ciência e método, se devemos, ao mesmo tempo, perder o amor por a conhecermos e a possibilidade de nos liberar, condenando-nos a um amor pela dominação jamais satisfeito? Os homens atingiram o domínio da natureza contra eles mesmos em cada esfera de suas existências. E é bem o paradoxo flamejante de um mundo sobre o qual Adorno e Horkheimer possuem um julgamento bastante pessoal: "No final das contas, os sujeitos, em benefício dos quais portanto começamos a dominar, a "reificar" e a dessacralizar a natureza, encontram-se, eles mesmos, tão dominados, reificados e dessacralizados na relação consigo mesmos, que mesmo os seus esforços de emancipação se voltam em seu contrário, confortando o contexto de cegueira no qual eles estão aprisionados."

Agora, o que fazer? Seguir a via do desencantamento e, confiante em sua razão, deixar os homens se precipitarem sobre a natureza? Nem Adorno, nem Horkheimer, nem Weber tinham uma tal certeza, e eles terminaram sem concluir. Eles, entretanto, desviaram nosso olhar da relação contraditória entre a razão e a dominação. O que nos leva a considerar uma saída que eles teriam julgado pouco provável, mesmo que seja a única: a emancipação da natureza é, no fundo, a emancipação dos homens. Sejamos enquanto isso francos e nos questionemos: não é muito tarde? É preciso colocar a questão como em eco às interrogações de Karl Kraus após a Primeira Guerra Mundial. Wittgenstein escreveu após a Segunda: "Não é desprovido de senso, por exemplo, acreditar que a época científica e técnica é o começo do fim da humanidade; que a idéia do grande progresso é uma ilusão que nos cega, como igualmente aquela do conhecimento finito da verdade, que no conhecimento científico não há nada de bom nem de desejável e que a humanidade, que se esforça ao seu alcance, se precipita num engano." Sem

---

[75] NT: em inglês no original, a expressão significa marca registrada.

o traumatismo provocado pela bomba atômica e a perspectiva do fim da humanidade, ressonante em suas palavras, em suas frases calmamente plantadas como bandarilhas[76] na carne da época, nós não acreditaríamos. Mas o fato ocorreu e nos fala da esperança, que, no final dos finais, podemos nos resignar: tudo é sem esperança.

Esse movimento é uma tentativa de associar estreitamente as relações na sociedade e as relações com a natureza. Isso, não somente pelo rigor de sua crítica, é um naturalismo. Ele visa a política, tanto quanto a ciência, através de temas que ele aborda – o progresso, a razão e a emancipação – na busca do sentido, não de uma escolha a favor ou contra a natureza, mas da história de uma sociedade moderna por vir. Desse fato, é extremamente significativo que o movimento não se tenha detido no dia em que essas grandes vozes se calaram. É suficiente relembrar a que ponto Jacques Ellul – cuja pequena frase "A ciência se tornou um meio da técnica." foi para mim uma descoberta –, André Gorz ou Ivan Illich, por exemplo, sistematizaram a crítica naturalista em direções novas e intrépidas. Foram eles que nos esfregaram os olhos para melhor nos fazer ver como nós estamos aprisionados em nosso próprio engano.

Nós não podemos prever o futuro, mas podemos vê-lo. Isso acontece somente quando pensamos de maneira ainda mais louca do que as pessoas cujas vidas são perturbadas, quando sentimos mais vivamente o que elas sentem, que desejamos mais ardentemente o que elas desejam, que olhamos para o que elas olham e captamos os sinais imanentes da borda de luz que permaneceu obscura para tantos outros e há tanto tempo. O desejo não expresso de uma volta à natureza em pleno meado do século XX foi o sinal o mais claro e o mais forte. Ora, ninguém sente um tal desejo por uma teoria ou por uma razão moral. É preciso um tipo de ansiedade dolorosa, a falta de um mundo que sabemos em perigo e a necessidade de reencontrá-lo. Eu não sei se o desejo de retorno foi além de estado de alerta e de um despertar de emoções quase esquecidas. Se, em seguida, nós tivéssemos nos perguntado onde estava a natureza, numa época de grandes descobertas da ciência e do progresso técnico, qual teria sido a resposta? As sociedades abstratamente socialistas e as sociedades concretamente liberais esgotavam os recursos, poluíam o ar e as águas, eliminavam as espécies, multiplicavam a energia nuclear. O todo dentro do respeito às regras convencionadas, com ausência de escrúpulos e a garra que é própria dos que pertencem aos fortes, para os quais a natureza é uma noção obsoleta, sua defesa ou sua proteção, um preconceito antiquado. Este foi o segundo sinal, a descoberta de problemas novos e insuspeitáveis que uma linha de reflexão levantava a cada vez.

O naturalismo ativo – em todos os lugares onde o encontramos – é marcado por essa reflexão e pela vontade de uma liberação franca e exclusiva de nosso

---

[76] NT: dardo em forma de flecha utilizado pelos toureiros.

interesse pela natureza. Um interesse subentendido por essa angústia histórica, os efeitos inseparáveis de desejo de um retorno e de uma nova relação com ela. É uma paixão duradoura e comum. Mas é o movimento de seu tempo, modelado pelo pensamento e pela realidade contemporâneos, que não deseja romper as pontes com o exterior, nem perder o gosto de agir sobre o conjunto da sociedade. Em todo o caso, sua lucidez o proíbe de imaginar que se possa voltar ao que foi um dia, fazer refluir a história e se fechar numa pré-história que existe por convenção. Essa solução não será à altura dos problemas, que devemos enfrentar hoje em número crescente. Cada qual apresenta um aspecto da questão natural, que exprime as tensões e contradições de nosso século e compreende suas conseqüências econômicas e sociais. Mas justamente, essa é uma questão. Seu sentido não poderá se revelar no quadro de nossa antiga visão de uma natureza estática, reservatório de matérias e energias, um meio externo, habitado pelos humanos, assegurando suas sobrevidas sem dela fazer parte. Ou, expandindo essa visão a seu fim, a questão da natureza carece de sentido se ela for vista como uma natureza exterior, que nos resiste e percorre uma evolução histórica sem relação com a nossa. Em suma, para parafrasear um dito gnóstico, nós seríamos da natureza, mas não na natureza.

Portanto, é possível afirmar o contrário, apoiando-se sobre os melhores argumentos que não posso detalhar. Vendo de uma perspectiva dinâmica, a natureza não é um substantivo, mas um verbo, *natura naturans* e *natura naturata*, natureza criada e natureza criadora. Nós somos o traço de união ativo, ou, segundo o aforismo de Jean-Paul Richter, "o grande traço de união no livro da natureza". Nesse domínio, nós não gastamos mais nossas energias para lutar contra ela, mas para descrevê-la, quer dizer, criá-la, combinando as forças físicas, intelectuais, às forças materiais que, num certo sentido, não existiam antes que nós as tivéssemos descoberto ou inventado. Não terminamos sempre por nos dizer que saber é criar? Portanto, as artes, nossas ciências, nossas técnicas, sem esquecer nossas filosofias, não fazem em definitivo mais do que isso. Schelling não se enganou ao conceber esse belo adágio: "Filosofar sobre a natureza quer dizer criá-la." Ele admitia como uma realidade a importância do fazer, mas também do criar, dois sentidos, que conota o verbo *schaffen*[77] que ele emprega. Portanto, não lutamos mais contra ela, mas a favor dela, não procuramos mais nos afastar, mas nos aproximar, nós não visamos mais enfraquecer, mas preferencialmente fortalecer nossos laços na natureza. Em suma, devemos falar de retorno à natureza porque nós nela estamos e nós dela somos? Esse retorno quer simplesmente dizer que nós não nos sentimos bem. As coisas ocorrem de forma diferente do que deveriam; nós nos debatemos em meio a problemas insuspeitados. Então nós nos refugiamos no passado, temos aversão, ou, em revanche, os combatemos com energia.

---

[77] NT: em alemão no original.

Chegamos a um ponto essencial e de grande conseqüência. Se nós a fazemos ou a criamos como um dos pólos de nossa ação, esta natureza criada ou criadora é uma natureza histórica. Agora que a articulação entre a natureza e a história é justificada, é possível falar concretamente de naturezas no plural e não mais no singular, do mesmo modo que o que existe concretamente não é o homem, são os homens. Para ilustrar o que acabo de dizer, eu relembro que, para o mundo clássico e até a renascença, a natureza no fundamento de todas as coisas é a natureza *orgânica*. Para o mundo moderno, a natureza *mecânica* a sucedeu. No presente, essa característica de mais a mais se assemelha à natureza cibernética. Dito de outra forma, Montaigne tinha razão, ao escrever: "A Natureza é obrigada a fazer apenas o que seja diferente."[78]

De fato, essas duas décadas passadas ficarão em nossa história como aquelas em que surgiram a questão natural e a nebulosa verde. Nós não as criamos ao acaso e não as vivemos sem nada fazer nem inventar. Elas foram um momento capital, precisamente na busca de uma nova visão da natureza, pela abertura de um espaço de ação que ela oferece, o espírito de revolta contra o nuclear e os pretensos progressos técnicos, em resumo, a única energia nova de nosso pensamento político e mesmo social. Nada de espantoso que esse trabalho de despertar da consciência coletiva e do sentido da natureza não haja mesmo sido imaginado por uma ciência técnica, que se tornou estranha a ela mesma, pelas manobras da tecnocracia ou pelos partidos esclerosados: esse trabalho requeria os entusiasmos, digamos ingênuos, e acarretava riscos. O ponto importante é que nós descobrimos um movimento ao procurar por homens e por idéias, um pouco em todo canto, desde as associações locais às universidades, passando pelas minorias femininas e políticas após Maio de 68. A tônica poderosa que eles trazem é bem a prova do esforço tenaz desenvolvido para trazê-los à luz e, em suma, para uni-los.

Portanto, a mais certa reserva de iniciativas e de idéias encontra-se hoje no movimento naturalista. Ele não tem mais necessidade de fechar todos os seus sentidos à realidade, de perpetuar a tradição legada pelas gerações, que se consagraram à defesa e a proteção da natureza, contra os efeitos do progresso técnico-científico ilimitado. O que é precioso nessa tradição e reside no fundo de nós, eu o repito, é o sentido da natureza, a paixão de guardar um laço vivo com ela, de servi-la e respeitá-la. Nós devemos atiçar essa paixão, sem ela nós seríamos mais mortos do que os mortos. É preciso que ela exista, pois sem ela, por que é que os homens e as mulheres, os mais jovens e os menos jovens se interessariam pela

---

[78] NT: a frase citada no original em francês é *"Nature est obligée à ne faire autre qui ne fût dissemblable"*. Buscou-se manter o contraponto entre o caráter cíclico da natureza que evoca uma natureza imutável ou estática e a oposição a uma natureza que está em mutação, por isso também histórica.

natureza? Que outro ardor os impulsionaria a desejar salvar as espécies vivas, dentre elas a nossa, substraindo-as à força racional de uma produção, que se governa sem nós mas contra nós, contra o vivo em geral? Cercados que estamos por todos os lados por icebergs tecnocráticos, donde a parte submersa transborda de segredos militares ou econômicos, a terra tornou-se um Titanic cósmico, carregado de energias maléficas, nucleares ou biológicas. E ninguém pode encontrar em si mesmo a energia benéfica do sentido da natureza, se essa paixão não aflora de novo em sua consciência.

O que se encontra de precioso no fundo dessa tradição é, portanto, a paixão, o entusiasmo que nos tira da apatia e estimula encontros, descobertas e ações. Mas as soluções que nos importam não são mais aquelas que preconizam a defesa e a proteção literalmente, no campo de uma visão estática. O que na prática, de uma parte, quer dizer se servir da natureza – jardins, árvores, florestas, pradarias, córregos – para decorar as cidades, ou as centrais nucleares, como uma cesta de frutas serve para decorar uma mesa. Ou ainda, por símbolo do cuidado com o qual nós a cobrimos, colocar numa fábrica – tomando emprestada a imagem de Magritte – "um carrilhão que substituiria a campainha elétrica". Plantar um cenário, proteger um símbolo, desviar nossa atenção e nos deixar impotentes face à questão natural, a única insuportável, devido à pressão demente à qual são submetidos nosso *habitat* e todas as espécies vivas.

Por um lado, uma defesa e uma proteção da natureza se limitam a propor soluções técnicas como paliativo para tal e tal poluição, do ar ou da água, para salvar duas ou três espécies ameaçadas em seu *habitat*, ao encerrá-las num parque natural. Soluções que são aplicadas somente enquanto exercemos uma pressão e apenas para fazê-la baixar e acalmar o descontentamento do público. Ora, é bem provável que, na realidade, nós defendemos e protegemos a forma existente de pensar e de explorar a natureza, à qual retornamos rapidamente, como mostra a experiência, o que volta a causar novas poluições, novos desastres naturais em outros lugares. Nós assim nos tornamos os bombeiros ecológicos de um novo tipo; como nos incêndios de florestas – quando o fogo é controlado com dificuldade em um local, os bombeiros devem se deslocar para outro lugar para apagar um novo foco. Trabalho exaustivo, sobretudo quando busca nos desgastar, o que nos desencoraja e desvia de nós a confiança das pessoas para quem nossa ação pode parecer tão vã, que elas acabam por se dizer que nos falta seriedade. Mas nós sabemos que isso não é verdadeiro.

Evidentemente, nós poderíamos ter-nos apercebido mais cedo, o que não foi o caso, mas o naturalismo ativo emprega uma nova via, a da política. Ele intenta claramente mobilizar as pessoas e lhes propor soluções à questão natural, dentro de um quadro de vasta reflexão teórica. De uma certa forma, esta, que nós chamamos a visão de uma natureza histórica, justifica e conduz logicamente à via política. Por que então? Perguntar-me-iam. Somente esse naturalismo é capaz de compreender a história humana da natureza. Quer dizer, uma pluralidade de estados de natureza correspondentes a nossos saberes e *savoir-faire*, portanto, com as forças materiais a cada estágio dessa história. Cada vez que pretendemos defender ou proteger a natureza, subentendemos que, ou podemos voltar no tempo na direção de uma natureza primordial, ou vamos manter o *status quo*, ao atribuir as catástrofes ecológicas a um distanciamento deste ou ao desequilíbrio presente. Agora sabemos pertinentemente que a natureza é a vida e a vida não comporta nem forma primordial, nem equilíbrio eterno: todo aquele que nasce, morre, tudo evolui e se diversifica.

Ora, quem diz evolução ou história diz escolha. E falar de política, é também falar de escolha. Isso se refere evidentemente a uma política da natureza, e não temos nenhum problema em sustentar que uma decisão em matéria de pesquisa científica ou técnica, por exemplo, depende de uma escolha de natureza. Incumbe aos homens debatê-la, a juntos tomarem claramente tais decisões, estando conscientes do fato de que eles fazem ao mesmo tempo uma escolha de natureza. Que para muitas pessoas essa escolha seja um assunto de especialistas, não quer dizer que não seja política, mas que esses (os especialistas) retiram essa escolha da sociedade. Se suspeitarmos que isso concerne à natureza, isso significa que é necessário mudar a concepção que temos dela de maneira geral. Enquanto uma categoria ou um grupo único, que por graça de uma situação passada e de uma tradição que a perpetuam, monopoliza as possibilidades de escolha e os comandos de decisão – atitude que não é muito defensável na sociedade atual, onde muitos cidadãos possuem competências universitárias –, essa categoria ou esse grupo se esforçará para reduzir o campo de abertura e escamotear o debate público. Equivale a dizer que eles reivindicam uma liberdade que recusam aos outros. Pense em todos esses homens e todas essas mulheres que prestaram grandes serviços à pesquisa e militaram por nossa liberdade e o direito de ter voz no que diz respeito à economia ou à justiça, mas nos recusam esse direito desde que se trate de sua especialidade científica ou técnica, que nos concerne da mesma forma. A nós, que lhes servimos de cobaias.

Tudo isso não é uma maneira de dizer que a via seguida pelo naturalismo ativo foi a de convencer a maioria, que as questões relativas à pesquisa, ao desenvolvimento das forças produtivas, portanto, da natureza são questões de ordem política. Não é suficiente apenas protegê-la contra os desastres na jusante, mas decidir na montante. Isso é feito sempre na história de maneira prática e é isso que podemos fazer amanhã de maneira informada, ou mesmo deliberada. Pois que essa escolha concerne todas as esferas da vida social, o naturalismo ativo situou as decisões que se referem às nossas tecnociências, às nossas relações com a natureza, para dentro das decisões políticas normais. Por outro lado, ele ampliou-as ao domínio social e mesmo propriamente ao cultural.

A experiência da política natural começa quando vemos as coisas. Ela consiste em educar pelo exemplo, mostrando que, a cada vez que nós queremos impor uma maneira de agir, é preciso abordar a questão: esta maneira de agir é aceitável agora? Ou melhor, se nos propõem uma solução, nos informar se ela é a única possível. E nesse caso, qual é a melhor solução entre as que são possíveis? Mesmo se elas não foram realizadas, nós não as tomaremos por irrealizáveis, como foi o caso quando nos metemos a procurar novas fontes de energia para evitar a energia nuclear e o desperdício de energia em geral. É seguramente desse tipo de questão que nasce uma nova forma de pensar e que surgem as ocasiões de diálogo e debate. Se o naturalismo ativo convenceu em parte e fez imitadores, não foi somente através de debates, mas também de manifestações vigorosas e de sua presença nas eleições. A história dos últimos anos mostra que é isso que os outros não podem aceitar: não é a novidade de sua orientação com respeito à natureza, nem mesmo o fato de ter mudado a tendência dominante em ecologia reticente à política, mas é por ter-se tornado uma força crível na sociedade. Os homens de todos os partidos, o que compreende a esquerda e os nem-políticos, nem-ecológicos – eles constituem também um partido –, imitaram suas idéias, sua linguagem e tomaram mesmo sua cor. Talvez também porque entenderam que a distância é intransponível para eles.

Posso introduzir aqui a questão da economia, capital aos olhos deles. Cada civilização tem sua maneira de resolvê-la e de classificá-la segundo sua escala de valores. O desencantamento do mundo fez com que nossa época a resolva pelo mercado e a coloque em primeiro lugar. A economia é, para falar em termos clássicos, nossa realidade essencial; ao lado dela, todas as demais condições de nossa existência, a natureza inclusive, são menos reais. Cada despesa para a natureza é estimada a um custo para a economia, que perde o que a outra ganha. A natureza tem necessidade de catástrofes para convencer mesmo os espíritos mais recalcitrantes de que ela existe, enquanto a economia dispensa essas provas. De acordo com sua lógica, a opção pela natureza é uma solução de urgência ou de pânico, a indiferença ou a opção contra a natureza é a mais racional ou normal. A primeira supõe sempre o pior. Isso não é uma especulação de escola, é a expressão precisa de uma maneira de pensar e de agir. É, portanto, urgente para o naturalismo ativo proclamar o absurdo dessas opiniões e pronunciar o divórcio do desacertado casamento entre a economia e a ecologia.

O que confere uma aparência séria à primazia da economia é a ficção do *homo oeconomicus*, egoísta por definição, calculista por razão, indiferente aos outros por interesse, e tendo por única paixão a riqueza. Eu há muito acreditei que isso não passava de uma ficção teórica, antes de compreender que, pelo intermédio da educação, das limitações da existência material, das normas e dos modelos inculcados pela sociedade, esse homem permanece sendo a matriz de nosso espírito e de nosso corpo. Ele é onipresente, a ponto de fazermos a pergunta "quanto isto custa?", no lugar de perguntarmos se um objeto é inútil ou indispensável, se uma pintura numa tela nos agrada ou não nos agrada, nós não nos apercebemos mais que é ele quem fala. O dinheiro é a medida de todas as coisas, esse princípio nos é conhecido. O dinheiro não é a causa de existência do *homo oeconomicus*.[79] Mesmo que nós nos organizemos para que ele fique menos presente, se nós o retocamos para que fique menos inconveniente, é ele que nós analisamos a cada instante em nossas teorias e que universalizamos no mundo. Ele parece mesmo eterno, desde a figura mítica do mercador até a figura utópica do financista do futuro.

Michelet dizia que cada época sonha a seguinte. Digamos que é o sonho nossa única forma de conhecimento do que está nascendo, atraindo os homens para poder se realizar. O sonho de todo aderente ao naturalismo ativo veste o corpo e o espírito do *homo oecologicus*. Enunciar o nome, é representar o ser. O primeiro golpe de vista lúcido nos fez pensar em um homem biológico ou familiarizado com a ingenuidade das plantas e dos animais – o que seria absurdo, mas se trata de um homem cuja atenção se dirige ostensivamente sobre tudo o que há e que tem como necessidade primeira se perpetuar em seu *habitat* e assim transmitir ele mesmo, de uma geração à outra, os saberes e as experiências que adquiriu. Isso supõe o desenvolvimento de um sentido de tempo longo[80], logo, do ritmo próprio para cada atividade e cada domínio da existência, a fim de retardá-lo ou acelerá-lo para completar suas tarefas como se deve. Trata-se, portanto, de sentir e agir num *continuum* de fenômenos vivos, que supõem a alternância e a cadência, diferentemente de nossa concepção linear e dos fenômenos mecânicos, que são lineares e atomísticos. Trata-se de fazer durar as obras-primas insubstituíveis – as plantas e os animais, criações inicialmente da evolução, da domesticação feita pelo homem em seguida – em qualquer escolha de natureza criada ou criadora que seja feita.

Mas, transformar a economia no *continuum* dessa natureza, nossa realidade última, exige um esforço difícil. E é melhor não se pronunciar sobre esse papel antes de conhecê-lo e compreendê-lo melhor. No momento, é preciso se contentar em fazer com que os céticos venham a refletir, tendo em conta o fato de que, mais ou menos rápido, ocorre algo de novo sob o sol. São fortes as chances de que isso seja o paradigma ecológico. Num sentido, essas palavras são familiares,

---

[79] NT: a frase no original é *L´argent n´est pas la cause de l´existence de l´homo oeconomicus.*, portanto a tradução é fiel, embora o sentido da argumentação pareça indicar o contrário da afirmativa.

[80] NT: Braudel emprega o conceito de "tempo longo" , referindo-se a uma "duração", ou a um determinado 'ritmo de duração', donde o "tempo longo" é o tempo que se alonga, o tempo que transcorre mais lentamente; criando, portanto, uma relação de oposição entre "longa duração" e "recorte extenso", o que possibilita perceber o caráter interpretativo da história.

e apesar de tudo, isso soa estranho. O que se tornou visível e claro para esse movimento naturalista é que, mesmo se ele não formulou doutrinas, na véspera do século XXI, nós estamos preparados para fazer lucidamente a história humana da natureza, assim como, dois séculos mais cedo, nós o estávamos também para fazer a história humana da sociedade. Se esse não é um retorno à natureza, nós começamos muito bem um retorno para dentro da natureza.

A razão de existência deles é reencantar a natureza

Privada de carisma, desprovida de visão, nossa civilização está exposta a grandes críticas e é objeto de muitas inquietudes. Cada um se pergunta como chegar ao fim de tantas preocupações. O que fazer, ou vale a pena fazer? Sim, podemos dizer, essa massa de inquietudes explica a maneira inesperada pela qual a natureza voltou a tornar-se preciosa e toca a cada um de nós, nos quatro pontos cardinais do planeta. Ela tomou essa importância porque ela é a nossa realidade comum primordial, mas também e sobretudo como símbolo de insurreição, de luta e ruptura na virada desse milênio. Nós podemos dizer o que quisermos, mas os movimentos naturalistas são ainda o que os homens inventaram de melhor, para atender ao objetivo dessa insurreição, liberar a natureza. É de nossas vidas que falo aqui, da vida mental e física de milhões de homens, dos quais a consciência se firma pouco a pouco, que reforçam suas relações entre eles e se encorajam reciprocamente a encontrar uma saída. Eles conhecem muito bem as tendências à destruição que agem no mundo como no passado e que ameaçam o seu futuro. Isso, em um tempo, o nosso, em que cada um espreita de dois lados ao mesmo tempo, em que tudo flutua, em que mais nada é garantido. Movimentos como esses se exercitaram em sua situação de minoritários. Eles correram o risco de ser banidos da sociedade e de desafiar com tenacidade os anátemas, ao reinventar uma linguagem e um pensamento sem preconceitos. Mais ainda, eles fizeram ouvir uma nova voz e tiveram sucesso em trazer a opinião pública a seu favor, porque cada um dentre nós os via arriscar tudo por tudo, visando um objetivo que parecia a princípio inatingível. Nós temos provas flagrantes disso. De há vinte anos que esses movimentos começaram a agir, não existe uma iniciativa, uma medida concreta, um debate concernente à natureza que não os tenham tido como modelo, que eles não os tenham inspirado a ponto de sua ação ter parecido profética. O furor somado à repugnância que lhes testemunharam os partidos políticos e os tecnocratas obrigados a segui-los confirma empiricamente essa intuição de Wittgenstein: "Aquele que está à frente do seu tempo, este será um dia alcançado por ele."

É uma verdade da experiência que, numa época de dilúvio, por detrás de cada convicção reside uma premonição que lhe confere clareza e urgência. Não se pode duvidar de que, se os movimentos naturalistas proclamam urgência de agir, o seu espírito de firmeza e de rebelião não deve ser atribuído a um de seus impulsos revolucionários, tão corriqueiros em nossos dias. Nada permite classificá-los entre os anacletos, ou militantes da revolução. Amarrados uns aos outros, eles escalam os muros que nos separam da natureza, com uma paciência teimosa, sabendo bem que, longe de os revolucionários fazerem as revoluções, são as revoluções que fazem os revolucionários. É puro artifício dizer que um movimento se prepara para um acontecimento, que não depende dele, mas das circunstâncias excepcionais capazes de fazê-lo advir de um momento a outro. É de toda forma certo que os movimentos naturalistas clamam por uma transformação radical, uma mutação que está ao alcance da mão. Portanto, uma questão é colocada: qual transformação eles visam? Chegará ela, como a revolução de Copérnico, a mudar o centro do mundo, a colocar o sol no lugar da terra, a república no lugar da monarquia, o progresso no lugar da história? Trata-se de uma revolução kepleriana, tornando o sol e a terra os dois centros das trajetórias que os planetas derivam no espaço? Eu não posso explicar aqui em detalhe, como o fiz em meu livro *Ensaio Sobre a História Humana da Natureza*, por qual razão liberar a natureza num sentido revolucionário não significa colocar a sociedade no centro de nossa civilização, naturalizá-la de uma forma qualquer. O que desejam esses movimentos, é ampliar os horizontes de nossa vida e de nosso mundo e dar a eles dois centros (de gravidade), que são a sociedade e a natureza. Esse laço, dos quais os homens são os árbitros, será reconhecido quando cada um sentir o que Feuerback exprime com força: "Eu me sinto dependente da natureza porque me sinto depender de outros seres humanos; se eu não tivesse necessidade deles, eu não necessitaria do mundo: eis o que me reconcilia com ele."

Aqui reside toda a dificuldade. Com efeito, liberar a natureza, é acabar com essa obsessão dos tempos modernos, que quer desencantá-la, isolá-la, como se nós não tivéssemos muita coisa em comum com ela. Como se as relações do homem no mundo não fossem também relações de homem a homem. Isso não teria a menor importância se não se tratasse de uma idéia extravagante e passageira. Mas é uma verdadeira idéia fixa. Você a encontra em Marx: para ele, a história começa pela "apropriação da condição natural do trabalho, da terra, ao mesmo tempo instrumento de trabalho primitivo, depósito e reserva de matérias-primas" e termina, se podemos assim dizer, por uma apropriação social do trabalho mediada pela tecnologia. Weber fala da passagem de uma natureza mágica a uma economia racional. De qualquer maneira que se efetue a dissolução do laço com a natureza, a mutação de um homem-natureza em homem-máquina parece ser a condição inelutável da existência separada e autônoma da sociedade. Seria necessário então esvaziar a natureza de sua substância para preencher a sociedade? A facilidade com a qual enunciamos esse tipo de teoria deveria nos alarmar. Se as premissas as mais diferentes levam a uma conclusão idêntica e preconcebida, quer dizer, se os tempos modernos substituem uma realidade social por uma realidade natural dos tempos primitivos, é uma questão de moral, não de verdade. Uma moral que obriga o homem, o que quer que alcance, a perceber nele e a seu redor que a vida não é senão um longo combate contra uma natureza hostil. Isso me inclina a acreditar que o tratamento que lhe infligimos, a exploração de seu "depósito e reservatório de matérias-primas", sua pretensa conquista ou domínio não são estranhos à aversão que lhe proporcionamos. Isso quase não merece uma observação.

Decorre do que precede, que a verdadeira tarefa dos movimentos naturalistas não se encontra somente do lado da natureza, tampouco do lado da sociedade. Eu a situo precisamente na transformação de um modo de vida: natureza e sociedade são colocadas num mesmo nível, transformadas conjuntamente. Dito de outra forma: os que buscam ora a solução para os problemas de uma, ora a solução aos problemas de outra, rodam em círculo. O erro de nossa época é justamente elevar o desencantamento do mundo à sua tensão máxima, o enredamento total. Pensamos em Hamlet, exprimindo sua depressão: "O tempo está irado. Ó maldita seja a sorte que me fez nascer para colocá-lo em ordem". O futuro que nos espera perseguirá o vai-e-vem entre nossa questão natural e nossa questão social? Ou ainda inventará ele uma nova forma de vida – uma cultura, em suma – que nos seja adequada, levando em conta tanto uma quanto a outra? Eu escrevi certa vez, e creio que não me enganei, que a cultura que exclui a natureza está aparentemente chegando ao seu fim. A natureza fará parte de toda a cultura a vir. Seus contornos não são ainda perceptíveis, se seu sentido já o é: reencantar o mundo.

Seremos tentados a considerar o reencantamento do mundo como um estado de esperança, a cada vez descrito com tanto fervor quanto imprecisão, ou como um sonho acordado, se não tivesse deixado tantas marcas nas iniciativas concretas ou na troca de experiências. Se nós o extraímos dessas experiências acumuladas e das discussões que acompanham alguns indícios concordantes, elas remetem a dois sintomas que emergem da massa de idéias e de desejos ordinários. Primeiramente, a passagem do homem-animal ao homem-homem. Essa tentativa de emancipação tem sua origem na impressão de que o sentido da existência e a ação dos homens de hoje são definidos essencialmente pela fórmula "a sobrevivência dos mais aptos". Nós o dizemos de outras formas, mas todas designam uma crença fundamental: a vida é rara, até mesmo improvável, a morte é abundante e absolutamente certa. É assim que cada um deve se contentar com "menos vida", ser parcimonioso com ela, sem jamais pedir demais, quando ela lhe é dada. Somente uma luta pela vida permite se obter mais vida, ou conservar o pouco que possuímos dela, num mundo onde os homens consolidam sua vida em comum fiando-se apenas nas únicas qualidades elementares.

Por que seguimos assim? A primeira resposta que vem à mente é a seleção natural. A saber, o mecanismo da evolução que adapta o organismo e as capacidades de uma espécie a seu meio nas circunstâncias favoráveis; as adaptações acumuladas favorecem os *bons* indivíduos, que lenta e belamente se modelam ao seu meio físico, rejeitando os *maus*, os que resistem ou são incapazes de se modelar como devido. Eles se unem à massa disforme dos não-adaptados, que procura o desaparecimento em maior ou menor tempo. Sem dúvida, alguns apontarão os casos em que isso não é verdadeiro, a auto-organização dos indivíduos, a formação de novas espécies. Eu não os julgo suficientemente decisivos. O melhor meio para um indivíduo *sobreviver* é se adaptar e contribuir para que cada um seja a cópia do outro. Nossa fórmula, "a sobrevivência dos mais aptos", significa que o homem tem por vocação conservar a vida, não mais a fecundar, de lutar contra a morte e não mais pela vida. Deve-se então admitir que o desejo de não morrer, mais do que o de viver, serve de base a todo o saber e a toda a ação? Que a sobrevivência é uma agonia de todos os instantes? Pois que nada satisfará um tal desejo, nem mesmo o reconhecerá, se isso não é a morte dos outros? Devemos nós dizer que nossa forma de vida tem a particularidade de considerar a vida como um acidente e um meio do homem, mais do que sua essência e seu objetivo?

Eu não conheço carta mais apaixonante que a de Darwin sobre a evolução. As frases revolucionárias se seguem para nos explicar como as variações, que surgiram no curso da evolução, foram selecionadas de maneira cega por essa adaptação contínua de uma população aos recursos de um espaço físico e não totalmente, exatamente porque uma parte dela não tem sucesso. É verdade que esse esforço comporta um aspecto moral e social. O próprio Darwin, mesmo limitando o campo das observações, desejando se manter numa objetividade solene, as intuições mais sutis ou as mais profundas de seu vocabulário nos mostram que ele observa a natureza do ponto de vista dos adaptados, dos ganhadores, não deixando nenhuma chance aos inaptos, aos perdedores. Como num cassino onde a roleta é concebida de tal forma que, no longo prazo, a banca sempre ganha, enquanto os jogadores perdem. Que a biologia se transforma aqui em um modelo da economia ou da cultura, muitas pessoas o enxergarão como um desvio fora do caminho da ciência. Como evitá-lo? Darwin responde a essa pergunta somente pela metade, quando explica por que a história dos homens não obedece à seleção natural, tendo só uma relação comum a todos os seres vivos, mas limitada com a natureza. A concepção tão popular de melhorar o homem filtrando suas capacidades, adaptando-as, confronta-se com dificuldades geralmente desconhecidas e não se pode contar, para acioná-las, com as boas intenções dos sábios, que desejam eliminar os menos aptos.

O que quer que seja, a essa meia-resposta se soma uma segunda, historicamente não menos irrefutável. Para além da relação comum de todos os seres vivos com a natureza, os homens inauguram uma outra relação com uma outra natureza, essa sem limites. Nós a chamamos de natureza naturante, para designar o aspecto criador de nossa confluência com as diversas espécies e forças naturais. Isso se confirma assim, que é esse desdobramento da natureza em uma natureza naturada e uma natureza naturante, que efetua a distinção entre o homem animal, dotado além do mais de razão, e o homem-homem, que pertence à natureza, mas inscreve sua história em uma outra natureza, a tensão singular desta criando sua vida. Tudo se passa como se, sem "criação da vida", a vida humana não fosse uma vida, não fosse uma vida humana. O que chamamos assim é uma manifestação de seu desencantamento, que desejou apagar a distinção entre homem-animal e homem-homem, reduzir os dois aspectos da natureza a um princípio mecânico e fazer de nossa espécie um último elo da longa cadeia dos seres vivos. Por conseqüência, o reencantamento do mundo toma uma nova forma: não mais de promessa de um mundo melhor, mas de uma tarefa mais profunda, que é unificar as relações que os homens mantêm com a natureza. E nós reconheceríamos pela mesma ocasião que a natureza naturada, que nos parece dada e comum a todos os seres vivos, tem sua origem, em realidade, na natureza naturante que é, de certa forma, nossa obra na história. O que quer dizer "a natureza à qual é preciso assimilar a arte", segundo a bela expressão de Giordano Bruno, a qual responde em eco Shakespeare, ao falar de uma arte superior "que faz a natureza". E, partindo daí, inventar outros caminhos e outras naturezas em nós e fora de nós.

O que resta do *pathos* da sobrevivência que exprimiria o que nós somos? Tudo o que acabo de dizer limita seu semblante de racionalidade opressora, que justifica a desigualdade diante da vida através da máxima: "Seja o mais apto". Vale mais saber que a adaptação dos homens à natureza passa pela criação da natureza e que ela não se modela sobre essa que existe, mas sobre aquela que ele faz existir. O que se segue? É preciso evidentemente substituí-lo por uma nova fórmula, mais clara e mais justa: o homem-homem é um favorecedor da vida. Se ele vai ao meio do mundo e transforma os elementos e as relações, "se faz e se cria", disse Michelet, ele o deve a sua busca por "mais vida". E acredito que Simmel, no qual me inspiro aqui, tem razão em escrever que "ele não pode existir, a não ser criando mais vida". Nós somos então destinados a submeter-nos ao desejo de ultrapassar o que nos é dado e de vencer o que o diminui e empobrece? Nós não somos dirigidos pela roda da adaptação, mas pela da invenção das formas que damos a nosso desejo na natureza. Breve, é a busca de "mais que a vida" – a feliz fórmula é de Simmel. Uma existência humana não cessa de se mover entre o desejo, essa necessidade de "mais vida", e a capacidade de ir além, o homem se sentindo obrigado a fazer "mais que a vida" para si e para os outros.

A fórmula do homem "favorecedor da vida" tem algo de insólito e perturbador, ela inclui entre os "mais vivos", ao mesmo tempo, os que estão aptos a conservar a vida ao se ajustar à natureza naturada e aqueles que tiveram a força de resistir ou não tiveram as aptidões necessárias para seguir no fluxo, condenados a desaparecer. Em excesso ou em menor número, limitados por uma condição interna ou pela sociedade, eles estão em busca do não evidente, das opções desconhecidas, perseguindo a vida nos lugares onde se encontra escondida, a ponto de parecer ausente. Eles se desviam de maneira deliberada e audaciosa das rotinas de suas relações com a natureza e inventam novas. Eles escandalizam a uniformidade pela bizarrice e ineficácia de seus esforços em primeiro lugar, e pelas diferenças que interpelam os homens, em segundo. O que chamamos de malformados, os perdidos, no mau sentido do termo, estes são, considerando bem, os indivíduos aos quais uma sociedade enérgica e voluntária impõe um fardo de problemas, para os quais ela não conhece solução e dos quais ela espera um excedente de vida. Não há nada a dizer contra eles quando, por uma bela descoberta, uma prática nascente, eles encontram a solução ou novas combinações que significam "sempre um acréscimo de vida". Eles são tratados como exceções, um ornamento da realidade; ora, sua presença e sua mistura com os outros têm origem em estágios bastante antigos da sociedade. Como se, decididamente, cada um fosse indispensável: aos indivíduos *adaptados* atribuímos as funções ordinárias, e aos indivíduos *não-adaptados*, as funções extraordinárias nas relações com o mundo e com os outros. Nós compreendemos bem que a sobrevivência dos mais aptos é uma condenação da vida e a manutenção dos indivíduos, aptos e inaptos, entre os mais vivazes é uma afirmação de uma humanidade que "a ferro e fogo" explora as novas possibilidades para atingir seu objetivo, que está sempre além, qualquer coisa de maior que a vida.

Ao nos apoiar sobre essas reflexões, nos parece que o segundo sintoma do reencantamento do mundo será a coalizão dos saberes, para os enraizar em outra forma de vida. É verdade: todas as formas de saber não possuem o mesmo valor, e cada uma segue sua evolução própria. Isso justamente sublinha o estranho sistema em que o senso comum ocupa a periferia, e a ciência e a tecnologia se reivindicam o centro. Em torno do centro, que se arroja o privilégio exclusivo da razão e da verdade, são dispostos tantos círculos concêntricos quantas são as formas de saber, maravilhosamente construídas ao longo de séculos e que perderam sua importância e são crescentemente levadas à desrazão, ao erro ou à ficção. Elas são polarizadas pelo fato de a ciência se arrojar uma posição única para decifrar o livro da natureza, escrito em linguagem formal, matemática mesmo, comprovada pela experiência, e tomando uma expressão de Emile Meyerson, pela "costura que percebemos freqüentemente... entre o que é propriamente científico e o que pertence a outros domínios de esforço intelectual". Tudo isso contribui para forjar a concepção de uma possibilidade de reduzir todas as formas de conhecimento àquela de uma ciência única em primeiro lugar, e de um fim esperado e previsto da filosofia, do senso comum, mesmo da arte, que se tornaram obsoletos, não tendo mais acesso à realidade mas somente às aparências e às ilusões destas.

Isso daria matéria para uma narrativa interessante de nossa cultura, freqüentemente pouco divertida e que dificilmente honraria a suas obsessões. Mas, numa narrativa, não podemos nos contentar só com a intenção do narrador. Há também a realidade à qual se confronta. Eis então a realidade. Até recentemente a ciência travava uma guerra, se é que não é a guerra, para manter a separação com relação aos demais saberes. Ela acabaria por derrotar o senso comum, que simbolizava todas as demais. De um lado, trata-se de lhe negar a função de conhecimento – donde o título de um artigo de Meyerson, "O senso comum visa o conhecimento?" –, do outro, de denunciar a falsidade das descrições e das explicações que partilhamos em nossa vida cotidiana. De nos proibir, de qualquer maneira, de discutir, de avaliar ou escolher suas próprias descobertas e os fins que elas perseguem. Por outro lado, a ciência deteve a certeza de que era possível e mesmo desejável apelar para a sua linguagem e suas teorias para compreender os fenômenos da vida cotidiana – andar, desejar, acreditar, etc. – ou resolver os problemas econômicos e sociais. Ao eliminar as concepções familiares dos objetos materiais, tais como mesas e cadeiras, julgados falsos. Mesas e cadeiras não passavam de ilusão, tendo como realidade o movimento dos átomos, por exemplo.

Mas eis que isso me traz ao tema da coalizão dos saberes. Pois não somente essas tentativas de substituir aos conceitos e à linguagem das ciências aqueles do senso comum se mostraram pouco práticas e convincentes, como, ainda, o senso comum lhes opôs uma resistência inimaginável e provou sua utilidade superior, se nós levarmos em conta o que este nos permite fazer a cada dia. É gritante constatar que nós não podemos dispensar as ciências populares, nem substituir a linguagem ordinária por qualquer outra linguagem informática ou esperanto científico: nenhuma descoberta neuronal romperá nosso pensamento ordinário. Tanto que nós vivemos com os outros, o mundo do senso comum é uma realidade e, tão escandaloso que pareça a alguns, ele não é e não pode ser outra coisa que o resultado de um conhecimento que possui sua verdade e razão. De uma forma geral, é a célebre fórmula que justificou a separação da ciência e de outras formas de conhecimento, "a verdade não pode ser o contrário da verdade" que já viveu. Desde que descobrimos a dualidade das medidas na física, Bohr, o pai da física quântica, a revogou em prol da constatação de que o contrário de uma verdade fecunda é outra verdade fecunda. Nessa nova atmosfera, o antigo vício transformado em virtude abre caminho à complementaridade e à pluralidade de formas de saber, portadoras de verdade. Não que todas sejam equivalentes, longe disso, ou que possamos dizer, como em Pirandello, "a cada qual sua verdade". Cada um se valida segundo suas regras e em relação aos outros. A coalizão dos saberes é, portanto, possível e mesmo desejável, desde que as artes façam parte dela.

Nós estamos cansados da abstração e da tão célebre oposição entre o mundo físico de qualidades primárias e o do espírito com suas bases sensoriais. Sob o pretexto de dominar a natureza, a ciência se rogou o direito de dizer não a todas as formas de pensar e sentir, a todo o *savoir-faire* e a todas as artes, rebaixando-os num só golpe. A proibição da sensibilidade, da *Sinnlichkeit*[81] e essa desvalori-

---

[81] NT: em alemão no original, o termo foi empregado por Kant e significa que os objetos nos são dados através dos sentidos.

zação dos conhecimentos e do prazer que eles nos causam, foram o ferro da lança da vida moderna e seu predomínio teórico, institucional, físico. Por mais estranho que possa parecer, essa proibição e essa negação radical de nossa relação corporal, sensorial, com o mundo visível e vivo fez com que ela fosse abandonada ou relegada num simulacro do purgatório terrestre. Podemos dizer, sem exagerar, que ampliando os limites que as ciências se impuseram, as artes encontraram um campo extraordinariamente vasto e diverso, um vespeiro de realidades, suscetíveis de serem combinadas, representadas e modeladas sem reverência pelo peso, pelo tamanho, pela duração. Acontecimentos da vida cotidiana, sóis poentes, rajadas de vento, solidão dos seres, isolamento dos fatos, colorações da alma – são um tanto de estimulantes, de temas que proporcionam aos homens um *habitat* ou um ambiente, segundo seus desejos ou suas exigências de *Zeitgeist*[82] –, da natureza, em suma.

A sensualização ou a dessensualização da representação do mundo, ou o excesso num sentido ou no outro têm o efeito libertador de energia e de multiplicação de pontos de contato com o real. Nesse sentido, a arte visa o conhecimento, pois seu interesse por esses pontos de contato é imediato, também porque os coloca em relação com as categorias de pensamento, a harmonia e a desarmonia, o simples ou o complexo, o verdadeiro ou o falso. Breve, ela amplia o conhecimento que nós temos dessas categorias de pensamento. Assim, as relações se criam entre o saber e o *savoir-faire* das artes e o de outras formas, num movimento fluido, aleatório, escapando ao peso da gravidade, opressivo a todas.

Adiciona-se outra coisa: simultaneamente geral e abstrata, a ciência deixa em suspenso a questão de saber se ela se detém ou continua até o indivíduo, até sua realidade particular e concreta. Quando enuncia suas leis e mostra suas estatísticas, ela pouco se preocupa em saber o que chega a cada um de nós, singular, único, deixado a sós com sua ferida de ignorância patética. É suficiente ter ouvido um dia a voz de um doente perguntar "por que eu?" para medir a distância que nos separa da ciência e a intensidade dessa ferida. A arte era, e não deixa de ser, a via de uma compreensão nem abstrata, nem geral, mas que desce aos casos particulares, uma verdade de ressonância afetiva individual, que atinge as disponibilidades interiores, cuja significação surge pouco a pouco. Nós descobrimos ainda que o poder da imaginação – ele existe em todos os lugares e, de alguma forma, as artes o concentraram em mais alto grau – permite que se passe de uma forma de conhecimento a outra, ao ligá-las a uma realidade virtual. Permite também combinar camadas de saber e da língua de maneira plástica, assegurando a

---

[82] NT: em alemão no original, o termo remete aos Românticos Alemães, mas é mais conhecido pelo uso na filosofia, especificamente nos trabalhos de Hegel. Trata-se de uma expressão que significa "o espírito (geist) do tempo (zeit) e denota a atmosfera intelectual e cultural de uma Era.

transição de uma questão científica a uma questão do senso comum, de um divertimento banal a uma discussão apaixonante, de uma observação passageira a uma profunda especulação. Para dizer a verdade, somente o conhecimento artístico tem o dom de antecipar uma forma de vida ou de relações que ainda não compreendemos, seja porque elas são estranhas, seja porque elas são inexploradas, a ponto de deformar nossa visão e de parar o livre curso de nosso pensamento. Ele sozinho reconhece o balbuciar do que deseja nascer, do que luta para sair do corpo. Na Antiguidade, a maiêutica da filosofia lhe servia de parteira; no mundo moderno, essa função é preenchida pelo obstetra plástico da arte, pois, dizia Léon Blum, "mais poderosa nisso que a ciência, a arte reconstitui a vida".

Tudo isso, seja bem entendido, atormenta o que parecia muito simples e claro, se a palavra convém, uma vez que imaginávamos "uma imensa ciência já pronta nas coisas" – a fórmula é de Merleau-Ponty –, à qual a ciência efetiva se reuniria no dia de sua conclusão e não nos deixaria questionamentos, todas a perguntas tendo recebido sua resposta. Nós teríamos dificuldades para reviver esse estado de pensamento, mesmo que tão próximo. Mas é um fato que sonhamos com o momento no qual o espírito, tendo aprisionado numa rede de relações "a totalidade do real" e como num estado de completude, permaneceria doravante em repouso, pois seria suficiente "chegar a conseqüências de um saber definitivo e de prevenir, por qualquer aplicação dos mesmos princípios, os primeiros sobressaltos do imprevisível". Se essa ciência totalizante é difícil de admitir, isso não é somente por se ter separado de todas as formas de conhecimento interior, ter esmagado nosso mundo desencantado, como também por ela nos deixar o sentimento de uma promessa não cumprida de pureza e de verdade. Não são os "insucessos da ciência", mas suas vitórias, que transformaram o entusiasmo em angústia. Quero dizer, pensando em nosso século, que as guerras científicas desfiguraram as ciências. Portanto, elas permanecem pródigas para nós em invenções e descobertas maravilhosas, próximas de nós, por essa via do espírito que trabalha nas imensidões do universo, do infinitamente grande ao infimamente pequeno. Nisso ela continua a ser aberta e a ter um sentido para nós. Certamente, não é a descoberta da subjetividade agindo como um suplemento da alma da verdade e da razão, encarregado de transformar uma relação negativa em uma relação positiva.

O primeiro passo na direção do reencantamento do mundo consiste num contato e numa série de trocas que reconduzam as ciências, o senso comum e as artes em direção a domínios de realidades e de práticas, nos quais suas linguagens e suas teorias podem se reencontrar. No que diz respeito à ciência, os grandes abrigos da técnica, da biologia, da ecologia e de atitudes de pesquisa participam do senso comum ou da arte. E se isso não ocorresse de uma forma autoritária, como é que as mais significativas noções e descobertas da ciência irrigariam nossa vida e nossa relação com a natureza, e se enraizariam no cotidiano, senão através da metamorfose em senso comum? Eis aqui uma grande verdade: a ciência de ontem é o senso comum de hoje. Pascal não via nada de errado no sábio que aceitava a opinião corrente, "graças ao pensamento de ontem". Ora, ao deslocar esse "pensamento de ontem" para fazer um "pensamento de amanhã", abrimos caminho para a coalizão de saberes de maneira permanente, normal, assegurando-nos o grau máximo de necessidade e de confiança na vida real.

Se nós nos projetamos além dos limites da linguagem e do conceitual, como é nossa propensão, para completar aquilo que a ciência ou o senso comum deixou sem expressão, nós veremos que o imaginário e o individual, mesmo o afetivo, podem se encarnar na arte, donde o mundo tem um lado estranho, como a ciência, e um lado familiar, como o senso comum. Nós encerraremos essa violência da separação, da guerra de todos contra todos e, em particular, da ciência contra as outras formas de conhecimento. Essa reviravolta fez mais do que substituir o antigo pelo novo, ela significou uma mudança de direção: ao saberes privilegiados, monárquicos, se substituem, não um ao outro*, mas um refluxo histórico desse privilégio diante da coalizão do conhecimento e do desconhecido, pois a partir do familiar, pois a partir do imaginário e do individual nasce o fruto do indispensável esforço de restaurar a plenitude dos laços com a natureza. Não sou um profeta para fixar a data deste acontecimento. Mas o tempo é escasso para nós que estamos atrasados e herdamos a tarefa de restabelecer a natureza.

A *natureza cibernética*

Aquele que chega à ecologia sabe que ela é um novo mundo a descobrir. Portanto, no momento, nós não nos preocuparemos em detalhar a maneira de viver que nós desejamos renovar. O essencial é saber que ela se apóia no desejo de mais vida e de outra existência na natureza. Lembremos que se trata de uma natureza histórica, à qual nós damos um estado diferente a cada era da história. O que é um escândalo para a linguagem e a concepção corrente encontra-se justificado pela experiência e, eu diria, por uma certa tradição. No momento em que escrevo essas linhas, já discernimos aquela que avança na direção de uma nova era do mundo: a natureza cibernética. Quando me perguntei, faz uns vinte anos, qual nome dar a esse estado nascente, foi o único que me veio à mente. Mas eu queria expressar muito mais. A natureza mecânica foi reconhecida e promovida

---

* Neste texto, não fiz nenhuma referência à filosofia, que podemos considerar simultaneamente como uma mediadora e uma coalizão de saberes. A separação entre a filosofia e as outras formas de conhecimento oculta uma ontologia que apenas aos filósofos é permitido debater. Ou, ao menos, os que sabem que nós não podemos mais proclamar como Javé: "Minha mão fundou a terra, minha direita ergueu os céus, eu os clamo e unidos eles se apresentam."

por três séculos. Cada um dos aspectos da vida do mundo ocidental era mecanizado, de maneira constante e refletida. O sentido mais profundo daquilo que chamamos comumente de progresso não é melhorar o destino dos homens e fazer avançar o conhecimento. Trata-se, em primeiro lugar e sobretudo, de mecanizar sua função para poder, no limite, substituí-los por uma máquina. Como caracterizar a natureza cibernética? Primeiramente, é preciso assinalar o fim da mecanização do mundo. Como é altamente provável que nada virá, senão esse novo estado de natureza, nós temos boas razões para acreditar que nós vivemos o início da cibernetização do mundo. Avancemos, portanto, com a reflexão.

Eu começo por uma constatação lapidar: o contraste entre a natureza mecânica e a cibernética tem como motivo fundamental o contraste entre o automatismo e a comunicação. De um lado, o impulso cinético, o movimento realizado com a regularidade determinada pelo relógio, sem variação nem capricho, a "máquina que move por si mesma" de Descartes, ou o espírito "que contém o que há de mais belo na mecânica", segundo Leibniz. Em suma, o autômato material e mental. A natureza cibernética tem como tema maior a comunicação, que transforma de maneira estatística uma parte da energia em informação e a informação torna-se primeiro linguagem, depois pensamento. É somente por serem bem batidos que esses temas são tidos como evidentes, já que são singularmente inquietantes, na medida em que eles tocam nos arquétipos de nossas vidas.

Nossa forma de vida moderna, e em particular sua racionalidade instrumental, vem e retorna ao autômato da máquina e do mercado que funcionam para nós, talvez, mas que foram concebidos sem nós. Louis Gernet, o grande historiador, escreveu: "Existem certas atividades humanas, como as leis da economia, donde é possível esquecer sua natureza intelectual... O direito e a economia agem de maneira tão mecânica, que o homem parece estar ausente deles." Eis então nossa sociedade moderna! A mão invisível de Adam Smith, ou o desencantamento do mundo de Weber são os gestos do demiurgo, que relança ou corrige a marcha do autômato racional. Apesar de fazermos da comunicação o princípio de todas as manipulações de opinião, é preciso reconhecer que ela contém de fato o germe de nossa forma de vida futura e de nossa racionalidade. É provável que assim seja e não menos provável é que a economia e a técnica deixem a frente da cena para ceder lugar à coalizão de conhecimentos, donde as modificações contínuas misturam todos os elementos da existência comum. Por isso, é preciso dizer e reconhecer que a característica maior de nossa época é o crescimento dos conhecimentos. Ora, o conhecimento é comunicação, e a comunicação, linguagem. Não há nada antes ou depois, apenas sombras profundas. Burroughs criou uma imagem pregnante: "A linguagem não é um canhão que cospe mísseis, mas uma nave espacial onde vivemos e a bordo da qual traçamos trajetórias da verdade no espaço."

Voltemos, portanto, para a racionalidade nascente. Segundo uma antiga crença indo-iraniana, no começo havia apenas um só exemplar de cada coisa: uma só planta, um só animal, um só homem. É talvez em herança dessa crença que o mundo ocidental estipulou que não pode e não deve haver apenas uma racionalidade, sem história, sem o sono da razão que engendra os monstros. Essa singularidade sedutora promete uma exclusividade e uma superioridade ao se aplicar a uma pretensa realidade que ela é também a única a definir. É então essa a última palavra sobre a racionalidade? É preciso, portanto, definir os limites entre o automatismo, a comunicação e o crescimento dos conhecimentos. Já podemos notar a emergência de uma outra racionalidade. É a única certeza que serve de ponto de partida. Todo o resto está no momento, como dizemos, em construção. Examinemos, portanto, bem ou mal esses contornos, que são suficientemente claros e inicialmente suas duas fontes.

O primeiro é a descoberta de um aspecto radicalmente novo da linguagem transplantada para a comunicação. Podemos compreendê-la bem ao falar do seu contrário: falar sem nada dizer. Esse é o domínio das conversas correntes, da polidez dirigida às pessoas com quem desejamos ser agradáveis, as novidades que trocamos, fazendo amigos. Adicionemos os boletins de saúde e meteorológicos que nos são fornecidos. Juntam-se a eles as frases que efetuam algo, que descrevem um evento: "prometo voltar hoje às cinco horas", seja o próprio ato: "eu te amo", ou: "meus parabéns". Esses são alguns exemplos fáceis dos atos que ilustram o aspecto "pré-formativo" da linguagem. A cada um corresponde, ou melhor, serve de base uma intenção que cria um acontecimento, é uma promessa ou ordem a executar, uma certa realidade pelo fato de nomear uma coisa ou uma pessoa, assim como o conjunto de regras sociais que correspondem a elas. Podemos então dizer que os atos performativos têm – eu cito Santo Agostinho – o poder de criar a verdade.

Seguramente parece que não podemos criar a verdade, a não ser que nossas palavras correspondam a uma coisa, a uma realidade existente independentemente de nós. O sentido da linguagem performativa fica mais claro se nos lembrarmos que uma frase comunicada representa ela mesma um evento no mundo. Evento este que é tudo, menos insignificante, porque, ao pronunciá-la, nós causamos uma mudança na realidade, se tanto é que o dizer é comparável ao fazer. Isso se dá, portanto, quando nós realizamos o que era nossa intenção, ao dizer que fazemos uma promessa ou uma afirmativa, por exemplo. Os indivíduos regem suas vidas sempre através de promessas, de afirmativas, de ordens e assim por diante. É uma causa da fragilidade própria à espécie humana, cuja existência é ligada a essas promessas, que não serão talvez cumpridas, às ordens que não serão obedecidas, por falta de intenção firme ou de ponto de apoio para o que nos comprometemos. E o filósofo Sloterdijk o exprime com força: "A razão tem para nós a estrutura de uma promessa que se sustenta nela mesma e a irrupção do desrazoável é geralmente percebida como tão escandalosa e tão catastrófica, porque faltar à promessa da razão faz nascer o pressentimento de que as promessas do mundo e da vida simplesmente não valem nada." Podemos dizer que essa razão depende do poder da linguagem em criar a verdade, ao comunicar uma honestidade e uma sinceridade, sem as quais nós não levamos em conta o que é dito, senão o desejo de um contato incessante com o mundo. Sobre elas repousa a conclusão feliz ou infeliz do que é dito, o sucesso ou insucesso do que é empreendido.

Consideremos agora a segunda fonte de racionalidade que reintroduz seu conteúdo, o conteúdo de nosso pensamento e de nossos conhecimentos até então subordinados à forma lógico-matemática e ao cálculo. Ela talvez tenha pagado o preço dessa reclusão, tornando-se abstrata ao extremo, pois que ela se separa dos objetos aos quais se aplica. Nós perdemos o uso da racionalidade nas necessidades da vida cotidiana, no senso comum e mesmo em certas práticas, mas mais ainda na comunicação no sentido pleno do termo. Sua forma lógico-matemática e o cálculo, se eles são válidos, transbordam-se e substituem-se ao conteúdo. Certamente, a intenção é um problema por si só. Mas, por que reintroduzimos nossos conteúdos mentais, nós devemos reintroduzir o domínio da intenção e da razão. O que quer dizer que de uma só vez nossos atos mentais são dirigidos a um objeto, um estado de coisas dentro da realidade. Quem quer que procure perceber uma paisagem faz mais do que abrir os olhos, ele se esforça em abranger com sua inteligência um objeto específico: uma árvore de um tipo particular, um rio que, pelo seu olhar, procura seguir o curso. Uma vez que o objeto é compreendido, é possível dizer que sua intenção foi satisfeita. Sem dúvida, nós temos percepções ou atos não intencionais, reflexos, eles são então desprovidos de conteúdo mental. Para dizer as coisas simplesmente, a intencionalidade significa que podemos conhecer alguma coisa, percebê-la ou nos relembrar dela na única condição de enfocá-la num aspecto particular, numa certa perspectiva.

Em seguida, na medida em que os pensamentos são comunicáveis, os estados mentais intencionais também devem ser, o que faz supor a possibilidade de fazê-los compreender a outrem. É isso uma necessidade? Seguramente. Antes de tudo porque já começamos a perceber que todas as relações humanas são intencionais. Não somente nós temos a tendência de querer atribuir determinadas intenções aos outros, mas, por vezes, também um gênio astuto. Além do mais, nossos desejos, nossas crenças e nossos atos, tendo sempre sido orientados para alguma coisa, são por natureza intencionais. Cessando de conceber a comunicação como uma instância de transmissão de informação que toma um sentido nos monólogos, é preciso considerá-la como função de um novo regime de pensamento. Esse compreende a relação de intencionalidade entre os indivíduos, com a condição de que eles respeitem certas regras e apliquem as máximas que permitem interpretar o que falamos e determinar qual a finalidade.

Eu não ficaria surpreso se você me perguntasse: "Mas qual a relação que tudo isso tem com a racionalidade?" Aqueles que conhecem bem o assunto indubitavelmente censurariam minha exposição. O que não impede que, na vida, alguns indícios sejam suficientes para dizer; eis as duas fontes que se precisava mencionar, a fim de situar uma mutação profunda. Cada um sabe que o desenvolvimento da comunicação colocou em evidência novas propriedades da linguagem. Ninguém ignora que a intenção é, ao mesmo tempo, sua condição essencial, se não falamos para nada dizer, como também a condição de todo o conhecimento, que é o nosso objetivo comum de uns com os outros. Juntas, elas projetam a chegada de uma *racionalidade performativa* de nossa forma de vida e das práticas coletivas. Não se trata apenas de descrever a idéia, mas de encarná-la por uma orientação, que representa um novo ponto de partida. Isso aproxima nossa existência concebida e nossa existência vivida como os dois vertentes de uma mesma realidade e preserva o conteúdo como o fundo de nosso *savoir-penser* e *savoir-faire,* donde o funcionamento lógico-matemático é uma forma. Diríamos: "Mas esse será um retorno à unidade das origens, totalmente destituída de sentido na história." Não, absolutamente: trata-se de tentar criar sua unidade racional de futuro, na qual o homem-homem possa se reconhecer. Assim, o filósofo Nelson Goodman propôs substituir a questão "O que é a arte?", pela questão "Quando é que existe a arte?"

Da mesma forma, não tentarei explicitar o que é a racionalidade performativa, cujo sentido parecerá melhor depois. Mas eu farei simplesmente a pergunta: quando existe essa racionalidade? Eu responderei: quando a reta que vai do dizer ao fazer, do pensamento à ação é silenciada por uma intenção, que insiste sobre as pontas de cada uma. De fato, isso significa que existem normas e máximas, que são os critérios instituídos, e uma linguagem sensata, que é a condição de adequação da intenção ao fim pretendido. De um ponto de vista mais amplo e mais simples, a racionalidade performativa tem por critério o *verum ipsum factum*[83], o conhecimento das verdadeiras soluções, desengajando-se claramente da ação, que toma tempo para se desenvolver, e da verdade, que então advém progressivamente. O senso da verdade é vir ao mundo, a *poesis*, eu emprego a palavra grega que designa as artes práticas, tem por objetivo fazer vir ao mundo e, por fim, a racionalidade tem por objetivo criar a verdade, donde ela é a fonte viva. Podemos pensar, assim, que, em épocas diferentes, nossas idéias de racionalidade são diferentes – ontem a racionalidade instrumental, amanhã a racionalidade performativa, nenhuma dentre elas é *a priori* nem melhor, nem a última. Ao menos nenhum de nós pode prová-lo.

A coisa evidente, nós sabemos: nela mesma e por ela mesma, uma racionalidade não tem utilidade, a não ser na medida em que ela é esse ponto fixo de apoio que desejava Arquimedes para levantar o mundo. Eu considero que podemos resumir as mudanças associadas à racionalidade performativa, ao dizer que ela exprime a

---

[83] NT: expressão latina que significa que a verdade é coisa construída.

passagem do mundo costumeiro, conjugado na terceira pessoa, para um mundo que formamos na primeira ou na segunda pessoa. Tudo se passa como se, no lugar de procurar conhecer a coisa que oscila indiferente no espaço-tempo, nós nos voltássemos na direção de algo ao qual visamos imediatamente, distinto e mesmo particular, cujo conhecimento passa pelos outros. Compreender que o factual já é subjetividade, que o elemento do radium ou o continente americano nos desvelam um projeto, eis o ponto de reencontro. É com eles que nós fixamos a objetividade, assim constatou Henri Pointcaré: "O que nos garante a objetividade do mundo no qual nós vivemos, é que esse mundo é comum aos demais seres pensantes."

Eu poderia igualmente dizer que hoje, quando o problema do reencantamento do mundo está na ordem do dia e que concerne à natureza, o mundo se torna comum aos seres pensantes e não-pensantes. De toda maneira que nós pudéssemos refletir, contar ou falar, toda a racionalidade tem um limite. Ela sabe que o tecido das escolhas e decisões que nós somos levados a fazer, seja para conhecer, seja para agir, não é uma trama descosturada, na qual poderíamos introduzir um sentido através de cálculos sofisticados ou através de argumentos precisos. Devemos ter como axioma de honestidade que não existe nem o autômato de escolhas racionais, nem tampouco o de movimento perpétuo. Quem quer que se depare com o incalculável, ou o impensável, sabe que ele se confronta com uma rede de instantes sempre por vir, até quando ele possa dizer a um outro o que ele tem intenção de escolher e de fazer verdade. Será uma questão a necessidade de uma tal escolha no que se segue.

Sua finalidade não é o culto, mas a prática da cultura.

> O homem não é tão velho como o mundo,
> Ele nada possui, a não ser seu próprio futuro.
>
> *Paul Eluard*

No nascimento de cada forma da natureza, precede um signo. A nossa nasceu sob o signo de Saturno, astro frio, irritante e melancólico. Nenhum outro parece mais representativo da impressão deixada em nós pelo que Weber chamou de desencantamento do mundo. A existência tal como a sentimos, a história, a partir das origens até o tempo presente, nos parecem como uma renúncia gradual à natureza animada, como a tristeza do ter que deixar nossa terra mágica. Nós deixamos o porto, a terra recua, escreveu Virgílio, sem promessa de retornar. Admirá-la parece um ato proibido, pois é preciso sacrificar tudo o que criamos para fins humanos, donde emana uma atração que não podemos mais rejeitar. O que é então que corrói os homens, que lhes é tão insuportável que os faz fugir adiante, sem parar? Seguramente, essa forma de vida que deteriora sua criação e, através da sua própria razão, suas próprias ciências e ainda os rebaixa do lugar a que tinham direito no universo, emblema de sua eleição.

Falta uma palavra no que Weber escreveu: a melancolia. É ela o humor de um tempo de lutos repetidos e de aceitação da perda de uma coisa amada – aqui, a natureza e aquilo que ela se tornou para nós. É também o sentimento de baixa auto-estima, de um mundo acinzentado, vazio. Donde essas curtas pausas de entusiasmo pelo progresso da razão, o crescimento dos conhecimentos, as invenções içadas, porém reconhecidas em seguida como outras tantas capitulações, ilusões, quimeras. Nós os descobrimos, privados do sopro da vida, o medo do futuro invade os corações, medo que se conjura, afirmando: "Não temos a obrigação de ser feliz." É a linha de Saturno. A linha de uma cultura que nos força a viver num mundo que nós criamos e ao qual devemos renunciar incessantemente: a gaiola de aço.

Que os homens, mais uma vez, agarrem ou não a sorte, sua tarefa se desenha tão claramente, que ela exclui o mal-entendido: é a necessidade de reencantar o mundo. Todos não a aceitam, como os indiferentes, que tratam a questão natural como utopia e não como cura da terra ferida ou das espécies destruídas: de todo o modo, o progresso técnico está à nossa porta e remediará as violências e as destruições. Eles se apegam à concepção apocalíptica do mundo, sem nenhuma solução alternativa, pois não conhecem realidade outra que a já existente. Outros, mais numerosos, não acreditam na importância de uma nova orientação, por causa da exaustão e de todos os excessos que eles conheceram e sofreram. A alma deles é atingida por um tumor maligno, nascido de uma reflexão de defesa, ou de uma nostalgia ardente da natureza. Desse mundo exangue, eles têm náusea.

A despeito de suas diferenças, os movimentos naturalistas são todos portadores de uma esperança ainda maldefinida: colocando fim às inundações de melancolia, que recaem sobre nosso tempo, eles desejam reencantá-lo. Nós nunca cansaremos de dizer, nós sabemos agora, que nos encontramos dentro da natureza. Isso não é somente uma evidência. Junta-se a isso a convicção de que é necessário mudar nosso pensamento começando por dentro, derrubando os hábitos inveterados de racionalidade, transformando a forma das idéias na ciência, nas técnicas, no senso comum, nas artes, suprimindo a censura de nossas inspirações e de nossa existência – e olhando de forma diferente nossa existência nessa terra no longo prazo. Eu diria, então, ousar ser, nos situar e confiar na plenitude da vida de um homem-homem. Não são palavras de oráculo. É sobretudo a descoberta de uma nova forma de pensar e agir, da parte dos movimentos verdes, para a qual ninguém está preparado, como não está para a sua emergência excepcional na ordem política, científica e ética. Condenar a desmesura de seus objetivos não é uma resposta. Impenitentes, teimosos, obstinados, eles nos mostram o horizonte de nossos tempos e sua corrente arrebata mesmo os que a ela se opõem.

Reencantar o mundo não é um culto, mas uma prática da natureza. Seu meio não consiste em remediar os problemas de nossa forma de vida, mas em experimentar novos modos para fazer existir uma nova forma de vida. Eu ouvi dizer que isso é coisa certa para amanhã, quando nós reentraremos na atmosfera da Terra, esse planeta verde que os astronautas enxergaram dentro do universo. *Único*, pois nós não temos outro.

Poderíamos dizer que depois de uma era de ouro, de descobertas fulgurantes e sem interrupção, a ciência se repousa. É porque os papéis estão invertidos: suas aplicações, suas técnicas estão no comando e modelam nosso mundo pelo excesso ou pela falta. A aparência de hesitação, de provisório, do movimento tateante do início da natureza cibernética resulta de sua inércia essencial: por falta de ter escolhido a orientação das técnicas, estas estão sempre *mecanomorfas*. Elas têm como característica distintiva reproduzir e fazer funcionar as qualidades e o *savoir-faire* dos homens. Cada invenção visa duplicar o meio humano em meio material, o organismo pelo automatismo. Um olhar sobre o passado nos relembra que a substituição da "mais bela conquista do homem" – o cavalo – pelo motor a vapor, a gasolina, a eletricidade, não é só uma palavra, mas o símbolo de todos os plágios que figura dentro de uma locomotiva ou de um automóvel. Tudo o que parecia real – as qualidades humanas, o *savoir-faire* encarnado nas ferramentas e nos objetos de arte – foi substituído por puros autômatos. E tudo o que parecia irreal – por causa de nossa paixão, meio-séria, meio-lúdica, pelo movimento ou pelo teatro de máquinas – tornou-se completamente real.

Essa renúncia total está no centro dessas técnicas: elas mecanizam o humano e o vivo. O indivíduo configurando-se como obstáculo, elas o transformam em instrumento uniforme, que se funde na quantidade. Seguramente, eles operam segundo uma regra quantitativa, que maximiza dois parâmetros: a economia de energia e a velocidade, sem se preocupar com os parâmetros de natureza orgânica. Essa regra permitiu conceber outros tipos de autômatos, que convenham ou não ao trabalho humano, contanto que eles os sujeitem à produtividade. O que quer dizer que esses automatismos são realizados por máquinas em detrimento dos corpos que elas imitam, terceirizam e, por fim, eliminam. É freqüente que sejam os corpos humanos, mas também podem ser os de outras espécies familiares que, considerando o que sabemos hoje, foram estudados, dissecados e analisados com esse fim. Em um sentido, o corpo não funciona mais, é o autômato que o exprime e que o simula. O espírito de Vaucanson inspira os tempos modernos, essa civilização que tem como expressão a indústria, a produtividade de um trabalho, tanto mais dividido quanto é automatizado, que visa a tudo colocar de forma detalhada, a transformação das reações voluntárias e intencionais em reflexos condicionados. Essa tendência manifestou-se bem cedo, depois que Kant se referiu a isso ao dizer que o homem sem vontade se torna "um autômato de Vaucanson, planejado e colocado em funcionamento pelo mestre de todas as obras de arte". Sua origem inscreve-se em sua falta de flexibilidade, seus reflexos passivos e sua falta de espontaneidade.

Sem esperar revelações, é certamente instrutivo observar que o caminho em direção do autômato continua através da cibernética, que tem a comunicação como uma própria necessidade. Não podemos negar que os instrumentos de comunicação levam a melhor diante do fenômeno propriamente dito, donde sua aparência mecanomorfa. Trata-se de meios de transmissão de informações supondo um princípio de equivalência e de intercambialidade de todos os dados do real. Se nos limitarmos aos aspectos técnicos, podemos expressar essas informações em linguagem física como uma função, definindo simplesmente o estado de ordem ou de desordem, das redundâncias e dos erros do sistema de comunicação. Certamente não eliminamos o significado nem o conteúdo, a intencionalidade, não mais. O importante é somente a possibilidade de calcular e a de comunicar, das quais se levam em conta apenas a rapidez e a eficácia. É dessa forma que podemos automatizar as mais simples operações mentais, construir robôs perfeitos na sua espécie, tendo todos os sinais de perfeição, a partir dos elementos os mais comuns. Mas, em definitivo, essas invenções extraordinárias não somam estritamente nada ao que já existe, banalizado, típico das máquinas sem corpo. Se parece um pouco ridículo abordar o domínio do que é vivo com esse sermão de quaresma, não esqueçamos que esse é o lugar das maiores perturbações. Ciência nova, a biologia molecular começou por estudar o código das informações genéticas para avaliar o grau de ordem e desordem, a parte da necessidade e a da probabilidade. Levando em consideração a exatidão e os erros da transmissão, ela segue uma lógica do vivo ao se liberar da abordagem orgânica em prol de uma abordagem físico-química. A um tal ponto, que sua fecundidade excepcional abraça mesmo o que, anterior ou posterior ao vivo, não é mais seu objeto.

O sucesso da biologia molecular deu ao homem o sentimento de ter enfim encontrado o "segredo da vida": um simples caso de genes, núcleos de comunicação, de propriedades hereditárias e de posição, catalogação das proteínas e dos ácidos dotados de vida própria, que podemos combinar e quase tocar. Como se os seres míticos despertassem repentinamente, tão reais quanto a matéria comum e os corpos, que parecem agregados de partículas elementares, o que quer dizer de genes, que podemos fragmentar e hibridar à vontade, quase da mesma maneira como podemos quebrar os átomos. Em seguida, a tendência da ciência de tratar o vivo como "objeto em geral", segundo Merleau-Ponty, quer dizer, ao mesmo tempo, como se não significasse nada e fosse predestinado a nossos artifícios, assim pudemos dividir e recombinar os genes de todo o corpo vivo com um sucesso surpreendente, antes disso se tornar um trabalho de rotina quase no nível celular.

Por um lado, começamos por uma deflação do vivo, fragmento extraído de seu próprio todo, pelo armazenamento de dados da biologia molecular nos computadores que combinam códigos numéricos e códigos genéticos, para fabricar animais, vegetais inteligíveis, "jamais vistos, jamais pensados" até então, mas que esperamos poder um dia fazer existir. Por outro lado, as recombinações e as manipulações genéticas permitem agora explorar em verdadeiras fábricas vegetais da cadeia agroalimentar as novas plantas que têm mais chance de sucesso. Ou, ainda, técnicas mais complexas e mais aleatórias buscam modificar as características dos animais, a fim de fazer crescer sua massa corpórea ou sua produção de leite: privados de luz, não podem exercer suas funções motoras ou sexuais, nem se nutrir normalmente, sem o contato com os homens, nós os compactamos em hangares como nós compactamos homens em uma fábrica.

Quando consideramos o fenômeno sob esse aspecto, é preciso enfatizar que ele não trata da quantidade: animais e plantas, em vez de serem criados, são automatizados, as espécies domésticas, rebaixadas a espécies genéticas. Assim como observa Dagornet: "Da mesma forma que os vegetais, os animais são submetidos às cadências industriais." Impossível negar que nós não tratamos mais do animal e do vegetal, mas do produto leite, carne, ração geneticamente modificada, em que se transformaram uns e outros. Sim, podemos afirmar, as máquinas feitas de carne de Vaucanson substituem em toda a parte as máquinas vivas de Darwin. E da mesma maneira que havíamos concebido anteriormente as máquinas sem corpo, procuramos conceber os corpos sem órgãos, na medida em que esses não exercem mais suas funções, por exemplo, quando procuramos obter leite de uma vaca que não pariu, ou cujos bezerros nascem por inseminação artificial. Somente o nome lembra ainda que o corpo sem órgãos pertence à mesma espécie que o corpo com órgãos. Nós sabemos também que as clonagens ou as manipulações de embrião que se multiplicam entre os humanos, sob o pretexto de higiene genética, participam do mesmo espírito. É fácil chegar à conclusão. Segundo um célebre adágio, não estudamos mais a vida nos laboratórios. Em nossos campos, criadouros e seus anexos, não procriamos mais a vida.

Poucas pessoas estão provavelmente suficientemente desencantadas do mundo para aceitar a atmosfera de naufrágio da vida que invade nossa época. Eu acredito que a maior parte duvida da validade do princípio dessas manipulações de seres vivos, hesitantes e oprimidos pelas proclamações de vitória de uma ciência técnica que as criou. Sua antiga fé nela foi abalada agora que abandonamos boa parte de salvaguardas práticas e morais. Outros se opõem a esse abuso do saber e ao desprezo senil às outras espécies e à nossa que ela exprime e consagra. Para fazê-los calar, nós censuramos sua moral e um resto de ética, refúgio dos ingênuos, que constituem pálida figura face aos realistas decididos a prosseguir suas experiências com animais e humanos, com maior vigor ainda, pelo bem da economia, pela saúde e a fim de manter sua posição na competição internacional. Esses são os *experts*, portanto, não cabe aos profanos formular as exigências ou dar permissões. Se vocês perguntarem o que os autoriza a se substituírem a nós, que lhes servimos de cobaias para que eles possam enfrentar sua concorrência entre outras questões embaraçosas, nós teremos a impressão, como dizia Joseph de Maistre, de que "nós não sabemos o que responder, mas continuamos caminhando". E mesmo Nietzsche na Terceira intempestiva: "Onde leva o caminho? Não pergunte, ande." Adivinhamos que eles mesmos não sabem segundo quais critérios decidir entre o uso legítimo, científico de suas pesquisas e o uso ilegítimo, não-científico, que pode ser feito. Ninguém o sabe, para dizer a verdade. Apenas chamamos de moral ou ética um pensamento que define o real de outra forma. E coloca sua esperança numa transformação que corta seus artifícios supérfluos.

Definitivamente, é preciso se orientar na direção de uma técnica biomorfa ou neo-orgânica, pouco importa o termo, capaz de trazer de volta os órgãos ao seu lugar, no corpo. É chegado o tempo de compreender que a antítese do automatismo e da comunicação não é uma diferença de mais ou de menos, que não há divergência, mas dualidade entre um e o outro. Quem quer que tome consciência da necessidade de escolher, compreende que não existe uma única resposta, seja ela científica, à questão: "O que é a vida?" É uma noção que nós partilhamos, empregamos para diversos fins, designamos inúmeras realidades, que não convergem a uma única realidade de genes e células. Nós não desejamos roubá-la da ciência e da técnica. Mas convém lembrar que se trata de seres organizados, evoluindo no tempo, em relação a seu meio ambiente, como mostra a etologia. Uma relação que não depende exclusivamente da bioquímica ou da biofísica. A vida não é um processo, é uma doença dos seres vivos. E, disse Bichat, ela resiste à vida. A saúde não é a ausência premeditada, graças a uma seleção artificial, dessa doença, mas seu silêncio.

Podemos figurar então as técnicas neo-orgânicas ou biomorfas, cujo papel é melhorar a capacidade de organização dos seres vivos que, como sabemos, lhe permite resistir às pressões da seleção natural. É através da comunicação de "mensagens" internas e externas entre eles e em relação à ecologia. É o que acontece, mas num nível mais amplo, quando desenvolvemos as capacidades de exploração e associação – a domesticação associa assim o homem ao animal –, o que tem sempre um efeito sobre seus estados orgânicos. Essas observações valem igualmente para os ciclos bióticos que perturbamos e que, quando restaurados, podem otimizar essas trocas e valem para nossas técnicas destinadas a favorecer, mais do que frear, a evolução de recursos animais e vegetais. Podemos mesmo afirmar que o que foi feito no campo das energias renováveis e da reciclagem representa o conteúdo dessas técnicas possíveis. O que importa aqui é fazer uma escolha ampla e colocá-la como condição de uma biologia "em trabalho", de quem se alinha ao objetivo de "mais vida" e mais bem-estar, em vez de "domínio" do vivo.

Sem dúvida, as coisas são agenciadas hoje de um modo automático e celular, mas nada impede que elas o sejam de outra forma. É isso que diferencia a história e o progresso em oposição para com uma ordem fixa. Parece, teoricamente, que o protótipo dessas tecnologias biomorfas esboça-se entre as possibilidades maduras da natureza cibernética. Nos surpreenderemos, talvez, que uma reflexão sobre nossa situação termine por um apelo à escolha. Nossa época acreditou poder fazer a economia disso. Mas, prisioneira que ela é da rigidez das ciências e das técnicas, recusando toda alternativa, ela não solucionará jamais os problemas sem fazer uma escolha. E torna-se urgente fazê-la, pois a partir dela o crescimento dos conhecimentos e das oportunidades de invenção será tal, que em uma geração tudo em nós e em torno de nós será uma promessa de mais do que a vida.

Eu não me iludo. A maior parte das teorias dominantes exclui a alternativa das técnicas biomorfas. Partes e contrapartes de um organismo humano, elas são a expressão dessas no meio ambiente e não o contrário. Longe de ver nelas limites e instrumentos, elas se associam às técnicas do corpo como aos seus órgãos e a seu meio. Eu adoraria, porém, saber o que resulta das teorias que as excluem, ter a certeza de que, no centro do real no qual elas se fecham, não se prepara um deslizamento de terreno, provocando a triunfante destruição do corpo de que elas tanto necessitam. A maior parte dos preconceitos e dos interesses examinados rejeita também o crescimento dos movimentos naturalistas. Eu gostaria que me mostrassem um só problema fundamental – o problema natural é um – que se coloca repetidamente, que lançaria os homens numa órbita da qual não seriam desalojados antes que a solução se desenhasse. Pouco importam essas exclusões, o real solucionará. O essencial é que nós dispomos aqui de um novo horizonte, abraçando os aspectos mais importantes de uma forma de vida humana: reencantar o mundo. E eis então seus quatro pontos cardinais.

Lutar pela natureza

A luta pela natureza é a escola na qual muitos homens se tornaram aguerridos, percebendo melhor o laço que une a esfera social e a esfera natural. Como muitas coisas de nossa época, ações e idéias receberam, num ritmo acelerado, o batismo de fogo da prática. Aquelas que resistiram à prova adquiriram uma resistência decisiva. Entre elas, uma idéia simples e forte: os homens se constroem a si mesmos ao criar sua natureza naturada. O que causa um problema grave, é proceder como se nós interferíssemos do exterior, em vez de agir a partir de um ciclo natural. Daí vêm os impasses. Não é a ciência técnica que nos mostrará a saída. O que nos cabe, sobretudo, é fazê-la sair de seu impasse. Os limites de seu método, mesmo do nosso, são previsíveis desde o início; seus resultados também: criar um confinamento em lugar de uma abertura. Nós não devemos nunca esquecer que a questão natural, em sua forma concreta, é sempre uma questão demográfica, da relação entre a população e os recursos do planeta, mesmo que nos recusemos a levar a discussão para proporções ou quantidades. O hábito de ver em sua abundância ou em sua raridade uma condição de crescimento da população já está consolidado, embora um pouco ultrapassado. Nada mostra mais claramente a importância desse hábito teórico do que a rapidez com a qual deduzimos a causa de catástrofes naturais, seja porque a população está concentrada num espaço inóspito, seja por estar ocupando um espaço, antes desabitado, que é perigoso, margens de rios, litoral dos oceanos, bordas de vulcão, submetidos às inundações, às tempestades violentas, às erupções. Nós não ignoramos tampouco a desertificação das terras, o desmatamento e a superpopulação, pelos quais somos responsáveis.

As conseqüências podem ser dramáticas. A degradação e a poluição dos meios de vida continuam a progredir ao mesmo tempo que cresce a economia. Consumimos cada vez mais combustíveis fósseis, nucleares, petroleiros, que acumulam os dejetos com os quais não sabemos o que fazer, ou ainda favorecemos a pesca predatória e a superprodução, quando ambas contribuem para a difusão de todo o tipo de substância no ar e na água. Para corrigir um "erro", cometemos um outro. Certamente, sob a pressão dos movimentos naturalistas, procuramos uma solução técnica. A despeito da manifestação do gênio inventivo, o efeito que desejamos erradicar, aumenta. Por exemplo, a descoberta dos carburantes menos poluentes, que não diminuem o efeito estufa, pois o número de veículos não pára de crescer. O balanço continua ruim sob o plano ecológico. E em todos os lugares a população cresce enquanto declinam os recursos. O historiador Hobsbawm escreveu a esse propósito: "A tomada de consciência da amplitude desse fenômeno (desgaste de recursos e poluição) é recente; ele remonta aos anos setenta. Se nós devemos lastimar a tendência que temos de ver esses problemas em termos catastróficos, não há dúvida alguma que o poder da humanidade de poluir o ambiente tornou-se preocupante. E, seja bem entendido, quanto mais formos numerosos, quanto mais perigosos seremos."

Tudo o que existe agora está fadado ao desaparecimento, substituído pelo que poderá surgir. Os movimentos que não podem aceitar esse prognóstico, experimentam a maior dificuldade em remediar esse estado, que vai se agravando. Suas conseqüências desaparecem em um lugar para surgir em outro; por não levarmos em conta a questão natural, retornamos ao ponto de partida. Estaríamos nós diante de uma ecologia de Sísifo,[84] condenada ao ciclo do insucesso? Certamente, sua confiança em si mesma é acrescida pela consciência de uma situação que não pode se prolongar indefinidamente. Precisamos levar a teoria a refletir sobre suas intenções e sobre as ações dos movimentos naturalistas, para defini-los de outra forma.

Enraizar os homens-homens

Fazê-lo para a natureza, é certo, mas sobretudo para os homens que a elas se associam e nelas acreditam. Por tudo que favorece a vida. Nos momentos de

---

[84] NT: personagem da mitologia grega, Sísifo é o mestre da malícia e dos truques, que entrou para a tradição como um dos maiores ofensores dos deuses.

euforia, nos esquecemos que ela é um fenômeno raro no universo, e que a intenção primeira de cada espécie é a reprodução. No esforço justificado de analisar e combater cada destruição de recursos, cada poluição, cada risco de intoxicação química, negligenciamos o que eles têm em comum. Ou então as incorporamos numa idéia geral e profunda de ambiente. Seu parentesco é, portanto, manifesto, atuando no papel de ponto de apoio de nossas experiências e de coerência de nossas reflexões. Por exemplo, a Terra. Expulsa do centro do sistema solar, ela parece ter decaído ao nível de qualquer outro planeta. Em outros termos, ela figura entre as realidades ordinárias, reserva de materiais e de recursos que demoraram milhões de anos para se acumular e que pilhamos impunemente.

A esse estado de espírito opomos um outro, totalmente diferente e não menos irrefutável: a Terra ocupa sempre uma posição única. Até quando identificarmos em um outro planeta do sistema solar traços elementares de vida, este continua o único onde tantas espécies surgiram, evoluíram, renovaram os materiais e deixaram em sua superfície as marcas do tempo. Ao falar da humanidade, nós evocamos uma imagem geral de algo que é terrestre e localizado no nosso mundo. Nós somos predestinados a este lar, do qual depende nossa existência e onde o que é vivo se multiplica quase ao infinito. É por essa razão que a história humana da natureza é também em grande parte uma história da Terra. Todos os estados dessa história se inscrevem nela, com as criações materiais que ela proporciona. Ela é o nosso *habitat* familiar. O princípio de realidade em ecologia é em último lugar o princípio da Terra, ameaçada por uma enormidade de fardos e de agressões crônicas.

É próprio das mentiras sociais abordar a realidade, a da Terra por exemplo, com uma bagagem de idéias preconcebidas e abstratas, de belas imagens e frases soberbas que usam e destroem a verdade. Uma verdade ignorada por muitas pessoas, jovens e velhas, que essas mentiras acostumaram ao pior. Elas disfarçam a realidade, assim como as *funeral homes*[85] americanas, onde os mortos embalsamados e maquilados parecem vivos dormindo. Atualmente ninguém sabe o que é a Terra, essa Gaia, imenso organismo vivo, ou doente com tantos dejetos. Mas, primeiramente, é preciso refletir: não é mais a Terra, nós conhecemos apenas uma de suas eras, à qual pertencemos – o neolítico –, por quanto tempo ainda? Nós falamos da revolução neolítica, ela se reconhece pela domesticação dos animais e das plantas, pela descoberta da agricultura e da pecuária, que transformaram desertos e florestas em pastagens e culturas, os pântanos em planos irrigados, os riachos e rios em sistemas de circulação de água que vivificam o húmus. Assim nasceram, nas margens da agricultura e da pecuária, os ofícios e as artes. Com os materiais necessários, carpinteiros, serralheiros, ferreiros, ceramistas, ganharam importância, bem como os escribas encarregados das escrituras e das contas.

---

[85] NT: em inglês no original, nos EUA, corresponde aos locais onde os corpos são preparados, velados e o funeral é organizado.

A Terra é povoada de homens e se enriquece de espécies e de *savoir-faire* insubstituíveis, produzindo objetos de valor único. A população humana torna-se sedentária, cria a cidade a partir do campo e provoca a mais extraordinária divisão de nossa forma de vida, essa do urbano e do rural, que, segundo as regiões e as épocas, explodem em variáveis múltiplas. Essas são também verdadeiras descobertas, que transformam a Terra em um viveiro de sociedades. Os homens tomam consciência de ser, intermediados por divindades, os demiurgos de seu universo e das obras primas que o compõem. É preciso compreendê-lo no sentido o mais amplo possível, como aquele profeta iraniano que disse ao deus Mazda: "Quando eu criei a terra que sustenta toda a vida física (...) e quando eu criei o grão que nasce quando o jogamos ao solo, dando outros grãos (...) e quando eu criei o mar que contém a água necessária ao mundo e que retorna em chuva quando é necessário; (...) agora, a criação mais difícil de todas as coisas foi de reviver os mortos. Pois considere isso: se anteriormente eu criei o que não havia, por que eu não poderia recriar o que já existiu?"

Agora sabemos em qual direção precisamos procurar. Os sintomas dispersos, desperdício de energias, efeito estufa, epidemias que dizimam criações e plantações, poluições que desertificam as terras aráveis, desmatamento das superfícies verdes, todos esses sintomas se ordenam, a despeito de suas diferenças, em séries contínuas e revelam uma tendência. Nós não levamos isso em consideração. O que significa que os problemas da natureza são reduzidos às dimensões da técnica, à glorificação de todos os progressos sobre uma Terra já devastada ou quase devastada? Nós temos dificuldade em reconhecer que todas essas crises e esses estados de violência, cuja ameaça pesa cada vez mais, resultam da guerra contra o neolítico, que foi declarada no corpo da civilização como uma doença incurável. A semelhança entre os sintomas, sua lógica interna, por assim dizer, aponta na direção do neolítico, nossa idade da Terra.

É isso verdadeiro? Vivemos apenas isso? Independente de toda a explicação, qualquer coisa em nossa experiência, uma palavra, resume essa tendência e a prática que resulta: deteriorar. A história dos últimos séculos o ilustra, qual seja a etiqueta, como um vai-e-vem contínuo de grupos humanos dissociados de seu *habitat*, de suas produções, tendo como contrapartida sua difusão e sua recombinação em todas as suas latitudes e longitudes. Temos a impressão de que cada um é fascinado por um panorama humano universal e se satisfaz plenamente com essa ausência de realidade, de um lugar próprio na Terra, com todas as suas manifestações naturais. Tudo o que existe não será mais do que irracionalidade, superstição, sobrevivência arcaica, falsa humanidade prisioneira de um mito artificial: nossa vida remonta aos primeiros contatos com a Terra.

Nós conhecemos os métodos: primeiramente, reproduzir as habilidades particulares e os *savoir-faire* humanos localizados sob a forma mecânica geral. Em todos os lugares, decompor de maneira meticulosa as artes e os ofícios milenares por uma industrialização, que os deslocou e os apagou mais rapidamente e radicalmente do que teriam sido por uma glaciação. O que o homem realiza torna-se instantaneamente passado. Cada dia recomeça do zero. A destinação histórica de suas obras tornou-se, de imediato, incompatível com a sua própria existência.

Em seguida, normalizar. Instaurar, com a falta de escrúpulos e o fanatismo característicos dos perfeccionistas, um tipo vivo ou uma norma julgada perfeita e que nós nos dedicamos a reproduzir, seja como indivíduo, seja como espécie. O indivíduo ou o grupo não são mais livres de ser o que são, mas levados a obedecer ou a seguir esse tipo ou essa norma julgada melhor ou superior. É inútil dizer que o genoma humano nos ensina que não existem dois indivíduos idênticos. Porém, aqueles que nos mostram um mapa do genoma humano típico, com algumas variantes para mais ou para menos, nos incitam a normalizar as pessoas, como se eles soubessem o que faz o homem ser melhor e mais saudável de uma forma consensual. Nesse domínio, economizamos energia. A dureza da luta pela supremacia econômica leva a reduzir a diversidade da flora e da fauna terrestres, eliminando as espécies vivas. E Leroy-Gourhan o constata: "Uma coisa é certa, desaparecem espécies animais e botânicas numa velocidade catastrófica. Podemos sempre dizer que sacrificar o mundo natural não tem importância; eu testemunho que isso me entristece um pouco e, portanto, eu seria bastante ecologista."

Sem dúvida, nós adquirimos o hábito de sacrificar as espécies animais e botânicas. Mas o fato de fingir ignorá-lo, ao mesmo tempo que as sacrificamos, demonstra complacência; nós sabemos bem como fingimos ignorar a nossa verdadeira relação com elas, que é a domesticação. Aqui começa a verdadeira inquietude: nossa relação com os "irmãos inferiores" é muito mais estreita e significativa do que parece. Durante dezenas de séculos, no mínimo, em que eles foram amansados e que nós os domesticamos, nós estabelecemos uma solidariedade com eles. Eles formam a parte rica e viva da Terra, a mediação entre os elementos e nós. É talvez uma sorte que a espécie humana tenha saído do neolítico para ultrapassá-los – e que por isso nós os divinizávamos –, no passo decisivo da evolução da história. Sem essa relação e essa solidariedade, não existe espécie aprisionada ou doméstica, em suma, de criação, mas somente sua imersão na grande vala do grande número, condição indispensável à sua normalização. De uma forma ampla, isso consiste em aboli-los enquanto espécies e nos abolir, a nós mesmos, como humanos em relação a eles. É evidente que os reduzindo ao seu código genético, aos príons[86], aos agentes transmissores convencionais, são somente os fantasmas desses "irmãos inferiores" que se insinuam em nossas vidas. Sem falar

---

[86] NT: palavra de origem inglesa cujo significado é partícula infecciosa puramente protéica, que é responsável pela transmissão da encefalopatia espongiforme bovina, ou mal da *vaca-louca*.

dos organismos geneticamente modificados nas plantações, que não sabemos ainda como vão migrar, se multiplicar, mas que já encontramos de forma freqüentemente generalizada com os transgênicos.

Nem plantas, nem animais individualizados figuram mais em nossas vidas e em nossa consciência como forças da natureza, relações interiores, mas, sim, como substâncias genéticas e químicas, siglas à margem ou fora de nosso mundo. É preciso um robusto bom senso para não confundir o que fazem a pecuária e a agricultura com o que fazem os ramos industriais da biologia. Queremos ver nisso um tipo de triunfo – o triunfo trágico sobre a era neolítica da Terra, no meio de uma série de epidemias e de pânicos de grande escala. Essa "bancarrota ecológica", se me permitem essa fórmula, constitui uma denúncia visceral da desvalorização dos animais destituídos de sua posição e parentesco. Isso se assemelha à perda da arte soberana do homem sobre todas as suas artes: aquela de criar o mundo segundo o seu desejo, *ars pariendi*, e de deixar viver em segurança ou *ars vivendi*, que agoniza hoje em dia. Eis o que os homens se perguntam sem compreender o sentido profundo.

Sobre massificar, enfim. Por que tendemos a falar da questão natural em termos de números, de demografia, da relação entre a população e os recursos? Isso quer dizer que transformamos, com a linguagem do fetichismo, um fenômeno concreto num fenômeno abstrato e mesmo irreal. Será que nós nos defendemos, como quando negamos uma sucessão de evidências para melhor nos livrarmos delas? Quaisquer que sejam nossos desejos, nossas nostalgias, neste final de século, a cidade é o nosso destino. E se ainda não aconteceu, acontecerá em breve. Contando por baixo, três quartos da população as habitarão. Perseguidos nos campos pela obsolescência da agricultura, a guerra e a fome, milhões de homens, mulheres e crianças vivem de maneira precária, apertando-se ao redor das cidades, nos cortiços e nas favelas, em ocupação ilegal, rapidamente reagrupadas. As cidades os atraíram pela magia do número e o artifício de um local de consumo, de riqueza e bem-estar. Elas os retêm anônimos e isolados, em lugares onde ninguém desejaria residir. Essas galáxias aumentam a cada ano de milhares de homens. Em ruptura com os laços sociais e as tradições, elas carregam indivíduos que perderam todo o contato com a terra e as espécies animais ou botânicas, todo o laço com uma comunidade, qualquer que seja, a não ser sua família próxima. Retirados de seu tecido social e de suas tradições, as cidades atraem esses indivíduos, que perdem todo o contato com a terra e as espécies animais e botânicas, toda a ligação com qualquer comunidade, exceto com a família próxima. Cortados do tecido social, eles são levados para a órbita das migrações, no ciclo da mídia de massa e dos mercados irracionais, seguindo um modelo – chame-o americano ou ocidental – que os esmaga, os incita à imitação e ao conformismo. Seu número crescendo, esses indivíduos misturados nos guetos compõem as vanguardas de novas massas tecnicamente sustentadas e equipadas.

Em uma palavra, esses fenômenos são os sinais de uma virtual sobremassificação planetária. Que nos seja suficiente evocar esse método. Ele domina a tal ponto, que já leva ao desaparecimento da divisão entre cidade e campo, portanto, do traço essencial do neolítico, que impregna todas as formas de sociedade e de *habitat*, nas quais se encarnou, sem dúvida, o mito mais espantoso, o mais fértil de nossa Terra nessa era. O que distingue as cidades de antes e de depois do fim dessa separação, é que, nas primeiras, nós nos aplicávamos a localizar pessoas e atividades, as ruas designavam sua própria personalidade; de um certo modo, a cidade compunha-se de vilarejos, bairros onde todas as pessoas se conheciam, mantendo entre elas relações diretas e com uma história em comum. Havia uma presença física e distintiva do urbano, como havia uma do rural.

Ora, as cidades superpopulosas pareciam ao mesmo tempo ser como uma extensão brutal do espaço das antigas e uma transformação não menos brutal da forma de vida das populações, que marca claramente esse fim do neolítico. Ao mesmo tempo elas extremam o princípio de separação e de divisão no espaço, com suas séries de áreas de atividades comerciais e industriais, de parques reagrupando centros comerciais, de pesquisa, etc... e de zonas de habitações rejeitadas nas periferias residenciais ou loteamentos. Freqüentemente, o conjunto é cercado, assediado por favelas, onde vivem os fugitivos do campo ou os refugiados das pequenas cidades, *villas miserias* como as chamam na Argentina e que encontramos no mundo inteiro. As vias expressas contornam ou seccionam as cidades, onde as ruas se degradam, os centros se atrofiam, enquanto seus satélites são lançados a cada vez mais longe. Los Angeles, a cidade de nenhuma parte, fragmentada e irrigada de auto-estradas, e o Rio de Janeiro, a cidade de algum lugar, mosaico de bairros que se assaltam mutuamente com violência, seriam os protótipos de cidades. Os aeroportos substituíram as estações de trem, a circulação automobilística destronou a marcha a pé, esse passeio que antes era símbolo da cidade.

Se os indivíduos não se reconhecem mais ou se são vizinhos e não procuram se conhecer, não é porque eles não têm vontade ou se sintam estranhos, mas porque eles perderam uma individualidade perceptível, cuja qualidade era preexistente neles. Ela caiu no anonimato e se uniformizou a tal ponto que o individualismo tem um papel menor. Esperança ou ameaça, quem sabe? Um átomo de massa, interior e intencional, uma monada[87] substitui o indivíduo no sentido próprio. Desterritorializado, ele pode se religar a quem quer que seja ou a ninguém e não possui a não ser uma personalidade efêmera, no limite, descartável, segundo os moldes do consumo e predispõe a socializações efêmeras, através de redes de informação e de habitação nesses imensos conglomerados, onde as múl-

---

[87] NT: termo da biologia que denomina um ser de organização muito simples.

tiplas conexões proíbem as verdadeiras relações. O monadismo da cidade massificada de hoje tem pouco em comum com o individualismo de outrora na cidade clássica, à qual nos referimos de maneira mais veemente, enquanto ela se dissolve nas condições alteradas.

Será isso verdadeiro? Vivemos isso? Abandonemos um instante os aspectos gerais para perceber, no plano prático, que nossas cidades gigantescas, as megalópoles, máquinas de morar, se transformaram em máquinas de poluir. Elas engolem os recursos e enormes energias para a circulação, a iluminação, o ar-condicionado, a alimentação coletiva e em cadeia, crescentemente criando mais dejetos, em quantidades consideráveis. Cada uma de nossas decisões essenciais concerne a um modo de vida e de produção que depende dessa categoria existencial, o dejeto, que nossos filósofos ignoram. Não é suficiente encontrar locais de estocagem, o próprio fato de os estocar os transforma imediatamente em poluentes, que se combinam com outros elementos nocivos ou que se difundem na atmosfera. Tal como os pesticidas da indústria agroalimentar, que espalhados em milhares de hectares têm um efeito poluente. Os números acumulam-se para ajudar o bom senso, colocando em evidência que mais da metade da poluição dos Estados Unidos provém das megalópoles, reduzindo a produção agrícola e provocando, em conjunto com outras megalópoles no mundo, gases que se concentram na atmosfera terrestre, fazendo aumentar a temperatura do ar na superfície e nos oceanos abaixo da superfície – um efeito que continuará e se acentuará certamente no século XXI. Portanto, o nível do mar deverá se elevar em cinqüenta centímetros, o que agravará a erosão das costas e fará crescer a salinidade nos leitos freáticos, gerando outras conseqüências imprevisíveis.

Devemos aceitar isso, nada mais? Qual futuro será o nosso, o de nossos filhos, se essas tendências continuarem? A relação numérica entre a população e os recursos não está em questão, mas, sim, a deterioração, o gigantismo das cidades, que se afastam dos humanos na velocidade das galáxias num universo em expansão. Neste tempo que se imagina correr depressa – correr para onde? –, cansamo-nos de lamentações repetidas: a terra está em perigo, a expansão dos dejetos, o fim de nossa época, os predadores de sociedades e de espécies outras que nos tornamos e todos os riscos que agravamos, ameaçando nossa natureza pacientemente naturada e duramente criada. Por que negar a evidência? Nem a nostalgia do passado, nem o medo do futuro – que não têm nada de vergonhoso – nos obrigam a colocar debaixo do tapete essa bancarrota ecológica, fazendo habitar a terra ou não mais habitá-la a escolha principal: é a lição do presente. É preciso a partir de agora reterritorializar nossa forma de vida, o vencimento da dívida é chegado. Nossa tarefa é de redimensionar, combinar e reenraizar.

Redimensionar corresponde a um imperativo: ao mudar a escala, é preciso também mudar de relação e de estrutura. O grande e o pequeno não têm virtudes próprias. Mas aumentar e multiplicar, sem criar novos seres e novas relações, corroem o corpo social, como um câncer. Tão audacioso quanto possa parecer isso, é preciso ousar tentar conceber uma nova espécie urbana, encontrar um novo "número de ouro" quanto ao tamanho, a forma de viver, de produzir, tal que possamos discernir a forma e o objetivo no lugar do amorfo e do sem objetivo de hoje; modelar e trabalhar até que ela atinja sua verdadeira função de *habitat* do seu tempo. Sem dúvida, devemos transgredir certas interdições – como a das ruas, das quais Le Courbusier disse não terem nem luz nem higiene – ou recriar os espaços edificados desvalorizados, a partir dos quais conceberíamos outros ainda desconhecidos. Abramos, portanto, novamente espaços a partir das ruas, seu símbolo universal, distantes das construções, a fim de que a luz do sol as ilumine e as façamos arborizadas para atenuar as poluições. É verdadeiro que uma cidade não se concebe sem espaços públicos, espaços de encontros cotidianos; cabe a nós definir claramente onde e como tornar vivos esses locais, não apenas para conservar instituições ultrapassadas, mas para descobrir os centros de interesse e de presença de uns ao lado de outros.

Nós falamos naturalmente de formas de vida e dizemos, sem embargos, que é preciso abolir as segregações e discriminações das periferias e de nossas cidades massificadas, que devem ser transformadas em uma diversidade flexível e em constante movimento. O que quer dizer, tenhamos em consideração, que o princípio urbano é o movimento dos homens, das atividades, dos estilos próprios de uma cultura, é uma cidade em movimento, falando sua própria linguagem, que é preciso conceber; não mais um esperanto arquitetural, uma cidade na escala dos corpos e não aquela de massas em escala de átomos. Nós nos isolamos da cidade em nossas casas e apartamentos, nós compreendemos mal uns aos outros, nós nos evitamos ao invés de nos procurar, num espaço para monadas fechadas e multidões imateriais. Dentro do redimensionamento do movimento e do *habitat*, está o corpo que é a medida última das coisas. O verdadeiro "nós" citadino é ele, o corpo individual e social, sem o qual nós não somos, reciprocamente, nada. O trabalho metabólico que nós desenvolveremos conjuntamente fará reviver o tecido da cidade e lhe dará saúde.

Combinar é a operação através da qual nós associamos o que está dissociado, fazemos vir ao mundo, *ars pariendi*, aquilo de que sentimos falta. Não existe limite previsível para a abundância infinita de seres e de bens que podem resultar. Sejamos francos. Não escutemos os vaticinadores que desejam associar as cidades massificadas a outras, para formar uma cidade única e global, provocando em algumas gerações uma paralisia urbana. Imaginemos antes de tudo criar uma nova espécie urbana. O redimensionamento das cidades pode significar uma mudança de rumo: em vez de ir em direção ao gigantismo, elas podem cambar para um novo número de ouro da constelação no espaço, na qual a população habitante será o macrocosmo e o corpo humano, o microcosmo. A grande divisão com o rural certamente desapareceu, e o complexo agroalimentar não é nem um substituto do rural nem uma imitação depreciada do vilarejo. Todo o retorno ao antigo seria um paliativo: a questão permanece em aberto, para saber se, a partir do mundo urbano, não é possível modelar um *habitat* rural e mesmo um vilarejo suficientemente diferente, para que eles sejam complementares. No lugar de dormitórios, façamos lugares de trabalho e de produção, de uma agricultura e de uma pecuária representativas de um conjunto de novas práticas locais, carregadas de valor próprio, necessários ou suficientes, para manter a qualidade da terra e do aprovisionamento da população urbana, preocupando-se ao mesmo tempo com o processo biológico e com o processo ecológico. Certamente, não podemos juntar alhos com bugalhos, mas podemos juntar o rural com o urbano, os vilarejos com as cidades. As economias externas, os benefícios secundários, que elas podem colher de uma diminuição da poluição, das impurezas do ar e da água, são comparáveis às que obtemos ao substituir energias fósseis pela energia solar. Em uma palavra, essa maneira de "pactuar" com a terra é menos uma maneira de defender o passado, ao acordar sentimentos que caíram em desuso, do que combinar elementos "urbanos" e "rurais" em um espaço determinado.

Pelo enraizamento, trata-se de reproduzir uma relação do homem com a terra partindo das bases presentes, de seu próprio espírito. As reflexões que se seguem mostram quão improvável fica, por um tempo previsível, uma solução alternativa ao neolítico. Mostram também que, liberadas de soluções técnicas e científicas, sempre de curto prazo, nós deveríamos tentar fazer experiências de pensar, dentre as quais somente uma racionalidade performativa operaria as escolhas apropriadas e suficientemente práticas. Depois de todos os problemas aos quais fomos expostos ao automatizar a produção das coisas e a reprodução dos seres vivos, nós devemos assumir nossa responsabilidade diante da terra através de um novo nascimento e uma nova floração. Nada é mais importante, dizia o grande físico Bohn, que uma idéia desarrazoada para solucionar um problema. Eis minha idéia desarrazoada: uma nova era, sincrônica da natureza cibernética, seria uma era biomorfa ou neo-orgânica. E os homens, que tanto faltaram de vida neste século, realizariam seu desejo de mais vida, poderiam criar o "mais que a vida".

Vamos lá. O que é necessário fazer? A parte ativa dessa idéia, sua busca, está numa coalizão de saberes mais completos e de uma experimentação mais lúcida das possibilidades de atuação. Suponhamos por um instante que empregaremos todos os meios. Não seríamos então forçados a avançar as investigações e a nos questionar: durante quanto tempo? Cada um sabe que consideramos os esforços e os programamos, como todos os nossos empreendimentos, no curto prazo e na história recente. A despeito de seu aspecto exaltante, a máxima "fazer em um dia o que para outros levaria um século" favorece um clima de exagero. Ela faz aumentar de importância a possibilidade de agir e de acelerar os eventos. Ora, para aquele que observa essas eras da Terra, as novas não parecem diferir muito das antigas, um outro horizonte temporal e um outro enraizamento se impõem na longa, muito longa história. Não perder tempo é, às vezes, não ter tempo a perder.

Na história de muito longo prazo, é preciso ter o tempo de avançar e de recuar, estar imune contra a impaciência, coisa que se tornou raríssima. Dizer a si mesmo a cada passo: *Chi va piano va sano, va lontano*[88], regra de nossa aspiração e de nosso "habitus". Graças a isso, aquilo que parece ser uma maneira de parar, de dar um tempo, é na verdade uma maneira de se livrar da submissão irrefletida ao tempo e ao passado.

Uma vez que estamos liberados, o olhar pode enfim mergulhar no que está além e nos lançarmos para a frente. Com efeito, o problema de nossa época não é o progresso, deus que foi destruído com outros deuses, mas a *renascença* do que fizemos existir tão rapidamente como o fizemos desaparecer. Sim, a época que se inicia pertence aos que compreenderam a necessidade dos homens de renunciar à pressa e à impaciência, de se reconhecer em uma tarefa que lhes foi dada para recomeçar, mas que não terá sucesso a não ser através da prova do tempo.

Para me fazer melhor compreender, tomarei emprestado Leroi-Gourhan, que propôs: "Se considerarmos a situação da Terra, tal como ela nos foi deixada há alguns séculos atrás, veríamos que tínhamos com o que construir uma espécie de paraíso na Terra. Mas, atualmente, as previsões de curto prazo mostram que nossa atitude predadora é essencialmente nefasta. Para solucionar a questão, seriam necessárias previsões para cinco mil anos. Ora, quem considera cinco mil anos, nos dias de hoje? Um pouco cada um, sem dúvida, mas os prazos nos quais pensamos hoje são muito breves." É bem isso, nós não podemos prever. Mas estarmos atentos por um período suficientemente longo, e questionar sobre isso, isso nós podemos.

Reocupar as sociedades

As sociedades afastam-se de nós como as galáxias em expansão. Elas necessitaram de grandes sacrifícios, atraíram grandes esperanças, prometeram justiça e liberdade, apresentaram modelos maravilhosamente fraseados e devidamente numéricos. Para uma orelha moderna, na qual a história canta, tudo isso seria perfeitamente composto, orquestrado e harmonioso. Depois, nós abrimos os registros contábeis – as crises cíclicas, os campos de concentração com seus milhões de assassinados, a discriminação e a exclusão disseminadas em todos os lugares, uma distância crescente entre a sociedade concebida e a vivida, um progresso popular que ainda não se deu – quando é que os vencidos vencerão verdadeiramente a franca injustiça e a repressão que as sociedades vividas e concebi-

---

[88] NT: a expressão em italiano, no original, significa "quem vai devagar, vai de forma sã, vai longe."

das afirmam suprimir? Nós sabemos agora que se nossos ideais não foram jogados para fora do barco na primeira ventania, foram colocados a uma dura prova. Devemos nos admirar da indiferença ou da falta de sensibilidade cética dos jovens, das mulheres, dos trabalhadores, entre outras categorias da sociedade? Essas circunstâncias engendram a grande recusa, a violência anárquica. Nem a recusa, nem a violência anárquica tocam as causas. É na matriz em que se inscrevem essas relações de distanciamento e de espoliação em todas as formas de sociedade, que é preciso combater: a hieroestrutura, que, como vimos, encarna o princípio instrumental e organiza o desencantamento do mundo. Portanto, uma situação dominada pelos estados soberanos e uma produção industrial massiva.

Mas a soberania dos Estados se vê submissa a limites e a produção industrial não figura mais no primeiro plano. Ela tende a se tornar um simples prolongamento dos laboratórios científicos e das empresas técnicas. O trabalho desmaterializado, intelectual e lingüístico, portanto o trabalho inventivo, é infelizmente a nossa única forma produtiva. A própria noção de estrutura social vertical começa a ser ultrapassada. Numa situação em que tudo é feito de escolhas e de invenção, uma outra racionalidade, performativa sem dúvida, parece necessária, para que a sociedade possa cumprir todas as suas tarefas.

Eu acredito que nós podemos concordar com o seguinte: para recuperar a sociedade e aproximá-la de nós, é preciso primeiramente tocar a estrutura das hierarquias numa abordagem diferente, que é a *heterarquia**. Distribuição das tarefas, que é indispensável para que o conjunto das necessidades e das tarefas da sociedade seja satisfeito, todos sendo servidos, sem se tornarem servos, eis sua estrutura. No interior desta, um indivíduo é levado a cumprir uma tarefa, ocupar uma posição. Mas ele também está disponível para rodar, para percorrer todo o elenco de disposições e funções. Que essa possibilidade seja posta em funcionamento por discussão ou por voto, o objetivo continua o mesmo: fluidificar as disposições e as funções, impedir que se formem conhecimentos à parte, de *savoir-faire* e de *savoir-penser* imobilizados, para captar e influenciar de maneira unilateral o conjunto social. Em suma, proteger a reconstrução das hieroestruturas. Em linguagem figurada, digamos que o funcionamento dessas é tão oposto ao das heterarquias quanto o trabalho mecânico ao do genoma. No primeiro, cada parte realiza um único movimento, fixa um só elemento. No segundo, cada fragmento pode preencher funções diversas, comunicar-se com os demais e substituir outro, numa ligação em que há falta. Eles são polivalentes, menos especializados e podem se substituir uns aos outros. Isso torna os acidentes, o enguiço, menos prováveis e acima de tudo reparáveis.

---

* Eu tomo emprestada essa noção dos lógicos que trabalham sobre os problemas de simulação e decisão.

A heterarquia tem ainda um outro valor, mais significativo. Ela representa uma trama de relações possíveis, na medida em que as sociedades têm a capacidade de se autoproduzir e de justificar suas intenções sem recorrer às instâncias exteriores: Deus, o Estado ou a história. A heterarquia corresponde bem a esta época, em que os grupos sociais têm consciência de que os níveis, as instituições, sua relação com a natureza, são suas próprias criações e que eles têm a capacidade de colocá-los em reconstrução e remodelá-los, portanto de recusar que se fale e que se aja em seu nome, agora que eles têm a capacidade de falar e de dizer, para fazer a verdade em comum. Eles compõem assim uma organização descentralizada da vida coletiva, transformável por seus membros, manejando um certo grau de liberdade e de iniciativa nas frações que a compõem. Ao supor que essas associações voluntárias e as organizações não-governamentais constituem esboços de estruturas heterárquicas, você poderá vislumbrar o que pode parecer uma tal sociedade.

A escolha de um centro é feita de acordo com as circunstâncias. Mas, por outro lado, a descentralização não o é. Mais precisamente, ela não significa a descentralização da hierarquia ou das decisões de alto para baixo nem a multiplicidade de pequenos centros e de pequenas autoridades, mas a criação de relações flexíveis, diria um matemático, entre unidades e cada unidade com ela mesma em relação às demais. Para deixar isso mais claro, recorrerei ao seguinte contraste: uma sociedade de hieroestrutura privilegia as capacidades de controle de uma parte sobre o conjunto e tem como ideal a superorganização. Ela nos é familiar. Ao contrário, uma sociedade heterárquica favorece o conjunto mais do que a parte, tolera um certo grau de desordem – debates, movimentos sociais, etc. – e visa a suborganizar. Nós temos, certamente, ainda muita dificuldade de pensá-la e ainda mais dificuldade em vivê-la. Por isso, a idéia segue seu caminho. E alguém contará um dia por que ela o percorreu e como ela se realizou.

Em seguida, eu penso, tornar a vida mais selvagem. A questão não é: existe uma natureza humana? Mas, sim: como é que poderia não existir? Os mineiros têm sem dúvida menos dificuldade para extrair o carvão das profundezas, do que nós temos para extirpar os preconceitos relativos às entranhas mais tortuosas de nossas ciências humanas, de nossa filosofia e do resto. A quantas provações nossa época tem submetido a natureza? Certamente, é uma natureza flexível e histórica, mas é preciso ser bem cego e insensível para imaginá-la sem corpo e sem limites. Tornar a vida selvagem é, de um lado, desmassificá-la, arejar o espaço e permitir que nele se respire, ao deixar os homens entregues a suas pulsões tateantes, a seus interesses por seus próximos e a seu assombro maravilhado face ao cotidiano. Insistimos, de toda forma, para que os homens renunciem a ela, desviando-se concretamente pelo amontoamento citadino, peloo aprisionamento nas grandes metrópoles, pela uniformidade do consumo ou da comunicação, que os obrigam a jogar suas singularidades às favas, em nome da mudança ou do progresso.

Para acentuar a tendência, sustentamos a massificação através da robótica. Propõe-se a fazer circular a informação a partir de nossa casa, em direção a um grande número de pessoas, o mais longe possível, até as extremidades da Terra. Seria muito exigir que nos lembremos de uma lei: quanto mais nos comunicamos longe, menos nos comunicamos perto? Isso tem como resultado a integração à massa anônima e a dissociação dos indivíduos e dos grupos próximos que possuem um nome. No limite, o homem se relaciona somente consigo mesmo, os outros se tornaram estranhos, mesmo inexistentes. Emancipando os átomos da massa, essas monadas, nós tornamos selvagem o tecido social rígido, a comunicação monótona, o espaço subdimensionado, sua sombra estendida sobre a vida individual. É chegado o tempo de tentar viver de novo a experiência de uma coletividade que tem apetite de viver dentro de um horizonte visível e em seu meio, de outros gozos não anônimos, dando fim ao *zapping*[89] do corpo individual e mental. Atar as alianças, nas quais as qualidades sólidas redescobertas possam criar as relações, famílias, que sejam comunidades viáveis.

Tornar selvagem a vida, por outro lado, é transgredir a fronteira entre a sociedade concebida e a sociedade vivida, tornar incerto seu desdobramento. A selvageria que nos importa aqui não é o ultrapassar das proibições, das regras, das discriminações, mesmo que isso não seja excluído. Mas, sobretudo, o que importa é o esforço de religar as paixões comuns às abstrações conceituais, a parte racional à parte irracional da vida coletiva, de forma deliberada. Sem mistério, é preciso procurar o modelo na experiência passada das sociedades e fazer alguma coisa de novo, em acordo com a tradição. A preocupação de transmitir o que permanece e de fazer permanecer o que é transmitido resiste à racionalidade ao mesmo tempo que permite e demanda uma paixão que nós não podemos esgotar. É essa a fonte da verdadeira selvageria. Eu diria mesmo que próprio do homem é comunicar as grandes paixões e melhor possuí-las, para superar os grandes terrores e alcançar grandes feitos. Nós devemos aceitá-las, pois elas são o lar da vida ativa. Não é através da memória que podemos dar um sentido para o futuro em relação ao passado, mas através da tradição, que nos faz reviver o passado no futuro, nos livrar da febre do efêmero, para melhor sentir a permanência. Nós não escapamos desta necessidade de tornar a vida selvagem, é a única via de que dispomos para reinventar o tempo de uma sociedade vivida através de seu duplo, a sociedade concebida, que a reduziu ao espaço. Por falta disso, o mundo humano e não-humano se esvazia lentamente de sensibilidade, de entusiasmo. Ele se esfria. O efeito desejado é obtido: falta vida no viver.

---

[89] NT: termo em inglês no original, significa mudar freqüentemente o canal da TV usando o controle remoto.

Sim, finalmente, a aproximação das sociedades seria possível, se não houvesse história. Pois, mesmo se as sociedades próximas e múltiplas fossem possíveis, cuja necessidade é sentida em nossa época como supérflua, apesar de tudo, elas seriam levadas umas em direção às outras, absortas pelo movimento unificador de nossa história. Seu horizonte é certamente a convergência, enquanto nações, Estados, mercados, numa sociedade planetária. Vilarejo planetário, tecido cibernético, mundo global, família humana, tantas metáforas que falam mais aos olhos do que ao espírito, abstrato por definição. Para melhor compreendê-las, com efeito, as singularidades e as diferenças atuais parecem uma forma de caos, no sentido antigo do termo, que deve, pela virtude do gigantismo e do progresso, gerar o cosmos, se fundir num único universo. Fórmulas extraordinárias que, como os conceitos, o quanto mais elas são gerais, mais elas são vazias de conteúdo e desnudas de referência à experiência concreta. Eis o que lamento, as fórmulas da sociedade e da história esvaziam a sociedade e a história. Elas escondem sentimentos de uma antropologia em três tempos: o início infeliz, o presente promissor e o final feliz, a sociedade paradisíaca de outrora, planetária amanhã. Homens de hoje, esqueçamos essa unificação da história, difícil de se situar, para nos voltar para outras histórias, de seres vivos, de elementos físicos, de sistemas planetários e galáxias. O que observamos? Simplesmente que essas histórias unificam diversificando e diversificam unificando. O que é antigo – os insetos sobre a terra, os buracos negros no universo – não desaparece porque o novo surgiu – os homens sobre a terra, as galáxias na imensidão do espaço. Ao comparar o fio dessas histórias com a nossa, é plausível que elas revelem um *multiverso*,[90] mais do que um universo.

Existe, portanto, uma lógica e uma certa sedução em pensar que, sobre a terra, a história produziu e continua a produzir um planeta de sociedades. Eu devo confessar, após recuar diante de uma escolha feita, que nada contradiz essa hipótese. A grande luta não é entre o particular e o universal. O problema não é mais o avanço do antigo sobre o novo. O interesse não é o mesmo, a confiança tampouco. A tela de fumaça das fórmulas publicitárias impede os homens zapeadores de ver o fogo. A luta se desenvolve entre o único e o plural, entre a história que é uma fotocópia e uma história que cria. Nisso também a sociedade se torna selvagem, empurra os homens em direção a uma via própria, os faz causa e autores de seu presente e possuidores de uma riqueza que nada pode destruir: o desejo de se enraizar firmemente na natureza e em sua natureza. Desse desejo, nasce outro desejo, o de consagrar o laço pelo sentido ético, a fim de saber os dias de incerteza, o que o homem pode aceitar, o que deve recusar. Se olharmos com lucidez no fundo de nosso século, isso não pode ser o juramento de Hipócrates, convocando a lutar sem piedade pela vida.

---

[90] NT: grifado no original, a palavra multiverso corresponde a um conjunto de universos.

II

UMA POLÍTICA DA NATUREZA

1. A QUESTÃO NATURAL NA EUROPA[*]

Há muito tempo, vinte anos, que o que chamamos de ecologia era um pensamento não conformista. E hoje em dia? Hoje em dia, engolido pelas máquinas administrativas e técnicas, misturado às utilidades publicitárias, mediáticas, ele tende a se tornar um pensamento conformista. Do mesmo modo que, segundo o adágio, o movimento se experimenta andando, da mesma forma uma idéia convence e se comprova ao se tornar costumeira, o que significa, ao deixar inatingível o que nela é original e inassimilável. E dessa sorte, por um lado, a ecologia envelheceu prematuramente e não corresponde mais totalmente às nossas expectativas. Conseqüentemente, mesmo que não possamos negar que o aspecto conformista e banalizado de uma "ecologia de intenção" exista, não devemos deixar de estimular o pensamento de aprofundar a inspiração original, os elementos ainda misteriosos de uma "ecologia de invenções". Não obstante, o que pode faltar a sua realização é a experiência prática ela mesma. Uma ação política não pode se substituir a uma ação efetiva numa função de pesquisador e na vida. Tentar isso, tal é o propósito de uma ecologia de invenções que continua a ser a nossa principal tarefa.

Em um outro plano, existe uma reflexão que a esclarece e que nos faz prosseguir na questão natural que, em nossa época, tomou um sentido e uma amplitude desconhecidos até então. Jamais chegamos, a esse grau, a provar que, quanto mais conhecemos a natureza, mais interferimos na vida das outras espécies vivas e menos nós as respeitamos e nos preocupamos com elas, que só uma confusão brutal poderá interromper nossa tranqüila indiferença ou nossa confiança, e nos fará dizer: eis uma catástrofe, é preciso não menos para que eu pare. Parar o quê? Pergunta você. De se lembrar disso: desde os primeiros passos do homem sobre a Terra, desde que a espécie se tornou humana, nós soubemos que a natureza foi dada para que os homens fizessem dela um uso não-natural. Na medida em que ela lhes era indispensável para que se tornassem mais numerosos, para se vestir, morar, poder coabitar, bem ou mal, com as outras espécies animais, assegurar suas funções, de uma forma que não existia até então, no quadro do que é existente. Em suma, tudo estará bem, contanto que sejamos guiados por essa sabedoria

---

[*] Este capítulo desenvolve e prolonga o texto publicado em inglês sob o título "The natural question in Europe", *in* B. Bremer (ed), *Europe by Nature*, Conspectus Europae, Ass. Amsterdam, 1992.

vital, que possamos compreender que existe um limite a esse uso do não-natural e contribuir com as outras espécies para a renovação da Terra. Eu não evoco um paraíso, mas, sim, o mundo real que o homem soube criar, assim como qualquer animal, como o lar de sua existência, por seu saber e seu *savoir-faire*. É duvidoso que a história tenha um sentido. Mas os homens têm procurado um sentido, a partir do dia em que eles inventaram a arte de domesticar as plantas e os animais, a agricultura e os ofícios, portanto, a partir do dia em que fizeram sua revolução neolítica, os homens foram levados pelo lancinante desejo, que não possui nem mesmo um nome, de saber que se tratava de vencer a morte ou de assegurar a imortalidade, ao se reconhecer nos ancestrais ou nos descendentes, em suma, em uma tradição. "O *homo faber*", escreveu Hannah Arendt, "a criação do artifício humano, foi sempre destruidor da natureza." Pouco importa que isso não seja completamente exato; o que é certo, é que ele tomava consciência de que passava dos limites que eram comuns aos homens e às outras espécies na natureza. Esse fato suscita em si inquietudes morais. Ele adquiriu um sentido de farejar o pecado, um sentido de bem e de mal, que consiste em escolher as necessidades que seu talento deveria prover de forma benéfica ou maléfica e que o levaria a oferecer, conforme o acontecido, reparações segundo os rituais e as regras que faziam parte de seu saber e de sua arte. A transgressão desses rituais e dessas regras, desagradando os homens e os deuses, justificariam as vinganças da natureza. A vingança inesperada, mais do que a improvável, é um sinal de cólera, da qual a língua guardou uma lembrança que nos faz dizer: a natureza se enfurece. E quando ela fica furiosa, os homens aprendem a se mostrar pacientes e impotentes porque, face à natureza, eles não são nada.

    Tal é o quadro geral, seja bem entendido, abstrato, do qual é cômodo se partir, quando refletimos sobre o estado atual das coisas. Não é preciso ver nisso, como o fazemos, o lugar de uma responsabilidade da espécie humana, tampouco a imagem de uma relação inerente à natureza, mas uma condição prática de nossa experiência e de nossos saberes familiares na natureza. Vemos aí também nossas relações afetivas para com a natureza, que trazem a impressão indelével do que foi abolido, sem ser esquecido. O medo da escuridão, no universo, continua ainda a expressão primeira de nossa esperança e de nossa desesperança face ao que um pensador vienense chamou "insatisfações cósmicas".

    É inegável: eu sou moldado por um mundo moderno. E quem dentre nós não é um filho da modernidade? Mas isso é um "Era uma vez..." Não é sem razão que a Europa foi o epicentro do maior tremor que a terra conheceu depois da aparição de nossa espécie. Inventamos essa modernidade, que esfaqueou seus valores e deveres morais, ao afirmar que a natureza nos foi dada para que a utilizássemos num sentido estritamente não-natural. Raciocínio que é iluminado pela fria e vigilante luz da razão, que pensa raramente enquanto mede e calcula indefinidamente, que manipula tudo com uma energia inflexível, sem levar em conta nem seus limites, nem os limites da natureza, nem tampouco as relações a favor ou contra os homens, contanto que isso seja eficiente. Perguntar se essa manipulação é boa ou ruim, é como fazer uma prece no meio de uma reunião de especialistas ou no meio da bolsa de valores: isso parecerá tão desprovido de sentido quanto o bem ou o mal podem parecer na modernidade. É uma mutação que proíbe cada um de voltar o seu olhar para trás, para ver a humanidade inacabada, ainda por fazer, portanto, o novo homem: sua obsessão. Ela tem como efeito uma brusca separação dentre as realidades imutáveis durante milênios, tornando-nos estranhos à natureza retroagida ao passado, que se tornou, assim dizia Merleau-Ponty, "o ser atrás de nós" e tornando familiares a história e a sociedade, como duas formas de antinatureza no presente e de progresso em direção ao futuro. E cada um sabe que se tornou o motor em perpétuo movimento que acelera a história e a sociedade, e que essas, por sua vez, se aceleram e se movem, a toda velocidade, sobre os trilhos, passando na frente de estações onde não podemos descer. Mas isso é o progresso. Ele nos direciona com vontade para o futuro desconhecido e nós não devemos resistir a ele, nem poderíamos, pois, sem o progresso e sua exploração ilimitada da natureza, portanto do passado, não existe vida digna desse nome. Porque o progresso se responsabiliza por tudo, nós nos tornamos aquele "observador imparcial", do qual falava Adam Smith, de uma sociedade que é feita de maneira acelerada por e para ele.

Mas justamente quando essa crença predomina universalmente e nos submetemos à sua autoridade, começamos a sentir com maior ou menor acuidade que nós não nos identificamos com ela e que talvez jamais tenhamos verdadeiramente dado fé às palavras que pronunciamos. Que ninguém veja uma reprovação ou uma crítica da modernidade, ou da pós-modernidade se desejamos, apenas indicações rápidas e sumárias. Ela traz algo de novo sob o nosso sol. Basta somente que nos preocupemos com a massa de invenções que realizaram e ultrapassaram todas as nossas expectativas, com uma freqüência e uma velocidade próximas às da luz, para podermos nos dar conta disso. Esses são apenas, é verdade, meios para atingir um fim, e o fim é substituir a natureza pela ciência e a técnica ou, segundo uma expressão bárbara, tecnicizar a natureza. Assim a sociedade seria liberada dessas excrescências do passado e dos valores caducos que a deformam tanto.

Mas, como se diz, "nenhum tecelão sabe o que tece." Isso significa que quando os homens cessam de ser a medida de todas as coisas e os juízes de uma escala de valores, essas admiráveis invenções em cadeia escapam àqueles que deviam fazer uma escolha. Assim, o autômato do progresso continuou o seu caminho sem saber qual direção seguir, nem até aonde poderia ir. Para dizê-lo metaforicamente, ele fazia o que bem queria e os efeitos até certo ponto criadores começaram a se tornar efeitos destruidores. Talvez isso tenha acontecido porque nós não acreditávamos que isso fosse possível, o que foi uma descoberta, uma descoberta chocante, mas que foi, estou convencido, mais do que isso. Agora, estamos vivendo numa seqüência ininterrupta de regressões, com todas as suas poluições químicas e biológicas, as chuvas ácidas e a degradação do solo, as montanhas de dejetos mais altas que as montanhas habituais. Tornou-se, portanto, menos urgente conhecer a natureza desses dejetos, inventar uma arquitetura de ruínas, como no caso do grande sarcófago de Chernobyl, dos pequenos sarcófagos de dejetos nucleares empilhados em trens ou a usina de Bopal, que são as obras-primas dos arqueólogos do futuro que, daqui a vinte mil anos, estudarão com menos ardor e entusiasmo, do que estudariam os sarcófagos do Egito. Se desejarmos saber porque camadas cada vez mais numerosas da sociedade não aceitaram as explicações que lhes foram dadas enquanto lhes foram apresentadas uma catástrofe atrás de outra, é muito simples. Elas acham que o que há de novo sob o sol é que nós o vemos cada vez menos. Além disso, quais sejam as razões ou o grau de obscurecimento, sentimos encubar uma crise sem paralelo, da qual podemos no momento descrever os sintomas: a natureza recua, o medo cresce. Seguimos o agravamento de seu estado pelo tumulto de opiniões, de livros, de confusão, de idéias e de bifurcações de vasos comunicantes de inquietude de um lado a outro na Europa. Sem dúvida porque ela é o campo de batalha da guerra fria. Num segundo tempo, tomamos consciência de que essa crise inédita tem um elo com a natureza e que a nossa questão é a questão natural. Estar com ou contra a natureza? Como se comportar na natureza? Seria suficiente aprofundar um pouco essas questões para fazer voltar para a posição central faces inteiras de nossa cultura, no presente obliteradas, das quais não conhecemos mais do que fragmentos periféricos. Vocês irão talvez lamentar: é um retorno ao passado! Evidentemente, isso é verdadeiro até certo ponto. Mas, por não sermos mais forçados a desculpar e a admirar a civilização moderna, nós não temos mais necessidade de voltar ao passado. Nós somos forçados a deixá-lo vir a nós. Tornamo-nos igualmente livres para verificar idéias e sentimentos, para degelar as grandes vias por onde passaram tantas idéias, tantas forças que modelaram nossa cultura e que deixaram de nos satisfazer. Tudo isso, seja bem entendido, deve ter uma relação com a questão natural. Qual? Ainda não conheço. Mas, tratando-se de uma dessas questões que, três ou quatro vezes no milênio, encontram aprovação, ligam-se a noções que possuem raízes na memória das pessoas, seria tentador ampliar seu horizonte situando-a no que Braudel chamava de o tempo longo da história. Essa questão está ausente desse tempo longo da história. E, no entanto, ela não é inexistente, caminhando subterraneamente através da cultura européia, após os primeiros passos do homem sobre a lua da modernidade. No sentido de que ele tinha a impressão de perder o contato sensorial e mental com o mundo vivo e próximo, a impressão de perder a linguagem para falar disso com os outros, guardando justamente a nostalgia de uma natureza terrestre dos *tempi passati*[91], que

---

[91] NT: em italiano no original, a expressão significa dos tempos passados.

ele pensava, como seus ancestrais, ser a única verdadeira. É uma nostalgia de todo o tempo, que não seria desejável levar em conta naquilo que se seguiu. Mas não digo nada sobre isso, não tendo jamais escutado falar de uma lógica que resiste à prova de um sentimento humano, forte e histórico.

Nenhuma época está satisfeita com sua própria época

Tudo isso implica que as observações que farei já foram feitas, não apenas uma única vez, mas muitas. Que elas sejam novas tem menos importância hoje do que saber se elas são verdadeiras. Ocorre freqüentemente de não nos preocuparmos tanto com a verdade quanto com a novidade e de nos perdermos na leitura dos sinais, pois se sabemos há muito tempo que a simplicidade é um sinal da verdade, não podemos dizer a mesma coisa do sinal da realidade. No entanto, na querela entre antigos e modernos, que abriu o espaço para a modernidade, nós o aplicamos sem apelo. Nós podemos porém dizer em sua defesa que se não déssemos à modernidade o privilégio de fraudar os sinais, a querela não teria existido, sufocada pelo prestígio da tradição – os da simplicidade e dos testemunhos irrefutáveis. Mas, na medida em que a modernidade se tornou uma tradição, não podemos estar surpresos com o fato de existirem épocas, tais como a nossa, em que se pretende exibir a cada dez anos novidades absolutas, vindas do nada e, o que seria lógico, indo para lugar algum. A questão natural é realmente nova e porém, fora de sua tradição, ela seria como um peixe fora d'água. É uma tarefa delicada a de descobri-la, e uma vez que a descobrimos, é raro que esteja isolada, sem um duplo e sem uma sombra. Nós, ao contrário, não tivemos que descobri-la, é uma tradição que resiste à usura e começa pela bem conhecida revolução mecânica.

Em junho de 1635, Galileu Galilei, com a idade de 70 anos, foi obrigado a se ajoelhar na frente de um tribunal inquisitorial de Roma e abjurar a teoria de Copérnico, que lhe permitiu fazer de nosso universo uma máquina. Mais de trezentos anos são passados depois dessa cena humilhante e tudo que adoece nosso corpo, nosso *habitat*, nossas artes e nossa indústria, mesmo a linguagem, tudo foi pouco a pouco modelado numa espécie de mecanismo. Não existe um único detalhe sobre o solo no planeta, por menor que seja, por mais concreto ou abstrato que seja, que não participe do mecanismo global; tudo se encontra sob os esforços presumidos da ciência e da técnica, da razão e da experiência. Em paralelo, ou em reflexo, essa revolução galileniana prossegue nas esferas das idéias e da política, através da filosofia Iluminista, cujo monumento foi a Enciclopédia e o ponto máximo, a revolução francesa. Nessas jornadas populares de entusiasmo e terror, os herdeiros de Voltaire, Diderot e de Alembert revisaram o processo de Roma e decidiram que o que a precedeu foi uma era de preconceitos e superstições e tudo que a sucederá será uma era da razão. A magnificação dessa última como objetivo supremo, encontramos no *Esboço de um quadro histórico dos progressos do espírito humano*[92], tão grandiosa e tão convincente. Condorcet, que assim a concebeu, a escreveu com o sentimento de que as luzes da razão por fim triunfaram sobre a obscuridade, que ele situou no passado. Porém, se obedeceu à obscuridade da mesma maneira cega, quando ele foi guilhotinado. Não poderíamos duvidar de que seus sucessores imediatos, os ideólogos, não estavam menos persuadidos de que a revolução é a passagem do pensamento ao ato, o acontecimento de uma razão vitoriosa no poder. Mas não é necessário que eu insista. O que é certo é que se difundiu em seguida a idéia de que, através das filosofias, das ciências e das técnicas de nossa época, o progresso da razão se apoderará do conjunto da esfera humana.

Na metade do século XIX, a razão penetrou, através do utilitarismo e de uma corrente do socialismo, na economia, na indústria, mesmo na filosofia e na estrutura do que se tornou a modernidade. Podemos supor que todos os seus apologistas e profetas, Bentham, Auguste Comte, Stuart Mill, Marx, participaram do culto do otimismo do progresso e da confiança na perfeição da natureza humana. É inquestionável, porém, que ao longo do tempo e da economia a serviço do Estado ou do mercado, ela tenha se tornado uma razão prudente, prosaica e, como ela se autoqualifica, instrumental. Ela se tornou uma razão limitada, para a qual a segurança do cálculo está acima de tudo e que vê uma razão, que se aventura em qualquer mundo ainda desconhecido, como incompreensível, mesmo que enquanto desejo. Eu exagero na simplificação! Podemos, a despeito de tudo, imaginar a origem dessa tradição Iluminista como um tipo de cristalização, na qual se unificam as forças da máquina de um lado e os traços de uma razão composta do cálculo e da experiência do outro. Essa se substitui, de forma resumida, à natureza como fundamento dos laços de uma sociedade esclarecida, tolerante e pedagógica, liberta de preconceitos, mitos, religiões. Determinada a tudo racionalizar, o que significa reduzir e destruir o *savoir-faire* antigo, tradições, modos de vida e todos os outros vestígios do passado, enquanto que a outra, quero dizer a máquina, substitui em todos os lugares possíveis os homens. Ela os elimina de tudo, o que compreende também da natureza: eles se tornam estrangeiros a ela, ela se torna exterior a eles. Não encontrei palavras para exprimir isso de maneira forte e sucinta, mas achei o fragmento de Pascal no qual ele fala de "a infinita imensidão de espaços que eu ignoro e que me ignoram". É a exclamação de um testemunho que descobre um mundo insólito.

---

[92] NT: CONDORCET. *Esboço de um Quadro Histórico dos Progressos do Espírito Humano*. Campinas: Edunicamp, 1993.

A morta natureza, a viva natureza[93]

O título desta parte pode ser lido de duas maneiras: quando falamos de um quadro, distinguimos a natureza morta da natureza viva. Mas quando se trata de um estado do mundo, da realidade de alguma forma, podemos sublinhá-la ao inverter o lugar dos substantivos e dos adjetivos. Sobra ainda uma ambigüidade premeditada para nos lembrar que o quadro do mundo é uma fase do mundo. Mas talvez não seja necessário ir mais longe para explicar que até esse momento eu lancei algumas notações rápidas para aquilo que o sábio holandês chamou de *mecanização do mundo*. Ela não foi nem tão calma, nem tão luminosa quanto nos foi descrita habitualmente. O que é certo, é que ela se choca contra resistências e suscita adversários poderosos, bem escondidos por um esquecimento intencional, que podemos até duvidar de que eles jamais existiram lá onde agiram mais e melhor. Então recorro à segunda tradição, que fingimos não reconhecer fora da literatura, fora mesmo da filosofia: o romantismo.

Newton, em seus *Principia*[94], formulou as leis da natureza mecânica, que explicam todos os fenômenos em linguagem matemática. Tentaremos, portanto, compreender que, para aqueles que eram seus contemporâneos, a verdadeira natureza não era concebível sem o homem e não poderia ser conhecida fora da linguagem humana. O seu romantismo não era, como imaginamos freqüentemente, uma vã criação contra o Iluminismo ou um jogo indolente com as ciências, que não são questionados por ninguém. Muito provavelmente, eles ressentem esse universo que Fontenelle critica como "cenário traficado de uma ópera de máquinas", como vazio na ausência de homens. Novalis escreveu: "chegamos a fazer... da música eterna e infinita do universo, o tic-tac monótono de um imenso moinho, movido e levado pela corrente da probabilidade, um moinho autônomo, sem arquiteto nem moleiro, um verdadeiro *perpetuum mobile*[95] que mói a si mesmo." As palavras brilham e ressoam nessa visão profunda de um mundo que se autoconstrói, autodestruindo-se, e que secreta perpetuamente uma monotonia fria e indiferente. Seu futuro é todo visualizado, todo concreto: é o automatismo da repetição do inexistente, sem passado e sem futuro. Só entre os românticos, Goethe tinha estatura e força para atacar Newton em *Principia,* cuja arquitetura completa, com as suas colunas e domos, delimita o espaço mental do século das Luzes e parece ser a forma definitiva do conhecimento científico. E Goethe sabia disso.

---

[93] NT: traduzido de maneira a manter a ambigüidade do original em francês: *La morte nature et la vivante nature.*

[94] NT: NEWTON, Isaac. *Princípios Matemáticos da Filosofia Natural.* São Paulo: Edusp, 2002.

[95] NT: termo em latim no original, que significa dispositivo de movimento perpétuo.

Mas infelizmente ele escolheu atacar a teoria das cores, nos confins da física, da fisiologia e da psicologia, menos para deformar a ótica newtoniana, do que para denunciar o irrealismo da ciência mecânica e matemática.

Ela colocou na frente o princípio segundo o qual é preciso desviar o espírito do sentido, desnaturalizando, por assim dizer, a natureza, ao desumanizar o homem: "A pior doença da física moderna", escreveu Goethe, "consiste em separar a experiência do homem; nós só desejamos reconhecer a natureza no que nos mostram os instrumentos artificiais, pretendendo assim limitar e demonstrar seus efeitos." É uma ótica do "mundo do olho", que ele consagra durante inúmeros anos, opondo-a à ótica do mundo sem olho, de Newton. Mas essa imagem tão clara tem pouco a ver com a realidade. Nós sabemos agora. É simplesmente um cartaz mostrando esses imensos autores da cena européia, que interpretam, sem saber, uma peça truncada. Newton aparece no *status* de comendador da ciência mecânica e matemática, mas é um mago secreto, e Goethe apresenta-se como um mago faustiano à la Giordano Bruno e é freqüentemente um cientista de fato. Procuramos para ele as circunstâncias atenuantes nas consciências e na época. Nós sentimos tanto num como no outro uma falta de coerência, que é a das ciências, elas mesmas em estado nascente, o que nós não sentimos jamais em Galileu ou Spinoza, os precursores respectivos da filosofia mecânica e do romantismo. A despeito de seu insucesso em seu empreendimento contra a ótica newtoniana, a obra de Goethe, bem mais vasta, compreende contribuições científicas de grande valor particularmente relativas à história natural. A sedutora falta de artifício na massa de suas observações e a reabilitação dos sentidos restabelecem o diálogo na natureza, a viva natureza respondendo às questões do homem vivo, por pouco que elas sejam válidas. Goethe escreveu: "Para aquele que presta atenção, ela não está jamais morta ou muda." Eu invoquei Novalis e Goethe. Mas, claro, se percorremos os ensinamentos dos românticos, é uma impressão violenta que nós experimentamos: a impressão de nosso corpo, tanto quanto de nosso espírito, estando em contato permanente com uma natureza que solicita o pensamento e a imaginação através de fenômenos que nós podemos ver, tocar e ouvir. E nós ganhamos um senso agudo do fluxo e do refluxo da vida natural e – como dizer? – de nossa presença, se não expressiva, viva dentro desse movimento. Se nós formos mais longe nesse sentido, compreenderemos porque os românticos estavam certos ao pensar numa dinâmica, onde os filósofos iluministas pensavam numa estática. O que é certo, é que eles não estavam totalmente em oposição, nem à filosofia mecânica, nem à matemática ou à ciência. Mas permanece verdadeiro que, dando alguns passos para trás na direção da Renascença e alguns à frente na direção de uma concepção do saber e da natureza, que lhes era própria, eles pensam em uma outra filosofia e numa outra ciência por vir. Por exemplo, Wordsworth fala desse futuro em que "a ciência será uma preciosa visitante, e então, somente então, será digna de seu nome, pois seu coração se aquecerá, seu olho triste e inerte não estará acorrentado ao seu objeto numa escravidão brutal, então ela aprenderá a observar, com um interesse patente, o andamento das coisas e a servir à causa da ordem e da transparência; ela não esquecerá porém que seu nobre uso, sua mais ilustre função, consiste em fornecer um guia claro, um apoio leal, para o poder exploratório do espírito."

Assim, portanto, o conflito entre a tradição Iluminista e a tradição romântica nos dá a impressão de ter sido mais vasto e de ter alcançado uma maior profundidade na relação dos homens com a natureza, o que não esperávamos. Tudo isso complica, é claro, o que parecia muito simples para os historiadores que contavam os pontos à procura de um vencedor e de um vencido. Nós viemos a esquecer que uma grande parte da história consiste em nossas divergências e contrastes. Em seu contexto, a fria e clara verdade de uma razão matemática e experimental, que, desvelada, parece se oferecer a nós nas ciências e na filosofia mecânica, aparece como sendo a de uma morta natureza, vela a ausência do homem, as pulsões da vida e nossa realidade, que banha nas águas da imaginação. Aqui ainda sentimos aquela energia despendida pelos românticos, para os quais os mistérios na natureza abundam e eles aspiram a um conhecimento claro e sistemático da viva natureza. O véu é retirado: encontramos o homem dentre as forças dessa natureza produtiva e a vida como tema principal do conhecimento, dos laços entre os homens e a sua cultura. Se eles não pretendem ser, como dizemos, espíritos positivos, eles estão persuadidos a ser os fermentos de uma razão nova articulando justamente o humano e o vivo nas regiões de uma natureza ainda inexplorada, de uma razão especulativa, Fichte e Schelling o repetem freqüentemente, mais criativa do saber. Eu presumo uma semelhança com a concepção de Einstein, para quem as teorias científicas são criações livres do espírito.

Ao longo de minhas leituras, eu descobri que se, ao acreditar em Benjamin, o barroco é luto, o romantismo é melancolia. Podemos pensar que ele deseja nos lembrar de que a nossa ciência e a nossa filosofia modernas são consagradas a nascer sob o signo de Saturno. E, portanto, sobre isso tudo os espíritos competentes estão prontos a exercer voluntariamente o seu direito de censura, o que significa dizer que eles as expulsam para as artes, as letras e a poesia. Por essa razão, esquecemos ou fazemos esquecer que a indignação ou as idéias do romantismo não estão na contracorrente de sua época. Devemos dizer que quando ele fala de uma natureza mecânica, do moinho que mói a si mesmo, ele se faz eco e desperta um eco nos homens que, rechaçados de seus ofícios, vêem periclitar suas culturas e suas terras, vêem que se resseca o tecido de suas relações sociais, de suas crenças, que, explorados, sonham com uma outra sociedade ou se recusam a meter as mãos numa engrenagem que as esmagará. A cultura européia de então absorveu tudo o que pôde do romantismo na filosofia de Hegel a Schelling, as tentativas de renovação dos ofícios, assim como William Morris e mesmo o socialismo, Marx inclusive. Ele dá a impressão de deixar mais apaixonadas as interrogações dos homens na história que eles estão descobrindo; ora, a paixão não se satisfaz com as luzes, ela busca as iluminações.

Eu o sei bem: uma vez traçada a oposição entre as Luzes, l'*Aufklärung*, e o romantismo, me perguntarão de que vale o conhecimento científico fundado por esse último. Sem dúvida, cabe a ele fazer a parte irredutível de nosso desinteresse e de nossa incompreensão por ele, de onde resulta que nós o ignoramos em grande parte. Mas existe uma urgência em tentar preparar uma resposta, seja ela incompleta e parcial. Para além do valor dos fenômenos e para além do seu valor empírico, notamos, primeiramente, que esse conhecimento científico parte da idéia de uma natureza acolhedora para o homem e de uma reflexão sobre ela, que recusa separar o mundo dos homens daquele dos seres animados ou inanimados. Tanto mais que, já mencionei, a vida é o fundamento dessa realidade, portanto, ousamos dizer, de toda a realidade. Mais que qualquer outra coisa talvez, essa natureza inclui o homem, ela exige que nós busquemos referência no gênero humano na teoria e na observação dos fenômenos. Provavelmente essa é a uma das principais fontes de sua estranheza para os mecanicistas e de sua atratividade para físicos ou filósofos. Deixe-me esclarecer essas observações através de algumas citações dos *Fragmentos póstumos* de Ritter, aluno de Schelling e de Herder, amigo de Novalis, mas também fundador da eletroquímica. "As plantas e os animais giram em torno do homem como os planetas em torno do Sol. Tudo vive para ou pelo homem, ele é como um Sol central do reino orgânico sobre a Terra. [...] Mas em todo o sistema superior, é o sistema da Terra que se repete. Mesmo o mais alto de todos não passa de um sistema da Terra – um sistema do homem." Ele desempenha uma tarefa eminente, de sorte que "a história do gênero humano é também a da relação com a natureza". Entramos no concreto. Dizemos, não sem razão, que a filosofia mecânica, transformada em ciência, dominou a Europa depois do século XVII. Certamente, ela produziu grandes descobertas, teórica e experimentalmente, e assegurou sua continuidade tecnológica. Mas por volta da virada do século XIX esboça-se nessa Europa, depois da revolução francesa, uma filosofia-natureza, a *Naturfilosofia,* que realiza essa visão da natureza, associada ao romantismo em campos específicos de pesquisa e que trata dos fenômenos estranhos, deixados de lado pela pesquisa,[96] como poderiam ser o hipnotismo e o magnetismo. O que seja, Hegel julga que chegou o momento para que "a filosofia se aproxime da forma da ciência, se aproxime do objetivo que é o de se desfazer de seu prezado nome de saber, de amor ao saber, para se tornar um *saber efetivo*".

Podemos nos perguntar sobre a realidade de uma tal intenção, ainda mais inconcebível para um filósofo como ele. Mas, se essa intenção deveria tomar corpo em uma filosofia da natureza, é Schelling que tentou fazê-lo e foi o verda-

---

[96] NT: no original, *recherche savante*.

deiro inspirador disso, como resume Heine de maneira admirável. "O Senhor Schelling, escreveu ele, reintegrou a natureza em seus direitos legítimos, ele procurou a reconciliação entre o espírito e a natureza, ele desejou reunir ambos na eterna alma do mundo, ele restaurou essa grande filosofia da natureza, que nós encontramos nos primeiros filósofos da Grécia antiga..." Da mesma forma, a filosofia mecânica desejou restaurar aquela da matéria, que encontramos nos atomistas e geômetras gregos.

Fecho aqui esse longo parênteses. Portanto, é evidente que a filosofia natural pensou em restaurar a natureza orgânica cristalizada na Grécia, e foi com o auxílio de novos materiais que ela desejou atingir esse ponto. A escolha do que ela inclui depende do que a filosofia mecânica exclui nos campos específicos de pesquisa, mesmo que eles não tenham todos relação entre si. Esse último fato é significativo. Em cada campo de pesquisa não nos interessamos pelos mecanismos, mas pelos órgãos ou pelas funções, a singularidade ligando-se às forças não-mecânicas – por exemplo, a eletricidade e o magnetismo, aos fenômenos biológicos ou geológicos e ao corpo humano, sob um ângulo vitalista, médico. As palavras *orgânico*, *animal*, por exemplo, *magnetismo animal*, *vitalismo*, são indispensáveis ao vocabulário da filosofia da natureza, mas é necessário purificá-las de seu sentido místico. Não que ele esteja ausente, ao contrário, mas que não retenhamos apenas o sentido místico ignorando todo o resto, quer dizer, o essencial. O tema da unidade da natureza pressupõe um todo harmônico e dinâmico, confunde-se com o conceito de organismo ou de vida. A própria física é o conhecimento do organismo do mundo, do qual participam elementos químicos, minerais, vegetais e animais. Steffens, membro da primeira geração de filósofos naturais, que estudou a história natural, a química e a mineralogia, empreendeu pesquisas que, segundo ele, permitiriam distinguir os tipos primitivos dos organismos. Ritter desejava desenhar os contornos de uma nova física, através de estudos sobre o galvanismo animal, eletroquímica, que ele projetava no conjunto cósmico, um cosmos vivo, talvez. Para além dessas investigações do maior interesse, às quais Ørsted consagra um artigo, ele nutria uma convicção expressa nestes termos: "*Scientia vitae, theoria vitae*, esse deveria ser o nome de uma física futura, conduzida à sua finalidade".

Enquanto isso, a diferença entre os dois filósofos aumenta e fica mais precisa. Simplificando, é como nós poderíamos formulá-la. A filosofia mecânica quer reduzir todas as forças da natureza a forças mecânicas, a gravitação inclusive. A filosofia da natureza quer unificar dentro de um conjunto orgânico os fenômenos e as forças não-mecânicas. Podemos considerar Schelling como um revolucionário? Tudo o que sei é que ele enunciou, no início do século XIX, aquilo que não devia correr nas ruas: "Os fenômenos elétricos são o esquema universal para a construção da matéria em geral." Foi preciso esperar o início do século XX para que Marxwell, Lorenz e Einstein nos apresentassem em que sentido isso se verificava.

No intervalo, sem dúvida, os melhores filósofos naturais não cessaram de trabalhar, obcecados por tudo o que era relativo ao magnetismo e à eletricidade. Agora que a discussão entre a filosofia mecânica e a filosofia natural foi ultrapassada, parece-nos evidente que a descoberta do eletromagnetismo em 1820 por Ørsted e as experiências que ele realizou devem muito à descoberta de Schelling. É fácil – é uma brincadeira – apresentar o testemunho de Ørsted sobre sua longa amizade com Steffens, que o influenciou e o iniciou nos trabalhos de Schelling, ou de suas trocas intelectuais com Ritter, sem esquecer o seu próprio livro, *A alma da Natureza,* cujo título exprime a ambição. Não é, portanto, por acaso que ele tenha a tendência de utilizar a oposição das duas filosofias para esclarecer o valor de suas descobertas e sua visão da evolução científica. Partindo da idéia de que os naturalistas são uma categoria de filósofos e que os mecanicistas são uma outra, ele veio a descrever a situação de sua época nestes termos: "Os filósofos da primeira categoria são guiados pelo sentimento de unidade de um lado ao outro da natureza; os filósofos da segunda têm o espírito voltado para a certeza de nosso conhecimento. A primeira ocupa-se com a busca de princípios gerais, negligenciando freqüentemente as singularidades e não se preocupando sempre com demonstrações exatas; a outra considera a ciência unicamente como a investigação dos fatos, mas, no seu zelo louvável, perde de vista muitas vezes a harmonia do todo, que é a característica da verdade."

Em uma só palavra, as duas filosofias são necessárias, e sua oposição impede a estagnação: "mantêm a ciência em vida e a fazem avançar através de um processo oscilatório, por mais que isso pareça, ao olhar comum, uma simples flutuação sem objetivo definido."

É esse o estranho monstro histórico, desprovido de objetivo, que imaginamos ao ler os historiadores de hoje, mas que parecia a um contemporâneo de Ørsted, guardando o contato com a realidade, um conflito necessário que tinha um objetivo. Foi dito, não sem razão, que Faraday, entre os sábios, foi quem melhor compreendeu o significado extraordinário do trabalho de Ørsted sobre os fundamentos do eletromagnetismo. Isso é óbvio, pois ambos partilham uma visão filosófica, que abraça a totalidade da natureza – donde Faraday tirou a inspiração no poeta romântico inglês Coleridge –, assim como partilham uma atitude não-mecanicista. Dito isso, não é minha proposta aqui expor e discutir concretamente o balanço da *Naturfilosofia*, pois eu deveria enumerar também as contribuições à química, à geologia, à biologia e à psicologia, cujos autores de sua única lei experimental, Fechner e Weber, foram filósofos naturalistas. Devemos talvez mencionar a medicina, uma medicina que, sem dúvida, não fixaria o eugenismo como uma de suas tarefas, tampouco visaria à experimentação humana na busca de uma saúde perfeita, último desejo do terapeuta ou da ciência.

Uma última citação para fechar esse desenvolvimento: "Se nossa saúde fosse perfeita", escreveu Richter, "é extremamente improvável que nós viveríamos mais, nós seríamos mortos. Essa seria a unidade absoluta, sem comparação, sem nenhuma limitação, apenas uma atividade meramente ideal. Assim, portanto, poderíamos morrer do excesso de saúde e a vida implica sempre um pouco de doença." Sentimos constrangimento de seguir adiante, pois não conhecemos detalhes, nada de comprovado sobre essa massa de escritos ou de pesquisas que a história das ciências deixou sob silêncio. Sim, essas especulações *loucas*, enigmáticas, sugerem caminhos para o desconhecido, exploram os resíduos ou os fenômenos diante dos quais a ciência mecânica hesita ou os reduz a um estado formal, mesmo matemático, quando a clareza plena está ainda ausente. Mas não se trata de uma defesa e de uma ilustração do romantismo que visam essas poucas observações. De fato, ele nos intriga por suas noções múltiplas, duplicações e replicações de idéias do passado e por suas visões de uma natureza que se harmoniza com o homem, sem desejar rechaçá-lo nem rebaixá-lo.

Ao longo de suas obras, de um charme encantador, mas fragmentário, nas quais, como é de conhecimento de todos, se misturam especulações desordenadas e experiências precisas, os românticos fizeram aparecer a viva natureza sob aspectos diversos. O que importa definitivamente é a existência dessas duas tradições que se formaram, opondo-se sobre o sentido e a definição de natureza. Cada uma representa a alternativa da outra, uma natureza mecânica e uma natureza orgânica. Nenhuma domina sem divisão nem contestação. O aporte científico da tradição das Luzes parece-nos simples, claro e triunfante porque ele nos é mais familiar, enquanto o do romantismo é mais complexo, mais difuso e, em um sentido, mais misturado. Mas parece injustificável encerrá-lo em um papel secundário na nossa história. Isso significa esquecer o evento sem precedente advindo no curso da guerra entre essas duas correntes: pela primeira vez, a questão natural tornou-se um investimento essencial de forças, de paixões artísticas ou científicas, da própria sociedade. A modernidade foi a origem e o alvo, saindo vitoriosa por um tempo. Como todos já disseram, a história é escrita pelos vencedores. Mas eles não são os únicos a fazê-la. Portanto, se nós contabilizarmos tudo o que foi escrito e compararmos a tudo que foi feito, veremos que cada uma das tradições persiste, elas mantêm sua pressão sobre nossa cultura, mesmo se sua expressão tem menos brilho e menos força. Se procurarmos uma indicação que nos ajude a achar uma resposta à nossa questão, nós não a encontraremos. Com efeito, a Europa não conheceu antes uma crise análoga a essa, tampouco foi forçada a encontrar uma solução com urgência. Por outro lado, nossa questão natural surgiu do mais profundo, afinada por essas noções; as experiências são de uma tal riqueza, de uma tal audácia, que nos tocam de maneira tão direta, que é preciso grande vigilância para que não esqueçamos a distância que nos separa delas. Assim, percebemos o horizonte se ampliar, a questão se tornar mais incisiva.

Enfim, usamos freqüentemente Prometeu para ilustrar o trabalho dos homens na natureza e sua difícil vitória. Mas ele pertence ao mundo antigo. O nosso criou

Fausto. Foi um médico da Renascença, que passou a vida praticando a medicina e a magia branca. Não importa qual seja o protótipo do Fausto de Goethe. Ao mago que se dirige aos homens para seduzir a natureza se superpõe um sábio, que se esforça em deter a natureza em um compartimento, através de seus livros e artifícios, sem a fundir com a vida. Esse homem, que deveria produzir saberes maravilhosos, consentiu, após longos anos, em concluir um pacto com Mefistófeles, que abre o acesso à vida dos homens, da natureza, como o próprio fim em si e não como um meio. O drama de Goethe nos apresenta um Fausto sem cortes e, portanto, habitado pelo contraste entre o mago e o cientista, o artista e o engenheiro, de natureza dupla. Ele não sabe qual das duas escolher segundo a razão. Ao que ele tende: a iluminar os arcanos dessa ou usurpar o lugar de Deus? Uma tal ambição não é muito exorbitante. Ela encontra, no mínimo, um obstáculo indicado pelo verso: "Se somente eu pudesse retirar a magia de meu caminho..." Podemos tudo afirmar sobre Fausto – por exemplo, que ele não pode rejeitar aquilo que o atrai – e nós podemos tudo negar. Não é apenas o drama que não é concluído, mas o herói igualmente. Então, podemos extrair as variações conhecidas e da maneira como Musil descreveu a mentalidade Faustiana, é o herói para o qual a natureza é não apenas uma questão, mas a questão. Após escrever o que acabamos de dizer e associar a essa questão natural na Europa um mito, eu compreendo melhor porque Fausto sempre me pareceu um Jano[97] de duas faces. Sobre uma face, o mago Giordano Bruno escreveu com alegria uma página famosa: "O centro do universo está em tudo, e a sua circunferência em lugar algum." E sobre a outra face, o sábio Pascal começa por exprimir o mesmo nestas palavras: "Uma esfera temível, cujo centro está em todo lugar e a circunferência em lugar nenhum." Quem teve a idéia de compará-los, verá que são essencialmente semelhantes: por sua heresia e seu demônio.

Ecologia, meio ambiente, natureza

Vamos retornar à questão da natureza. Com toda certeza, todas as tradições conferem a ela uma conotação intelectual e afetiva. Nós não devemos considerá-la sem levar em conta esse fato. Cada um desses aspectos deixou um traço visível, uma influência específica sobre nossa cultura. Ao fazer uma reflexão sobre as tradições, percebemos que a questão natural origina-se na crise de nosso lugar na natureza. Isso se manifesta no âmago de nossas linguagens, de nossas sensibilidades e de nossas representações do real, que se sucedem a toda velocidade. A

---

[97] NT: Jano, em latim *Janus*, deus romano que deu origem ao nome do mês de janeiro. Na mitologia, era o porteiro celestial. Sua imagem possui duas faces, representando os términos e os começos, o passado e o futuro.

cada dia torna-se mais alta a torre de Babel, onde a noção de nosso lugar na natureza se traduz e se compreende de maneira diversa a cada patamar. No primeiro andar, evocamos a natureza doméstica, simultaneamente nosso corpo e nosso *habitat* (*oïkos*), da qual temos uma experiência íntima e imediata. Esta é a unidade na qual consideramos a paisagem, os recursos vitais, o *savoir-faire*[98] para utilizá-los e o círculo de seres vivos conhecidos através dos sentidos e das imagens e pelas forças de nosso corpo. Tal natureza, em seu conjunto, parece-nos um meio organizado – mais abstratamente ecológico –, o *Umwelt*,[99] no qual cada planta, cada animal, inclusive o homem, encontra o espaço, o lugar e a função que lhe são próprios. Ao raiar de cada dia, a água, as florestas, os campos se oferecem às nossas vistas e nós sentimos que lhes pertencemos por mil fibras discretas de nosso corpo. Reside aí a impressão de uma harmonia anônima, da qual não poderíamos nos desviar sem colocar em risco o *habitat* comum, que forma e modela a existência de todos os seres que lhe pertencem. Trata-se da uma natureza imemorial que é ferida por cada abuso, desperdício de recursos, enfim, toda a perda de substância e todo o artifício anunciando uma função nova, que ameaça a harmonia, sem compensá-la. É por isso que é preciso periodicamente corrigir os excessos, ajustar os ritmos, restabelecer a continuidade do presente em relação ao passado. O eterno retorno à natureza, visto sob o aspecto do desejo, significa voltar com nossos corpos ao corpo dos corpos, a terra, onde cada um encontra sua morada, nosso *oïcos* desde a origem dos tempos.

No nível acima, a natureza parece-nos totalmente distinta. Ela corresponde a uma organização de plantas, animais e também elementos inanimados articulados uns aos outros, compondo um ambiente. Se nós podemos supor que essa organização não é especificamente ligada a nós, deve-se ao fato de ela englobar os ambientes os mais diversos das espécies vivas, moldando seus atributos e comportamentos, que visam circunscrevê-las à porção do ambiente que lhes é devida. De fato, se a natureza nos parece exterior num sentido reificado, é porque não atuamos nela num papel importante e também porque nos posicionamos, no sentido biológico do termo, como espécie privilegiada diante dela. É assim que me parece essa natureza a-histórica, tão invocada nos dias de hoje: um sistema organizado, tanto pelas intuições do senso comum quanto também pelas ciências mais

---

[98] NT: mantido como no original em francês, significa o conjunto de técnicas.

[99] NT: o conceito de *Umwelt*, cunhado pelo biólogo e filósofo alemão Jakob Von Uexküll (1864-1944), poderia ser traduzido literalmente como "mundo ao redor", ou "ambiente ao redor". Esse termo passou a ser muito explorado em estudos de ecologia de espécies. Segundo tal conceito, qualquer espécie – inclusive a humana, assim como as demais da flora, da fauna, e até mesmo as bactérias –, ao agir e interagir no mundo, está elaborando seu *Umwelt*, no sentido de extrair de determinado ambiente suas formas de autonomia para conseguir sua perpetuação.

abstratas. O interesse que ela suscita é duplo. Ao meu ver, ele provém de sua semelhança com a enorme construção cibernética que nos envolve, de forma complexa e sutil porém maquinal/mecânica, e do sentimento que nos compartimentos bem ajustados desse ambiente, onde as descrições da matemática e da física constituem um sistema, cada organismo ocupa um lugar como um subsistema numa organização. Ora, a relação exata entre o organismo e a organização permanece sempre um mistério! Trata-se, por outro lado, da idéia de uma ordem objetiva à qual devemos nos adaptar e que integra de maneira perfeita tudo o que existe. É para esse tipo de simplificação que tende uma das grandes correntes da atualidade. Mesmo que seja atribuída à biologia ou à evolução, essa simplificação compreende um labirinto de mecanismos que nos fazem pensar, e mesmo traçar um retrato da morta natureza[100]. Quando falamos do perigo corrido pelas espécies em vida, tememos a falta de energia, o colapso do sistema – como no caso do efeito estufa –, enfim, tememos os riscos dos perigos biofísicos e não dos perigos sociais ou mesmo culturais. Assim, cada indivíduo vive em estado de alerta, já que o que pode acontecer não está dentro de sua escala e, portanto, não possui uma relação direta com o que o rodeia.

Por fim, em um terceiro nível: a natureza histórica. Uma noção ao mesmo tempo recente e antiga, cuja representação se encontra no cruzamento das duas tradições evocadas; suas características demandam certa paciência para serem compreendidas. Preocupados com o concreto, partimos da observação de que tudo o que a experiência, portanto a ciência, permite constatar é uma relação entre os homens e as demais forças, animadas e inanimadas. Nem os homens isoladamente, tampouco a dita natureza existem fora dessa relação, eles não são nada uns sem os outros. Reproduzimos essa relação de maneira incessante, em nossas artes, nossas ciências, nossas filosofias, nossas técnicas, gerando como efeito estendê-la no espaço e diversificá-la ao longo do tempo, criando novas relações devido ao surgimento de novas forças materiais. "Quando o edifício de um mundo desaba", dizia Rosenzweig, "os pensamentos que o criaram, os sonhos que o acalentaram desaparecem sob os escombros. Quem poderia arriscar prever o futuro longínquo, o novo, o insondável, senão como sendo a própria restauração do que foi perdido?" É característico do homem criar, portanto, recriar o que foi perdido e perder o que foi inventado – inclusive os pensamentos e sonhos. A idéia de uma natureza exterior, portanto, de um ambiente como uma reserva permanente de espécies e um meio ao qual é preciso adaptar-se para sobreviver, produz o contrário, torna a natureza supérflua. É justamente a história dessas relações, nas quais não há mais o homem, mas somente os homens;

---

[100] NT: no original, *morte nature*. A tradução manteve o sentido do trocadilho empregado em relação à expressão "natureza morta".

tampouco não mais a natureza, mas as naturezas; enfim, uma sucessão de relações, de estados de natureza orgânica, mecânica etc, continuamente reinventados pelo *savoir-faire* que nós geramos e continuamos a gerar desde há dois ou três milhões de anos. É verdade que esse conceito de uma história da natureza que se produz, não contra nós, mas para nós e conosco, choca-se com a visão dominante da civilização moderna, cuja principal dificuldade é justamente reconhecer uma outra visão. Mas nosso tempo está em vias de reunir as provas da humanidade da natureza para reintegrá-la em um contexto que pareceria até então estranho: nossa história. Se arriscasse uma conclusão, poderia dizer que a natureza é viva, na medida em que é histórica.

Eu me inquieto com a proliferação de nomes suscitados pela crise que exprime nossa questão natural: ecologia, ecossistema, biosfera etc. etc; que continuamos a definir e distinguir, cada um tendo uma maneira peculiar de atar e desatar essa questão. Nada de anormal ou inesperado, já que estamos constantemente presos ao tabu da natureza. Há muito tempo nós o contornamos, falando sem nomeá-la e mesmo ignorando-a. Não é apenas um tabu, mas também as tradições que acabo de enunciar, que se manifestam e se opõem ao coração de nossa época. Não posso conceber que nós não chegaremos jamais a aproximá-las. Talvez este seja justamente o trabalho em andamento.

Um novo mito coletivo

Não podemos alcançá-lo simplesmente voltando atrás. As inquietações presentes no nosso cotidiano têm relação estreita com o contraste entre a total satisfação das necessidades elementares – quero dizer na Europa Ocidental –, enfim, a própria riqueza, e as catástrofes em série, a ruína e os germes de destruição implantados por todos os lados na natureza. Sonhamos com um Apocalipse que emerge do que estava quase se transformando no Paraíso, se considerarmos o que o progresso e socialismo se acreditavam destinados a nos proporcionar. Em suma, voltamos a um ponto onde precisamos recomeçar tudo de novo: o instante no qual Paraíso e Apocalipse se escondem um ao outro e que, devido à manobra displicente do "operador dos trilhos" da história, rumam para uma colisão.

Muitos são os indícios que mostram que a nossa velha Europa deve, mais uma vez, mudar de rumo e o horizonte no qual cada indivíduo se pergunta – assim como o personagem de Podznytchev em "Sonata para Kreutzer"[101]: "Por que a vida?" A vida dominada pela modernidade solicita aos homens que se adaptem a

---

[101] NT: "Sonata para Kreutzer" é um conto de Tolstoy no qual o protagonista Pozdnytchev narra uma viagem de trem através da vasta e gelada Sibéria; a estória termina com o fim de seu casamento: atormentado pelo ciúme, ele assassina a própria mulher.

uma realidade que não seria de seu feitio, prometendo-lhes a sobrevivência, nada mais, apenas a própria vida, a chance de estar entre os sobreviventes. Quando ouço esse repetido monólogo, pergunto-me se vivemos todos no mesmo continente, se partilhamos a mesma cultura. Faz muito tempo que os homens são provocados por este "por que a vida?" e responderam a isso mostrando capacidades "de mais que a vida", invocando a formidável fórmula de Simmel[102]. Considerando o longo e delicado empreendimento de fazer a história da Europa, temos como evidência que o último século não foi um "mar de rosas", ficando imerso em uma atmosfera de dúvida e confusão, na energia e na engenhosidade dos homens que procuram criar uma realidade à qual possam se adaptar. Com certeza, a precisão de tais especulações jamais poderá ser confirmada, mas, tendo em vista uma história como a nossa, somos obrigados a crer nisso. Ninguém poderá tentar alterar o rumo das coisas sem perceber que os homens desejam fazer com que continue a girar o mundo onde nasceram e que ambicionam deixar uma marca no tempo no qual morrerão. Portanto, eles desejam criar algo extraordinário, que seria a sua obra, e descobrir qual o seu sentido na natureza. Sem isso, nada religa o homem ao homem e tudo se transforma em pó e cinzas nas suas mãos. Não nos indignemos mais! A referência aos Verdes, a um novo movimento, nos faz pensar que a questão natural parece conter nela mesma essa tendência de mudança de rumo. Recuando no tempo, constatamos que a maior parte dos que iniciaram o movimento compreendeu, assim como eu, que ele sintetizava uma ampla gama de idéias e a motivação profunda para o homem de hoje. Sem isso não seria possível compreender a forma como penetrou tão rapidamente em todas as camadas da população e em todo o nosso continente, embora uns se impacientem e outros se irritem, por ver que o movimento ainda permanece ali. Eu deploro que não lhe achemos outra razão de ser, a não ser o medo e o pânico desses *Drs. Fantásticos*[103] de nossa civilização moderna, que, de maneira similar ao espírito razoavelmente tacanho, não acharam para as religiões das civilizações ditas primitivas outras explicações do que o medo e o pânico face às forças da natureza no meio da floresta virgem e por isso imaginam fazê-la desaparecer, através do calculado domínio do meio ambiente pela ação dos governos e dos chefes do complexo

---

[102] NT: Georg Simmel proclamava que nada pode se colocar para "além da vida", ou seja, não se poderia evitar a questão da não-vida, da idéia de morte; segundo ele, a oposição a partir da qual o homem se estrutura como ser. Possivelmente, Moscovici, além do sentido descrito nesta nota, emprega a expressão de maneira irônica, sugerindo que os homens, objetivando responder ao "por que a vida?", desenvolvem habilidades "para além da vida", portanto de morte, mortíferas. Simmel era alemão, morreu em 1918 e foi um dos criadores da sociologia, tendo desenvolvido a tradição conhecida como Formalismo.

[103] NT: título em português do filme *Dr. Strangelove or: How I Learned to Stop Worrying and Love The Bomb*, do diretor Stanley Kubrick, obra-prima do humor negro, lançado em 1964.

industrial-militar. Nós começamos por fazer o balanço de todas as poluições e dos desastres que ameaçam nossos recursos e as espécies, sobretudo a espécie humana, e a conclusão foi: o Apocalipse amanhã. Em seguida, buscamos uma ciência-antídoto para as ciências-veneno, uma boa ciência que se oponha às malvadas. Após despertarmos as emoções através de um punhado de profecias cinzentas, nós as apaziguamos através dessa ciência verde, ou do que se faz passar por elas, aquelas que atendem por ecologia ou meio-ambiente. Enfim, tecnocratas devidamente certificados se responsabilizaram pela aplicação de suas receitas. Tudo isso, não entro em detalhes, constitui uma tarefa análoga à de Prometeu, confiada aos especialistas do Estado – que viram nisso uma mina de poder – e ao mundo dos negócios, que, por sua vez, viu uma oportunidade de lucros. O *The Greening of the State*[104] conduziu à estatização da natureza, o fenômeno mais marcante da Europa hoje.

Não pense que tenho a menor intenção de minimizar essas manifestações para as quais dedicamos tanta energia e talento. É preciso audácia, imaginação e uma vontade inabalável para pensar com mais recuo e mais para adiante. De resto, não diferindo das religiões ou movimentos sociais em geral, o movimento verde não nasceu do caldeirão do medo e dos pânicos. Ele o atravessa, certamente, mas na busca de mais vida. Isso se manifesta hoje com uma clareza impressionante e com uma súbita acuidade, que se expressou sempre – talvez de forma velada – através de revoluções similares no passado. Encontramos sinais disso nos mitos e nas cosmologias. Mas, somente hoje, ela mobilizou os homens, e suas consciências, em tão ampla escala. Isso ocorre porque se trata de uma busca de mais vida para o homem enquanto espécie, enquanto *ser vivo*. Não é uma revelação para ninguém que no século passado – dominado pela questão social – o indivíduo e a coletividade eram os dois pólos entre os quais era preciso escolher, enquanto as categorias sociais expressavam a realidade que determinava o horizonte de cada existência. Certamente, suas existências não foram apagadas, muitos continuam a pensar assim, mas sua preponderância diminuiu, pois essa não é a resposta para uma escolha de vida ou morte da espécie. Por razões que apresentei faz algum tempo, nós escolhemos entre uma cultura de morte e uma cultura de vida; por isso os interesses dos homens e o espírito das instituições são obrigados a ancorar-se no que é vivo. O sentido da espécie, até então abstrato ou voltado para o passado, tornou-se tão familiar e próximo quanto aquele de indivíduo ou classe. É ele que inspira a aproximação com as outras espécies vivas, até talvez abolir a distância entre o humano e o não-humano, traçando com isso o círculo no interior do qual devem evoluir as técnicas e o direito, a moral e até mesmo a economia.

---

[104] NT: *The greening of the State*, Journal The Environmentalist, Salford, Reino Unido: Springer Netherlands; volume 13, número 3 / setembro, 1993.

É por isso que as compassivas e clamorosas declarações que nos inundam não devem fazer submergir o nosso espírito crítico. Já foi tempo de dizer que tudo o que diz respeito à natureza é somente um caso de racionalidade dos cálculos, técnicas ou de organização, mesmo se é também isso. Que o principal é mobilizar os cidadãos nos partidos que a defendem, para reciclar o poder em seu proveito, mesmo que essa mobilização seja necessária. Seria suficiente então tornar verde o discurso da filosofia ou das ciências sociais. Nada disso é idôneo numa ação que se refere à espécie humana.

Eis então a referência de nossa questão natural, o que faz dela uma novidade em nossa época e na tradição européia: todo mundo sente que não se trata de substituir realidades por desejos, mas de conferi-lhes vigor ao agrupá-los em um feixe, num campo. "Transformar o mundo", disse Marx. "Mudar a vida", clamou Rimbaud. E o mago Giordano Bruno nos exortou: "Pensai na pluralidade dos mundos!" Essas palavras de ordem não perderam valor para nós, ainda mais depois que a natureza mudou de dimensão e de história. Muito apressada ou muito ocupada, a maioria pode ver no que digo uma simples crítica, um questionamento da modernidade, ou mais. Mas não se trata de acumular críticas. É isso que julgo muito difícil de explicar: o que podem compreender quando eu falo de uma nova direção; qual é a impulsão que torna obsoleta a cultura, portanto a forma de vida que regia todas as sociedades, ocidentais ou não, capitalistas ou não. Também, chegando ao termo, todos esses signos da vida são signos de crise e todas as tentativas de salvá-la possuem o efeito inverso, ao aprofundar os perigos que a dominam e fissuram. Se existe um denominador comum para todos esses perigos, ele se encontra na relação com a natureza. É assim, portanto, que as energias são mobilizadas nesse sentido: acreditamos que, uma vez o problema sanado – fechada a torneira ecológica dos pânicos e das catástrofes –, nossa cultura retomará sua inspiração moderna, ou melhor, pós-moderna, e tudo voltará a ficar em ordem; esperamos que chegue então ao fim o papel recalcitrante, insistente, exercido pelo movimento verde. Mas existe um outro papel, ainda mais definido – para as mulheres e para os homens que muito se sacrificaram – e que é a sua vocação, na qual ele hesita em se reconhecer. Se eu tentasse resumir aqui no que essa vocação consiste, eu diria que, partindo de sua ação na natureza, ela voltou a gerar uma *nova forma de vida*. Ela começou a caminhar subterraneamente desde o esboço até a eclosão desse movimento: ela deve transpor o limiar de uma época para se tornar uma cultura, a nossa cultura. Para citar Ernst Bloch: "Isso não é possível na natureza existente, nem sem natureza, contrariamente ao que crêem os sonhos vazios da alma. O sonho de uma vida melhor visa finalmente *in toto*[105] a vinda de um mundo novo, de um novo teatro, de um território cósmico."

---

[105] NT: expressão em latim que significa "em totalidade" ou "completamente".

A impressão é a de que não podemos enunciar, a não ser de maneira aproximada, os traços dessa forma de vida no horizonte da espécie e da natureza – nós a apreendemos nas palavras reencantamento do mundo e nova aliança – jorrados no momento em que surgiu o movimento, que era ainda apenas uma nebulosa.

Nesse fim de milênio, podemos dizer que o grande mérito ou tarefa da Europa não será trocar uma ciência por outra, uma política por outra, um discurso moderno por um discurso pós-moderno, mas o de ter despertado e suscitado o desejo de uma nova forma de vida. Ela pode ir mais fundo e mais longe, isto é, perseguir essa forma de vida numa cultura ecológica, preciosamente guardada no espírito e no corpo de cada indivíduo. Todos os ingredientes de um mito coletivo estão reunidos. Talvez, e por que não? Podemos antever aqui a questão de sua irracionalidade, não há outra conclusão possível, já que o clima e o pensamento europeus encontram-se saturados de razão e de ciência. Mas se nos questionamos sobre o direito de julgar, veremos, como Merleu-Ponty observou, que "uma certa forma de dogmatismo ou racionalismo imediato é não somente conciliável, mas profundamente semelhante a uma certa forma de irracionalismo." É preciso supor, após um longo percurso, que a resposta depende na realidade de nossa vontade de continuar a história. O que freqüentemente nos detém é a incomparável força das obras-primas alcançadas, as convenções da época, o excesso de fecundidade e as obrigações de reserva da nossa posição como continente que passou de seu tempo. Mesmo que toda a vida porte em si o germe de sua morte, ela porta também o germe de uma outra vida, que tem mais peso que a sedução do repouso ou a submissão às restrições da realidade. É o instante no qual nos dizemos: "O vento sopra, é preciso ousar viver." Senão, qual é a alternativa: aprisionar as histórias e velar as obras primas em museus espalhados por toda a Terra?

É preciso que a Europa continue sua própria história e suas tradições, atenta para continuar a transformar hoje a cultura – torná-la verde –, naquilo que há de mais profundo em sua natureza. A Europa possui um precioso *savoir-faire* e uma propensão a colocá-lo em prática, sendo que hoje seu destino depende disso. Eu acredito que a Europa tem sede de um horizonte, de um mito partilhado que esteja à sua altura, reprimindo assim a fascinação pela imagem de uma Atlântida futura que se afunda pouco a pouco no *patchwork*[106] de sua memória.

---

[106] NT: palavra em inglês no original, cujo significado literal é "tecido feito a partir de retalhos" e corresponde à expressão "colcha de retalhos".

2. ECOLOGIA E ECOLOGISMO*

1. Quem sou eu?

Mal posso expressar a gratidão que sinto pela homenagem que me dedicam. Essa distinção é para mim uma surpresa completa, pois vem da sua associação, cujo trabalho pude há pouco conhecer melhor. Vocês podem imaginar como fiquei intimidado ao ver meu nome figurar lado a lado com nomes de grande prestigio e notoriedade como Konrad Lorenz, Cousteau, Sting, Marco Ferreri e outros tantos. É realmente um acontecimento maravilhoso do qual sou-lhes grato do fundo de meu coração. Jamais poderei dizer que essa conferência será à altura de tamanha homenagem, bem sei que vocês se arriscam em ficar decepcionados. No programa, vocês leram que falarei de ecologia e de ecologismo. Tratar um tema tão complexo e ao mesmo tempo importante e passional me expõe a grandes dificuldades. Eu me contentarei, portanto, em dar continuidade a um diálogo que não me canso de buscar com inúmeras outras pessoas.

A questão que apresento para o tema escolhido hoje é a seguinte: qual a possibilidade que temos de fazer avançar o diálogo entre a ecologia e o ecologismo? Trata-se da ciência – ecológica talvez – e da ação ecológica – por vezes política – através da relação entre *experts* e cidadãos, entre as instâncias político-econômicas e movimentos sociais, portanto de um objeto de reflexão inevitável. Vocês são médicos, políticos, técnicos ou gestores econômicos, como já fui um. Devo, portanto, começar por me apresentar como interlocutor: tenho um pouco de apreensão ao expor as razões que me levaram à ecologia política, meu trabalho em suma – que hoje é objeto dessa homenagem e também de lhes contar como, no dizer dos historiadores, fui um dos fundadores da ecologia política. Uma vocação não nasce apenas de uma idéia ou de um interesse, ela é sempre suscitada por uma experiência forte. Eu pertenço a uma geração ainda próxima das grandes revoluções científicas, que têm como constelação nomes como Einstein, Bohr, Broglie, Heisenberg, Watson, Wiener, mas próxima também da terrível guerra – da sua matança sistemática e em massa e da bomba atômica. Essas últimas foram para a nossa consciência acontecimentos mais marcantes do que o abalo na concepção de natureza legada pelo passado. Ao findar a guerra, como se acordásse-

---

* Texto integral da conferência pronunciada em Ravena em setembro de 2000, na ocasião do Prêmio *Cervi Ambiente*, talvez o único prêmio de ecologia na Europa.

mos de um pesadelo, descobrimos que o progresso científico e a técnica – plasmadores de vida e de verdade, de conhecimentos inéditos – tinham doravante o poder de exterminar a vida, de eliminar os homens, de transformar a terra num planeta de morte e num planeta morto. Mesmo que desejemos esquecer e relegar através da indiferença, essa experiência traumática não se apagará de nossa memória. Como todos os espíritos racionais, eu tentei compreender, examinar as críticas que os próprios cientistas dirigiam à ciência e os motivos pelos quais os movimentos sociais do pós-guerra se restringiam ou se desviavam dessas realidades essenciais. Nada a fazer: cuidávamos dos mesmos negócios econômicos ou industriais, percorríamos as mesmas rotinas intelectuais, como se as devastações nucleares e os massacres humanos tivessem ocorrido em Marte ou Saturno. Ignoro a razão pela qual quase todos se desviavam do assunto, acometidos por uma tranqüila cegueira, que eu não saberia explicar: nós não víamos a natureza, como se ela não existisse mais. Em todo o caso, nós não nos ocupávamos mais em sondar seus limites, reconhecer sua presença, perceber a que ponto nos havíamos tornado vulneráveis. Digo vulneráveis, pois começamos a experimentar sobre a Terra forças que só existiam anteriormente na escala do universo. É simplesmente inacreditável ver a que ponto nós nos desinteressamos delas, julgando-as insignificantes, quase só de ordem técnica. Uma técnica desencadeada, que obedecia sempre às palavras de ordem da civilização moderna: desafiem a natureza, neguem-na, destruam-na. Nem com isso alguém reagia dizendo: isso não! Isso porque, eu me lembro, talvez depois de Auguste Comte, o próprio conceito da natureza foi expulso da ciência e a palavra tanto quanto a coisa tornaram-se tabus. Um tabu do qual ficaram isentos apenas os artistas, os jardineiros e as crianças. Será que acabamos com esse tabu mesmo hoje? Se fosse esse o caso, nós não substituiríamos a palavra natureza – plena de sentido que atinge a todos – pela palavra ecologia ou meio ambiente, que não fazem ninguém vibrar.

 Foi por isso que o título do meu primeiro livro sobre o assunto, *Ensaio Sobre a História Humana da Natureza*, surpreendeu e mesmo chocou, porque ele transgredia esse tabu. Ele surpreendeu os primeiros leitores, que não esperavam que um autor relativamente jovem se interessasse por essas velharias, por esse conceito prescrito. Ainda hoje, posso medir a que ponto essa palavra denunciava a indiferença que reinava em relação à natureza, a estranheza de uma vida humana, de cujas preocupações ela estava ausente, a desordem dos sentimentos e dos pensamentos em que sua perda nos mergulhava. Sem que eu percebesse, a palavra tomou novos ares, os ares dos começos. O livro parte da constatação que acredito lúcida: a questão natural tornou-se a principal questão de nossa época. Que relações os homens estabelecem com as outras espécies e com as forças materiais? Quando essas relações são harmoniosas, eles chamam esses tempos de áureos. Mas na nossa época quase toda a harmonia foi perturbada ou é impossível. Os homens não podem dissimular o fato de que eles não mais dominam grande coisa, que a terra habitada está ela mesma ameaçada e que a concentração de populações e o poder das forças em jogo propagam a desordem. Por isso a questão natural, uma vez levantada, penetra no espírito do público, cada indivíduo questiona-se e a compreende. Nada disso é obscuro ou difícil, mesmo que precise ser respaldado por uma teoria.

Em geral percebemos a natureza como uma realidade anterior, vinda do passado, algo independente: o homem está ausente e, segundo o aforismo de Heráclito, "adora se esconder". Uma separação tão radical, entre o mundo com o homem e sem o homem, parece irreal, injustificada. Então, é suficiente generalizar para o mundo natural o famoso princípio de Vico para o mundo social: nós o conhecemos porque o fizemos, *verum factum*[107]. Assim como o universo evolui a partir de um *big bang*, da mesma forma, para o nosso próprio universo, o *big bang* foi o instante no qual nossa espécie começou a tecer alianças com as outras espécies vivas ou materiais. Em suma, desde que ela começou a criar os *savoir-faire* e *savoir-penser*, que são a caça, a agricultura, as artes, as filosofias, as técnicas e as ciências, que as ligam indissoluvelmente ao vivo e ao não-vivo. É assim que a história natural do homem transforma-se em uma história humana da natureza, então, a história dessas relações situa-nos em um pólo e as forças materiais, em outro.

Hoje, ainda, não consigo invocar essa idéia sem que sua estranha evidência me perturbe. No entanto, ela tem sua lógica e, portanto, sua conseqüência. Com efeito, nós conhecemos, nós vivemos, não em um estado único da natureza, mas em diferentes estados da natureza, cada qual correspondendo a uma dessas relações tecidas ao longo da história. É o que podemos constatar rapidamente. Em um lapso de tempo relativamente curto, formaram-se um estado de natureza orgânico, um estado mecânico, e nós poderíamos facilmente nos encontrar ainda em um terceiro estado: o cibernético. Tal é o resultado mais concreto de minha teoria, que tentou responder a duas questões: como nascem as naturezas? Como morrem? Eu diria: se existe história, não existe natureza no singular, mas no plural. A natureza não é um meio externo para nós, um teatro no qual os homens encenam dramas, nem um reservatório inesgotável de recursos: é uma obra de criação, que integra nossa história na natureza e a faz participar dela, assim como a natureza participa de nossa história.

É preciso ter cuidado com a composição, as especificidades dos estados da natureza, pois, por um lado, muitos desses elementos são novos e, por outro, os antigos se conservam. Isso é válido para todas as coisas históricas, como vemos na evolução das espécies ou dos corpos celestes. Eu o preciso, a fim de evitar os mal-entendidos. Dentre os mal-entendidos, existe o de um progresso que evoca uma imagem de história determinada por seu futuro, de uma causa final do movi-

---

[107] NT: expressão em latim, que significa "o conhecimento vem pela prática".

mento histórico, de um levante do futuro esmagando o passado, do inferior *versus* o superior. Não podemos replicar a tudo isso com exemplos, mas através do velho argumento de que a história não pode ser determinada pelo futuro. O progresso é também incompatível com a história, inclusive com a história das ciências e das técnicas, cuja finalidade é compatível com a explicação científica. Não é das menores conseqüências de minha teoria o fato de nos livrar dessas noções baseadas em mal-entendidos em relação ao nosso conhecimento e à nossa natureza. Tanto mais que fazemos a apologia do progresso para legitimar a destruição da natureza e recriminamos os que a defendem por serem contra o progresso. Já que a nossa tarefa é encontrar uma resposta à questão natural, podemos renunciar ao que parece ser uma espécie de lei implacável da modernidade.

Retornemos, no momento presente, ao aspecto social da nossa relação com as forças materiais, que consagrei em meu segundo livro ao nosso modo de pensar a sociedade com respeito à natureza: *Sociedade Antinatural*. O próprio título já diz tudo. Reflitam a respeito de suas próprias idéias, ou das teorias que figuram nos livros. Não encontramos nelas nenhuma razão, para as associações humanas, para a constituição de sociedades, que não se refira, de alguma forma, à necessidade de combater a natureza em nós, ou fora de nós: combater o excesso de instintos ou o déficit de recursos. É por isso que cada teoria da sociedade começa por traçar uma fronteira entre o humano e o não-humano, a cultura e a natureza: a linguagem, o trabalho, a ferramenta, a inteligência e assim por diante. Todas as regras e todas as ações contribuem em princípio para manter essas fronteiras, para participar da expansão do mundo social, em lugar ou às expensas do mundo natural. Compreendemos melhor, então, que religiões ou ciências sociais, sem distinção, tratam a natureza como se ela fosse por definição anti-humana e anti-social e que, mesmo se tentássemos, seria impossível aproximá-las ou misturá-las. É, portanto, a polaridade entre sociedade e natureza em todos os níveis que examino, até o seu âmago, no interior da família: a relação entre homens e mulheres. Foi a modernidade de fato que criou um tipo de sociedade antinatureza. Ela procura esvaziar o mundo de todo esplendor, de sua magia, procura desencantá-lo para deixar subsistir apenas o que é produto da ciência e da técnica. Mas os homens, tão grosseiramente arrancados de seu paraíso, têm a nostalgia desse esplendor, não podem passar sem a magia, aspiram a um novo saber sobre a natureza, preferem a unidade à polaridade entre a sociedade e a natureza.

Esse é o assunto de meu terceiro livro, *Homens Domésticos e Homens Selvagens*[108]. As nostalgias e as aspirações das quais falei não têm origem na arte encantatória, mas na arte da rebelião, da rebelião da natureza, que é praticada desde a Antiguidade grega até os dias de hoje. Os movimentos naturalistas pare-

---

[108] NT: Moscovici, S. *Homens Domésticos, Homens Selvagens*. Lisboa: Livraria Bertrand, 1976.

cem ter em comum a recusa dessa polaridade. Mostrando que os homens não podem mais estar felizes numa sociedade antinatureza, eles procuram sem descanso celebrar seu laço, restituir-lhe força e magia, a fim de provar que uma outra sociedade pela natureza é possível: experimentando formas de vida originais, propondo modelos de conhecimento, técnicas e artes alternativas. Sua forma de atuação pretendia ilustrar essa convicção de que não existe uma única possibilidade, apenas uma linha privilegiada ou alguma escolha segura, sem que uma outra possibilidade, outra linha, outra escolha desponte e não a ponha em questão. A história sempre concedeu aos vencedores o direito de escrevê-la: ela raramente foi empregada para as necessidades verdadeiras daqueles que a fazem. São apenas os atores ou os curiosos que fazem por ela o trabalho que ela rejeita, o que, em certo sentido, é o que eu mesmo fiz para demonstrar que esses movimentos não são agitações embaralhadas ou meros rascunhos. Essas tentativas, apaixonadas demais e audaciosas demais, projetam a sociedade para a natureza de sua época. Pode ser que, dentre os historiadores de profissão, haja um que nos ensine aquilo que eu apenas desejava aprender.

2. A rebelião da natureza hoje

Eu gostaria de eliminar qualquer dúvida: não teço aqui uma exposição sobre minhas visões teóricas, sobre o trabalho por mim realizado. Tentei – de um livro a outro –possibilitar que vocês me situem. Ao mesmo tempo, cada participante foi também um marco nesse percurso, inserido em um movimento que ainda permanecia desconhecido. Nós não éramos muitos no final dos anos 1960, mas tínhamos a convicção íntima de que o movimento teria grande repercussão, haja vista as destruições voluntárias de nossa civilização e o insucesso da humanidade em enfrentá-las. Essa convicção e esses fatos provocariam uma ferida incurável. Sim, existia aí algo de verdadeiro, de profundo, que não estava sendo expresso e que esperava para ser. Assim, quando nós ousamos fazê-lo, a mensagem foi compreendida muito rapidamente e as palavras, que não pronunciávamos mais com emoção – natureza, vida cotidiana, terra e os desejos aos quais não falávamos mais - e das quais, de certa forma, não nos apercebíamos mais –, ganharam um novo sentido e um novo valor: as árvores, o ar que respiramos, a poluição, a energia nuclear. E essa onda não parou de crescer, de maneira que nós nos sentíamos ao mesmo tempo na vanguarda, mas também sendo levados por ela. Houve um florescimento de associações, tais como os Amigos da Terra – à qual eu pertencia –, que tinham como objetivo a defesa da natureza, a conservação dos espaços verdes e das espécies vivas ou o combate às centrais nucleares e a todo o resto. Elas participaram da extraordinária difusão, nas camadas mais amplas da população, de uma nova sensibilidade, de uma nova percepção do meio e das preocupações da vida em comum. Em menos de vinte anos a questão natural tornou-se uma questão referente a cada ser humano, para quase a metade do planeta, "e talvez (escreveu o filósofo Gadamer) se tornou o primeiro sinal de esperança na conjuntura crítica que o mundo atravessa". Sim, nós representamos um sinal de esperança em meio às forças agressivas, que não estavam mais totalmente surpresas ou silenciosas. Ao redor desse sinal de esperança foi formada uma opinião pública, digamos, uma ecologia pública, na qual nós nos sentimos como peixes na água. Então entendemos muito facilmente porque os governos tomaram naquela época essa ou aquela medida, para tornar a vida cotidiana mais fácil, tratar ruas e bairros urbanisticamente, ou colocar no mercado novos produtos mais "orgânicos" ou ecológicos. Ao abrir-nos espaço na opinião pública, portanto fazendo ecologia pública, nós pudemos exercer uma influência muito forte sobre os mercados econômicos, administrações, prefeituras, escolas e assim por diante, quer isso os agradasse ou não. As empresas produzem para consumidores e por isso são obrigadas a mudar seus produtos quando preferências e valores são modificados. A divulgação da mensagem da ecologia efetivamente os modificou, ao transformar a natureza em um critério de julgamento e escolha, ao exigir produtos mais naturais, culturas menos poluentes, para não falar de casas e paisagens. As pressões exercidas espontaneamente, digamos assim, sobre as autoridades ou empresas, não somente as obrigam a fornecer produtos e serviços mais naturais, como também as obrigam a dar a impressão de que foi voluntariamente que tomaram a dianteira desse processo. Para um especialista como eu, isso era uma experiência perfeita – num meio natural –, como se diz em nosso jargão.

3. Da ecologia pública à ecologia política

É preciso levar em conta a vivacidade desses movimentos, das idéias e das convicções que tiveram uma grande eficácia, como se houvesse uma rebelião da natureza, descartando a impressão de que se tratava de uma comédia de costumes ou de uma seita oculta. É por isso que aproveito essa ocasião para lembrá-los: é isso que vocês chamam de ecologismo? Esse é provavelmente um aspecto essencial. Vocês prefeririam que nós retirássemos dele essa etiqueta, como eu? Ou que tenhamos vergonha de portá-la? Sem tais movimentos, que alguns desejam satirizar hoje, não haveria nem ecologismo nem ecologia, nós nem estaríamos aqui na busca de um diálogo, que seja mais um diálogo de razão do que de loucura argumentativa.

Esse "ismo" designa também a política? Essa terceira fase do movimento é, ao mesmo tempo, a mais difícil e a mais necessária. Na sua falta, inúmeras associações de defesa e de proteção da natureza arriscavam a se tornar movimentos

Luddites[109], que apenas se opõem às máquinas modernas, às centrais nucleares, às produções industriais, sob o pretexto de lutar contra a poluição ou a pecuária intensiva e que, de certa forma, resistem aos progressos irresistíveis, em suma: que protestam sem nada propor, preferindo reagir a tomar a iniciativa. Os membros de tais associações não são tão somente consumidores, ou excêntricos preocupados com suas vidas privadas dietéticas, mas também cidadãos. Muitos deles, tendo freqüentemente um passado político, não são ecologistas todos os dias, apenas nos dias nos quais colocam a cédula eleitoral nas urnas. Eles não se reconhecem nos partidos políticos existentes, o que compreende a esquerda e a esquerda da esquerda. Da mesma forma que no amor compreendemos melhor a linguagem das flores, numa democracia compreendemos melhor a linguagem dos votos. Portanto, a ecologia pública, mais segura de si, fortalecida por seu eco na opinião pública, por assim dizer, deu à luz a ecologia política. Sim, ela operou essa mutação, que somou à nossa tarefa de proteção e defesa da natureza uma nova tarefa que chamarei de "escolha da natureza", escolha de pesquisas, de saberes, de recursos que julgamos preferíveis acessar em nosso estado de natureza e com ritmo.

Não existe política sem escolha. Esse conceito de escolha, supondo alternativas, abre caminho para uma política da natureza. Se me engajei – e não fui o único! – foi porque o momento era chegado de concebermos tal política, de participar dos debates, mesmo ampliá-lo a outras questões de nossa sociedade, como o trabalho, por exemplo. Ao compreender que "mais dia, menos dia, em algum lugar, valerá a pena", como escreveu o poeta Hofmannsthal.

Em termos políticos, o sucesso é o único juiz. Ele confirmou em pouco tempo, um quarto de século, a eclosão de uma nova energia política na Europa. Qualquer um que duvide disso deve ler essas linhas de Bruno Latour, uma testemunha informada: "Quaisquer que sejam as reservas que possamos guardar contra elas, essas correntes já teceram mil elos entre a política e a natureza. É por essa razão que todos conclamam modificar enfim a vida pública, para que ela leve em conta a natureza, adapte nosso sistema de produção às exigências da natureza, preserve a natureza comedida e sustentável." É isso: nós inventamos os elos, as idéias, as práticas, para que a natureza perdure, sem deus nem mestre.

---

[109] NT: termo mantido como no original em francês, corresponde ao nome dado aos trabalhadores que, na Inglaterra do início do século XIX e sob a liderança de Ludd, tentaram destruir as máquinas, atribuindo-lhes a causa do desemprego.

4. Nosso último fundamentalismo

Eu não sou o que se chama comumente de um homem político, tampouco um homem que ambiciona participar da vida política. Se me engajei desde o início na nebulosa e depois no movimento verde é porque os resultados de minhas pesquisas convergiam com tais iniciativas em *status nascenti*. Eu fiquei extremamente surpreso que uma teoria pudesse estar tão próxima de uma prática e, de certa forma, se tornasse um "lugar comum". Só procurei justificativa para ela quando alguns disseram que se tratava de um mito ou quando um filósofo escreveu em uma obra – que tem como mérito ter se tornado bastante popular – que a ecologia é a minha utopia rosa[110]. Devemos entender isso tão somente como uma forma de desejar ser realista e de acreditar que podemos sonhar nossas vidas. Mas é artificial pensar que existe algum movimento social ou político durável, sem uma boa dose de mito ou de utopia, ou seja, de paixão pelo futuro. No momento atual, não é da política que se enfraquece, mas, sim, da utopia e do mito, que tornam as projeções vibrantes e apaixonantes, que a política deve fazer caso, pois os homens não vivem apenas de pão. Os mitos e as utopias não são tão somente um meio de fuga em face de uma realidade, mas também um caminho que a produz, da mesma maneira que uma teoria abstrata não dá as costas para os fatos, mas conduz à descoberta de novos fatos extraordinários e desconhecidos. Se para vocês o ecologismo participa do mito ou da utopia, desconfiem, pois ele continuará despertando novas paixões e novas realidades. Ele não se tornará mais freqüentável, estejam certos disso, mesmo que mostre mais consideração pelos realistas e pelos entediados. É claro que sei que vocês concordam com meu ponto de vista com respeito a essas evidências. Mas eis que nosso diálogo "ecologismo e ecologia" arrisca perturbar esse acordo. Ele se desenvolve sob os auspícios desse prêmio com o qual vocês desejam me homenagear, porém ele surgiu dentro de um contexto político. Enquanto refletimos sobre a sua oposição, nos descuidamos de um detalhe que aqueles que acompanham a sua evolução conhecem: a ecologia é filha do ecologismo. Este nasceu como uma ação coletiva em um espaço aberto; já a ecologia nasceu como uma reação dentro dos espaços fechados, rompendo menos com a rotina e o conformismo ambientes. Com efeito, os jovens foram os primeiros a vir na direção de um novo movimento, cheios de entusiasmo, anunciando em panfletos e canções, na linguagem de um pensamento vivido, uma festa esperada por muito tempo e muitas vezes adiada. Eles celebravam seu reencontro com a natureza viva, carnal e com uma sociedade da qual eles esperavam participar e renovar. Dessa forma expansiva, a questão natural foi inscrita na ordem do dia por mãos desajeitadas e generosas. Esses manifestantes eram da ordem dos milhares, exigindo que mudássemos de vida, abandonássemos o nu-

---

[110] NT: rosa é o símbolo do partido socialista.

clear, renunciássemos a um modo de produção que ameaçava a natureza. O contato com esses movimentos rendeu sua virulência aos Estados, às instituições de massa e aos grupos de pressão adormecidos. Era necessário reagir e eles reagiram.

Em um sentido, nada era mais normal, mas isso me espantou e me espanta ainda hoje. Ao menos guardo uma lembrança muito clara dessa reação, sobre a qual escrevi repetidas vezes. Esses Estados ou essas instituições não poderiam apelar para uma religião pouco influente ou para os intelectuais demasiadamente críticos da modernidade. Eles ousavam descartar um poder que não tinha para eles a legitimidade suficiente. Portanto, eles se voltaram o para nosso último fundamentalismo: a tecnocracia. Céticos sobre o seu poder, mas não com respeito a sua missão, tinham uma idéia bastante triste sobre o homem e sua condição, ela sabe coagi-los sem procurar compreender suas razões nem seus valores. Nada simboliza melhor a entrada em cena da tecnocracia do que a dupla conferência de Estocolmo[111] e as solenidades preparadas arduamente. Do lado de dentro, a conferência reunia delegações mandatárias de governos e especialistas munidos de documentos, discutindo em uma Babel de esperantos, regulada por um cerimonial complexo, o novo mal-estar da civilização: a natureza e sua poluição. Creio que todos aqueles homens extraordinários não estavam preparados para fornecer uma visão muito feliz do mundo e da vida. A segunda conferência no exterior – a céu aberto – reunia grupos e indivíduos que tinham vindo sem nenhum mandato. Visariam apenas protestar contra esse pessimismo, a apropriação de seus ideais? Ou firmar os laços, trocar idéias livremente, sem jargões, sobre o mal-estar do qual eles eram porta-vozes? O que eles esperavam? Evidentemente, difundir tudo aquilo que os outros, do lado de dentro, mascaravam.

Eu nunca compreendi por que tratavam os ecologistas de sectários, enquanto lhes recusavam o diálogo. Por isso, a partir dessa época, nós desenvolvemos o corpo solipsista[112] de *experts* para despolitizar a ecologia pública, apropriar-se das idéias e da língua viva, para transpô-las em um programa e um esperanto de laboratório de pesquisa. Eles deturparam um conceito de natureza que exprime uma realidade vivida, acessível a todos, enriquecida por uma longa história, procurando substituí-lo por outros conceitos. Em suma, dispensar a palavra natureza para substituí-la por uma idéia e uma palavra reservadas a esses grupos, que iriam

---

[111] NT: em julho de 1972, aconteceu na Suécia a Conferência de Estocolmo, que acrescentou o tema da ecologia às questões prioritárias discutidas pela ONU: a paz, os direitos humanos e o desenvolvimento com igualdade, sendo por isso um marco do movimento ecológico mundial.

[112] NT: em latim, *solus* significa sozinho, e *ipse*, um; portanto, solipsismo significa que somente o indivíduo que pensa existe, sendo este um ponto de partida para o pensar filosófico. A utilização mais popularizada do conceito foi de René Descartes – *cogito ergo sum*, "penso, logo existo" – em 1641, em sua obra *Meditações Metafísicas*.

decidir em lugar dos cidadãos. Nesse caso, como acreditava o filósofo americano Toulmin, isso parecia "egoísta ou hipócrita, dadas as atividades reais das instâncias envolvidas, mas, como de costume, a hipocrisia responde às exigências percebidas como responsáveis. A partir de 1970, os homens políticos tiveram que pelo menos fingir que se ocupavam dos estragos causados ao mundo natural pela indústria e demais atividades humanas".

Ao menos isso! Era necessário que as autoridades fizessem alguma coisa. O bizarro é que os primeiros e os mais requisitados sejam os sábios – os especialistas do bem e do mal, de uma invenção, como a clonagem –, embora nós possamos nos perguntar em que eles são mais qualificados do que vocês e eu. Sem dúvida, eles possuem os títulos necessários para pertencer à etnocracia, no sentido empregado por Holbach, autor da idéia que concebe uma governança baseada na moral. Eu admiro e certamente invejo aqueles que têm a coragem suficiente para se içar ao plano da sabedoria, tendo como base apenas sua própria força. Mas o que eles ganham? O professor Hans Jonas, um dos raros pensadores que conceberam uma ética da natureza, ao ser convidado a apresentar seu ponto de vista sobre a maravilha da genética, em um congresso do partido socialista alemão, pelas empresas Siemens e Höchst-Pharma, comentou essa questão da seguinte forma: "Tratava-se de identificar, comercializar e explorar, ou, ainda, transfigurar meu pensamento manifestamente prestigioso". Ele não poderia se ofender, tampouco se deixar iludir: a sabedoria consiste em salvar as aparências. Antípoda da etnocracia, a tecnologia seguiu de forma rápida um caminho mais modesto e mais pragmático. Era mais fácil conceber uma idéia de *logie*, de uma ciência, que se mostrasse disposta a sair da obscuridade e perder sua inocência – a ecologia – para enfrentar o que era mais urgente. O que isso deveria ter como significado ainda não é possível compreender. Em grego, a ecologia refere-se ao *habitat*, à economia doméstica, mas efetivamente se ocupa do ambiente – objeto mais científico, de conteúdo indeterminado e pobremente definido – que desejamos que contenha tudo. O ambiente tornou-se um grande invólucro, um tipo de órbita sólida na concepção antiga. Graças a essa imagem, isolamos um aspecto da realidade exterior à vida humana que permanece, como para Darwin, independente de nossa espécie, de toda espécie. Não temos alternativas, a não ser nos adaptar para sobreviver. Não tomem minhas colocações como uma crítica amarga contra o conceito de meio ambiente, uma flecha lançada contra a ecologia como ciência. Era necessário que encontrássemos algo que lembrasse uma máquina, uma máquina biofísica, um *container* de que pudéssemos cuidar, sem nos preocupar com o conteúdo, algo que pudéssemos fazer funcionar e consertar de forma exclusivamente técnica. Desta maneira, se os ecologistas ou a população em geral apontam para problemas, as soluções não lhes pertencem mais. Elas passam a ser da alçada dos tecnocratas, de negociações entre Estados; assim ocorre quanto ao efeito estufa: todos garantem ter objetividade quando se trata de estudos, mas não pretendem ter a responsabilidade sobre as decisões. Neste ponto não há mais questão natural, mas uma poeira de questionamentos referentes às poluições, como a das marés negras, até que uma catástrofe, por exemplo, um evento da gravidade de Chernobyl, venha a recolocá-la em evidência.

Após essas observações, vocês têm todo o direito de querer saber, afinal, o que procuro compartilhar com vocês. O fato de chamar a atenção sobre a maneira como uma ciência se impõe e com qual objetivo legítimo. Ela não somente teve sucesso em substituir o debate pelo cálculo, a racionalidade de valor pela racionalidade instrumental, como também em isolar os movimentos até então convergentes, retirando-lhes a razão de existir. Uma vez que a questão natural tornou-se a questão ambiental, tomada pela técnica que a fragmenta e a anuncia em termos físicos – camada de ozônio etc. –, a ecologia reflui com os *experts* na direção dos laboratórios de pesquisa e para os escritórios dos ministérios. Mas, na sombra disso tudo, não nos preocupamos mais com o que é uma urgência humana, continuando a fazer exatamente tudo o que sempre fizemos, a promover sua especialidade ou a criar novos segmentos de indústria. Por exemplo, ao lado das indústrias que nutrem a poluição, abrimos outras, que abrem o novo mercado da luta contra a poluição. Saint-Marc, um *expert* francês assaz conhecido, reafirma sobre o ocorrido que "não se trata de rejeitar a revolução técnica, mas de reorientá-la, mostrando aos laboratórios, aos centros de pesquisa e às empresas um objeto prioritário: o progresso ecológico". Como conseqüência, o ambiente tornou-se um termo para designar a ausência dos homens vivos, um problema solucionável unicamente através da técnica e cuja presença traz algo de inquietante. E mesmo que façamos dele um espaço de vida, eu adoraria relembrar o que diz Claude Bernard: "As condições da vida não estão nem no organismo, nem em seu exterior, mas em ambos ao mesmo tempo. De modo que, se suprimimos ou alteramos o organismo, a vida cessa, mesmo que o meio permaneça intacto e, por outro lado, se retiramos ou viciamos o ambiente, a vida desaparece igualmente, mesmo que o organismo ainda não tenha sido destruído." Subsiste portanto, bem sei, a noção de que nós devemos nos adaptar ao ambiente. Mas qual? Pois nós é que o criamos. "É próprio do vivo", observa Canguilhem, "criar seu próprio meio, compô-lo."

Sem dúvida, é supérfluo constatá-lo. Para substituir o mundo sólido pelo mundo fluido de ideais e de verdades que um movimento e que a via histórica criam, no limite, é necessário muito pouco, quase nada. Eu não experimento o menor tremor quando penso sobre tudo isso. Lembro-me do que Weber dizia de nossa civilização, a saber, que ela experimentaria seja um renascimento, graças a profetas inteiramente novos, seja uma "petrificação mecânica acrescida de um tipo de vaidade convulsiva". O que pode ser dito de toda ação humana, exceto daquela dos "especialistas sem visão e voluptuosos sem coração". Tudo isso me parece tão humano e tão decepcionante que sou tentado a me dizer: não faz mal. Mas não é verdade. Quando vejo como a tecnocracia ecológica dos "especialistas sem visão e voluptuosos sem coração" petrifica a natureza sob a forma de meio-ambiente, recuso essa atitude duramente por motivos intelectuais. Acima de tudo porque, da mesma forma que Weber deplorava o retorno do ideal de emancipação da gaiola de aço, que fabrica o capitalismo, eu temo o retorno do ideal de emancipação desses movimentos de proteção e de ressurreição da natureza na gaiola de aço dos homens, que tornam seu ambiente vazio, sem relação com a vida, com as suas próprias vidas. Expressaríamos melhor se disséssemos que, no lugar da gaiola de aço, temos um sarcófago de concreto, tal qual existe em Chernobyl para aprisionar forças que paradoxalmente foram provocadas. Mas por quanto tempo? A natureza, gaiola de metal ou sarcófago de concreto inabitável, a melancolia de a termos perdido e as esperanças que tínhamos, que foram perdidas, nos remetem a um pânico após o outro. É através desse pânico que manifestamos o amor pela natureza, da mesma forma que manifestamos através de mazelas, de doenças, o amor que temos pela vida. Quanto mais prevalece a volúpia da tecnocracia, da qual cada vez sabemos menos como escapar, só nos resta o pânico. Assim como colocou o filósofo alemão Sloterdijk: "O pânico nos revela um traço fundamental da verdade sobre o movimento histórico atual; mais ainda, ele nos faz conhecer um aspecto da verdade sobre a historicidade precária da existência contemporânea." Gostaríamos muito de ter evitado isso. Em nosso universo de doutrinas apáticas e condescendentes, a política resta como um dos últimos recursos aos quais os homens podem recorrer, para torná-los precários e abrir espaço para a circulação de esperanças. Mas, a partir do momento em que ela se torna uma pororoca com a tecnocracia, sem conseguir se impedir de fazê-lo, ela perde ao mesmo tempo sua credibilidade e seu toque messiânico. Quem poderia se queixar de os homens optarem na encruzilhada atual pelo caminho do Apocalipse, se o do Paraíso está fechado para obras?

5. É preciso haver dois para dialogar

Cada um de vocês compreende o que desejei dizer ao recordar a imagem da gaiola de aço e, em particular, a imagem do sarcófago de concreto. Os movimentos dessas décadas relativos à natureza não cessaram de deslocar o centro de gravidade do nuclear para a proteção da natureza e da proteção da natureza para a degradação dos recursos não-renováveis, e assim por diante. Mesmo que a euforia do sonho faustiano de vitória da técnica sobre a natureza esteja dissipada, como se diz, nós continuamos a nos confrontar com a mesma tecnocracia ecológica e a despertar na luz cinza e fria que colore tudo em nossa civilização, o que inclui a força transbordante de nossas ações. A preocupação de vocês é a dificuldade de diálogo entre a ecologia e o ecologismo, seus especialistas e os movimentos verdes e seus adeptos. Claro, eu estou falando só por mim, mas eis aqui sucintamente as razões que antevejo: primeiramente a ambivalência, sem dúvida técnica, do que vocês chamam de ecologia: ser a favor ou contra a natureza? Se buscamos soluções – inventar carros menos poluentes, neutralizar os dejetos químicos ou nucleares, vigiar melhor as costas para evitar as marés negras, organizar os espaços públicos, selecionar as espécies transgênicas –, nós o fazemos sob a pressão desses movimentos, que influenciam os consumidores e os cidadãos. Na realidade, nos preocupamos menos com a natureza do que com a necessidade de satisfazer o mercado ou os eleitores. Eles são a favor, mas poderiam também ser contra. Mas é um fato de psicologia elementar que nossas ações nos transformam, nós modificamos nossos pensamentos em favor daquilo ao qual nos opomos. Não é surpreendente que sejamos a princípio contra os Verdes e é ainda menos surpreendente que, ao longo do tempo, o ecologismo deixe de ser visto como uma loucura e que seja mesmo possível aceitar que as pessoas ajam pela natureza, por esse confim do universo comum, para o bem de todos. É por isso, estou persuadido, que existe um jogo de atração e rejeição entre "a ecologia" e o "ecologismo".

Em seguida, torna-se uma questão de confiança. O ecologismo, ou o que acho melhor, o naturalismo, começou como um punhado de idéias, depois como uma nebulosa de associações e de indivíduos, enfim, um movimento do qual vocês já conhecem a repercussão. Fala-se tanto dele, escreve-se tanto sobre ele, que eu esperava uma certa abertura, alguma compreensão por parte dos intelectuais e dos cientistas. Enfim, esperava ao menos pela neutralidade olímpica, dirigida a nossos *brainstormings*[113] neste nosso mundo. Mas na realidade não é apenas a indiferença que encontramos, não foi também somente uma crítica aqui ou ali que nos foi endereçada, mas, sim, uma forma de hostilidade que foi e continua a ser expressa. Por exemplo, os partidos ou os especialistas que anteontem interpelavam a opinião ao perguntar: "Vocês querem empregos ou ecologia?" Ontem os motoristas alemães perguntavam: "Vocês querem petróleo ou ecologia?" ao colocar em seus caminhões "Suprimam o eco-imposto". Assim como os prêmios Nobel fizeram o mesmo – "pesquisa ou ecologia" – ao assinar o manifesto de Heidelberg[114] na véspera da Conferência das Nações Unidas, recusando o direito

---

[113] NT: no original em francês, *remue-méninges* corresponde à técnica de grupo que visa a estimular que surja o máximo de idéias no menor tempo; como não há correspondente em português, optou-se por utilizar no texto o termo *brainstorming*, que é o anglicismo correntemente empregado para denominar tal técnica no Brasil.

[114] NT: o manifesto de Heidelberg, de autoria de Michel Salomon, denuncia que na base do movimento verde encontra-se "uma ideologia irracional que se opõe ao progresso da ciência e da indústria e que visa a impedir o desenvolvimento econômico e social". Lançado para coincidir com a abertura da conferência da Nações Unidas no Rio de Janeiro em 1992, o manifesto afirma que os seus signatários partilham os objetivos do Fórum da Terra; entretanto, adverte "às autoridades responsáveis pelo destino do planeta a não basear suas decisões em argumentos pseudocientíficos ou dados falsos ou irrelevantes... Os maiores males que ameaçam a Terra são a ignorância e a opressão, não a ciência, a tecnologia e a indústria." Uma versão do manifesto foi publicada no Wall Street Journal e contou

à crítica – que não existe – da ecologia sobre a pesquisa científica. Será que eles se sentem mais à vontade com o direito à crítica dos militares ou do mercado?

É chocante ver as pessoas reagirem assim quando as questionamos: e a natureza? E a ameaça de destruição das espécies? E os mares e oceanos? E o Chernobyl genético que tornou a pecuária intensiva? Em conversas privadas, talvez elas admitam ter consciência de que os homens se tornaram uma grave ameaça para a natureza, mas isso não as faz diminuir nem um pouco sua oposição. Ainda recentemente, o célebre historiador inglês Hobsbawm apontou para a mesma alternativa durante uma entrevista. Ele evoca os verdes em termos semelhantes: "Tomemos o caso dos verdes, digamos que no conjunto podemos considerá-los como um movimento de esquerda. Porém não há nenhuma dúvida de que esse movimento procura parar as transformações econômicas e técnicas. Ou, no mínimo, controlá-las. Em outras palavras, o movimento deseja impor uma suspensão do progresso." Não sei até que ponto é possível imputar a um historiador de inspiração marxista a visão de caminhoneiros ou Prêmios Nobel. Podemos opor a ele a opinião do grande pensador Benjamin, próximo também do marxismo, que considerava que não se pode confundir o socialismo com o progresso técnico. Mas a essa série de fatos podemos opor uma outra e eu não as deformo ao constatar, que, em geral, essas manifestações criaram um sentimento de desconfiança entre os ecologistas, ao menos durante algum período de tempo. De qualquer forma, uma volta ao diálogo pressupõe uma mudança de clima e de escuta.

Enfim, nesse caso, a volta ao diálogo corresponderia ao exercício de se definir? Somente procedendo à autodefinição incessante – até atingir o ponto no qual a diferença fique clara para todos –, assim tornamos o diálogo possível: na medida em que os interlocutores reconhecem sua verdadeira divergência ou conhecem o fundamento sobre o qual reside a verdadeira divergência. Ora, é preciso compreender o fundamento dessa divergência. É por isso que podemos falar de uma razão quente, que concerne ao sentido das coisas, seus valores. Nesse caso, eu diria que ela define o que vocês chamam de ecologismo. Enquanto a razão fria – calculista e instrumental, para a qual tudo ou quase é meio – define a ecologia. Em suma, existe uma diferença de temperatura ou de intensidade inicial, que não é sem conseqüência. Mas ela também não é sem motivo. Como poderia explicar melhor? Vocês conhecem o adágio baconiano: "O objetivo da ciência é o de realizar tudo o que é possível." O que escandaliza uns e atrai outros nesse adágio é evidente. Eu não sou filósofo, mas em um segundo talvez me tornarei um. Pois creio que foi Hume que estabeleceu, não a diferença entre o ser, o vir a ser, mas

---

com a assinatura de 46 cientistas de destaque, dentre outros intelectuais. Subseqüentemente o manifesto foi endossado por mais de 3.500 cientistas, incluindo 72 Prêmios Nobel. É possível acessá-lo na integra, em inglês, no *site*: http://www.stichting-han.nl/english/organisation.html#HAUK

que é impossível passar de um ao outro. Pouco importa. O interessante é que, nos dias de hoje, o adágio de Bacon se anuncia sobre uma pesquisa, sobre uma aplicação técnica: "Posso fazê-lo? Depois do projeto iniciado, devo ir até o final, concluí-lo." Esse talvez fosse o estado de espírito daqueles que construíram a bomba atômica, segundo o testemunho de Oppenheimer: "A meu ver, quando vemos qualquer coisa que é tecnicamente sedutora, nós seguimos adiante e a fazemos."

O que é surpreendente é que essas coisas se passaram mais ou menos assim com a bomba atômica. Ela era possível, portanto deveríamos fazê-la e depois lançá-la, sem considerações sobre a natureza, tampouco sobre suas conseqüências. É claro, parece que a coisa anda por vontade própria, se pensarmos em termos de meios, sem relação com os valores. Enquanto isso, de tempos em tempos, os meios entram em conflito com os valores. Esse conflito costuma ser solucionado com a seguinte resposta: não se faz uma omelete sem quebrar os ovos – é preciso correr riscos. Mas diz-se isso devido ao fato de nos preocuparmos só com a omelete e não com os ovos, aos quais não perguntamos como gostariam de ser comidos, como se todas essas vidas infimamente obscuras não importassem em face da razão, que calcula as possibilidades de eficácia ou sucesso, prometendo o progresso dentro da ordem e a mudança sem dor, sem se preocupar com os valores nem com o sacrifício dos ovos: o nosso sacrifício. Na imaginação, a razão pode fazer tais promessas, mas, na prática, ela não consegue mantê-las, pois, diria o grande filósofo Emile Meyerson, ela reproduz apenas o que já existe. Eu o cito: "O pensamento do homem não é jamais completamente lógico, inteiramente racional. Se assim fosse, ele não seria pensamento, pois pensamento significa caminho, progresso, e dentro do rigor racional – que somente pode ser idêntico – nenhum progresso pode ser realizado." O mais grave não é a confusão nos espíritos entre essa "racionalidade sem coração", segundo Weber, e a mutação e o progresso. É que, a partir do momento em que "a coisa deixa de funcionar", uma confusão semelhante se introduz na realidade e leva à catástrofe. Da bomba atômica à vaca louca, passando pelas marés negras e Chernobyl, os especialistas – da ecologia, se preferirmos assim – tratam cada catástrofe como um evento isolado, sem relação uns com os outros. Mas os observadores imparciais e objetivos, que nós somos, enxergam nisso tudo uma lei que rege as séries, que parecem se produzir segundo o princípio dos meios, cegos em relação aos fins. Assim nós poderemos calcular as probabilidades da cadeia de catástrofes, como numa cadeia de Markov[115].

---

[115] NT: em matemática, uma cadeia de Markov de tempo discreto é um processo estocástico de tempo que apresenta a propriedade na qual os estados anteriores são irrelevantes para a predição dos estados seguintes, desde que o estado atual seja conhecido; assim a caminhada aleatória "ignora" o passado. As cadeias de Markov são o passo seguinte depois dos processos sem memória.

Tudo isso é talvez verdadeiro, talvez falso. Quem poderá dizê-lo, se não nos encontramos para discuti-lo abertamente e até amigavelmente? A sensibilidade verde foi desde o início marcada por esse tipo de discussão e por esse tipo de experiência que acontece com os ovos, quando o ato de quebrá-los torna-se uma catástrofe. Mas essa sensibilidade verde jamais conheceu na luta pela natureza, Raffenstein o notou, outro novo avatar do combate entre o bem e o mal. Ainda nos sentimos melhor ao lutar pelo bem contra o mal, do que lavar as mãos por profissão. Não, trata-se de uma atitude simplesmente humana, de um justo desejo de viver e de uma natureza na qual nos mantemos contra o vento. Isso é bom, pois é uma atitude simplesmente humana e que faz surgir muitas emoções antagônicas e contraditórias. Daí vem a acusação de que os ecologistas são contra o progresso – na realidade, eles se recusam a seguir tal e tal "progresso" nessa fuga para a frente que ninguém, nem aqueles que o preconizam, sabe onde ele levará. Isso não significa que o movimento ecológico é uma máquina de voltar no tempo até chegar à época das cavernas. É, ao contrário, uma nova máquina de inteligência natural, que reflete para saber quando se deve avançar, quando recuar e em qual direção. Alguns a apóiam, pensando de forma objetiva, como Baudelaire, que "quase toda nossa vida é devotada a curiosidades inexpressivas. Por outro lado, existem coisas que deveriam excitar a curiosidade dos homens no mais alto grau e que, a julgar pela forma trivial que têm de viver, não inspiram o interesse de ninguém." Em comparação a uma tal máquina inteligente, as outras máquinas, de inteligência artificial ou automática, tendem a se tornar rapidamente obsoletas. O que as mantém, nos raros casos de sobrevivência, é algo que chamamos de poder, mesmo que isso não possua qualquer relação com o fato de os homens amarem a vida e o conhecimento verdadeiro. De toda maneira, a diferença entre ecologismo e ecologia relaciona-se ao lugar dos fatos, num mundo de valores e de poder, num momento em que cada uma das escolhas que fazemos afeta a existência dos homens na sociedade e na natureza. O diálogo só é possível se ele trata dessa diferença, sem uma conclusão preconcebida.

6. Final

Ao começar uma conferência, esperamos terminar, como num filme americano, em um *happy end*[116]. Mas, se não amamos os artifícios retóricos, é melhor empreender uma tarefa menos ambiciosa. Cada um se sente mais confortável de seu lado do muro, vocês do seu e eu do meu. Mas, como estou no movimento verde desde seu início, gostaria de confiar a vocês algumas reflexões sobre esse movimento, que merece se tornar mais conhecido do que é, sendo que a palavra

---

[116] NT: termo empregado em inglês no original, que significa "final feliz".

ecologismo confunde mais do que esclarece. Eu acredito ter compreendido desde o início que se tratava de um movimento "apoliticamente político". Isso porque, de todas essas gravitações na direção da vida pública, na direção do poder, nenhuma foi concretizada sem um retorno à sociedade civil, ao público local. É para protestar contra a vida política de hoje ou fugirmos? Um pouco dos dois, mas isso não é o mais importante. Tudo isso seria a princípio obscuro, se não levássemos em conta ao mesmo tempo sua originalidade e sua influência fulgurante. Ele age num universo em que os problemas são vastos e complicados talvez, mas a princípio situados fora do campo político, por exemplo no campo da pesquisa tecno-científica, da saúde e da poluição, que se politiza ao fazer saltar dele proibições. O mais estranho é que o movimento mesmo deve se transformar, para conceber os problemas a partir desse ponto de vista e ousar intervir de maneira firme. Por outro lado, converter essa influência em ação política, a história nos mostrou, leva um tempo bem maior do que apenas algumas dezenas de anos e, o que não é o caso, a um trabalho contínuo. Tudo se passa como se houvesse nele uma série de campos de problemas que lhe falta penetrar e um potencial de influência vasto e apaixonante que ele não consegue "transformar em gol". Em suma, ele é mais forte do que parece e mais fraco do que deveria. Sei bem que me encontro aqui no limite do julgamento e da constatação. A meu ver, como para os partidos clássicos e a nossa vida política em geral, a queda do muro de Berlim representa um terremoto, cujos resgates não tiveram ainda fim. Temos tendência a esquecer o estado de nossa democracia, ao observar o clima da opinião pública. Um espaço se abriu no campo do poder e os Verdes se apressaram em preenchê-lo, provando que havia uma necessidade dele. Ou bem eles permaneceriam fiéis a seu próprio itinerário, gozando do carisma de uma minoria ativa, fora do "sistema", ou então eles consentiriam em pagar o preço das alianças, das concessões feitas a um pequeno partido inserido num jogo dos grandes. "Quem deseja suplantar alguém", lemos no Tao, "deve conceder primeiramente. Essa é a visão sutil do mundo."

Um mundo onde o partido Verde teve que passar pelo rito de iniciação ao assumir a responsabilidade de governar. Ora, assim como a Lua faz subir as marés, um movimento na direção do poder mobiliza inúmeras adesões de diferentes horizontes, mais ou menos afins com suas idéias ou em consonância com seus objetivos. Eles fizeram inúmeras escolhas, das quais a mais grave foi afastar-se das comunidades de iniciativa, das associações locais e mesmo dos jovens, que são menos solúveis em partidos políticos. Ou bem eles escolhem as ações, dando diretivas destinadas mais a seus aliados do que a seus partidários. Se as circunstâncias não tivessem colocado sobre o movimento social uma placa de partido, os Verdes não teriam tido que dar um passo de conseqüências históricas tão profundas, como dever governar. É uma dessas verdades evidentes, que desaparecem a partir do momento em que se realizam. É, portanto, verdadeiro que um movimento novo, precariamente situado dentro do quadro cultural dominante, era ainda menos relevante no contexto político. Entre a esquerda e a direita, não podíamos estabelecer nenhum elo, pois, quando o ardor era falar da natureza, o movimento era situado em um lado, mas, querendo fazer prevalecer a questão natural sobre as questões sociais ou políticas, ele era situado no quadro de classificação de elementos políticos. A esquerda, agarrada à sua tradição, desconfiava, seja ao qualificar os ecologistas como aliados dos "mestres do capital e dos abastados" ou declarando contundentemente, assim como François Hollande, que os "ecologistas não estão no campo da esquerda". Eis que a direita, há tanto tempo tateando, atenta à fuga de cérebros, qualificou-os de perigosos esquerdistas, denunciando o que chamo de conspiração verde.

Digamos que a minoria ecologista era particularmente confusa num sistema político no qual devemos escolher um campo antes mesmo de existir. Portanto, ao tecer essa aliança com os socialistas – que ouso dizer que previ e proclamei –, os Verdes escolheram sua vocação. Se não enxergarmos que essa será a corrente da esquerda que terá as maiores chances de se desenvolver, não poderemos enxergar também que ela será a única capaz de renová-la no longo prazo. Quanto mais eu reflito, melhor percebo que é esse o sentido da presença dos Verdes no "campo da esquerda". Isso parece verdadeiro, tanto nos últimos pensamentos tidos como provisórios quanto nos tantos provisórios tidos como certos. Eis agora onde eu gostaria de chegar: o movimento ecologista conheceu muitas metamorfoses e muitos ciclos. Ele amadureceu rapidamente, durante sua curta história de apenas trinta anos. Quaisquer que sejam as vicissitudes de hoje, eles estão aqui e presentes. Sem tentar prever um futuro que se improvisa, ele age, supomos, nestes níveis:

– Sobre si mesmo como movimento cujas linhas se reforçam pouco a pouco e que deverá traçar seus contornos de maneira mais precisa. Eu adivinho também, sem apercebê-lo, que deverá se orientar para seus dois focos privilegiados: a sociedade civil e o Estado de hoje, formado de redes próximas mas distintas. Ora, é certo que o trabalho sobre si mesmo, o fato de projetar-se num futuro, mesmo próximo, é julgado por muitos como contrário ao espírito ecologista, mas se o negligenciarmos, seguiremos simplesmente o declive eleitoral e mesmo associativo, sem mais. Os movimentos que sabem durar são raros e cada um se inventa por si mesmo.

– Sobre a diversidade de correntes e de movimentos que constituem sempre uma nebulosa ecologista. Eu mal os reconheço nos clichês que nos impõem. Mas será oportuno articular os três componentes dessa nebulosa, que eu representaria através de uma fórmula: "Voltar à natureza", "Proteger a natureza" e "Escolher a natureza" – a fórmula do componente político. É o que possivelmente resultaria numa coordenação de ações ou numa divisão do trabalho, segundo cada caso. De uma maneira ou de outra, a dispersão tende a fazer com que elas se aniquilem umas às outras, não porque isso seja uma desordem, e sim, ao contrário, porque cada uma segue sua ordem e sua lógica, inviabilizando as vias de uma comunicação indispensável.

Eu acredito que o movimento ecologista, sem ser verdadeiramente antiintelectualista, herdou alguns tiques e hábitos dos movimentos espontâneos, ávidos de experiências autênticas e de ações concretas. Como todos os movimentos novos, desejou expressar idéias mais simples e de maneira menos sofisticada do que os movimentos antigos e dominantes. É próprio de toda a minoria nascente dar uma resposta franca às questões das pessoas e fazê-lo numa linguagem direta e por gestos exemplares, sem os quais ela se tornaria uma seita. Como quer que seja, creio que o movimento verde está prestes, enfim, a definir suas bases teóricas, a expor sua visão intelectual e científica ou a debater com os outros sem temer ficar rapidamente sem assunto por falta de matéria, chamando para contribuir os meios intelectuais: os pesquisadores, as universidades. Muitos ficaram surpresos com esse movimento, como Luhmann expressou; outros se tornaram especialistas em ecologia e se afastaram sob o pretexto da objetividade, simplesmente adicionando a variável ambiente ao conjunto que eles já têm por hábito estudar. Mas a quem e ao que podem servir seus estudos, se eles não superam as resistências do modo de pensar existente e seu próprio embaraço diante dos Verdes? Através da participação, que façam ouvir sua voz e exerçam uma influência palpável no mundo real!

Para nós que vivemos no século XXI, tudo isso é urgente. Hoje, nós não podemos ter medo das palavras e conduzir uma política da natureza, pois a natureza deseja que flertemos com ela, que cuidemos dela e do que criamos sobre essa terra verde. Nós temos o controle de tudo o que evolui e devemos romper com a mentalidade "depois de nós, o dilúvio". Não haverá outra oportunidade, outro momento para a nossa espécie continuar sua história humana da natureza, sua viagem no desconhecido, a única que tem.

3. A QUINTA INTERNACIONAL*

Serge Moscovici propõe como palavra de ordem de um humanismo naturalista: Respaldar a natureza e, assim como o socialismo marcou o século e quase deixou passar suas internacionais, reconhecer esse novo movimento que é a ecologia, como a quinta internacional.

RAZÃO PRESENTE: Você acredita que é preciso substituir a noção de conquista e dominação da natureza pela noção de criação da natureza?

SM: Sim, é isso. Para dizer a verdade, o que é a conquista? Eu me pergunto: de qual dominação ela trata? Qual é a verdade das ciências, desses conhecimentos que se medem por seus triunfos sobre as outras espécies – sobre as diferentes existências materiais, sobre o mundo exterior – como costumamos dizer? A cada descoberta, a cada nova ciência, supomos e clamamos ter avançado mais um passo na direção da conquista, na direção do domínio da natureza – e mesmo do universo. Basta ler, olhar e escutar para entender que não acreditamos mais nessa noção de conquista, de dominação, e que começamos a perceber sua vacuidade e a esperar em desespero por suas conseqüências. Se for preciso começar nossa análise por um triunfo, primeiramente, devemos nos inquietar pelo triunfo dos homens sobre eles mesmos. Acusaremos nós os acontecimentos da última guerra como razão dessas modificações? Em vez de responder a essa ampla questão, prefiro citar algumas linhas que foram uma revelação para mim na juventude. Desde então elas inspiraram – sem nada perder de sua gravidade – o meu trabalho, o meu pensamento. Quase no final do prefácio de seu livro sobre a nova ciência e a cibernética – que foi lançado em 1948 – seu fundador, Norbert Wiener, escreveu o seguinte: "Nós contribuímos para o início de uma nova ciência que – como já disse anteriormente – comporta desenvolvimentos técnicos que podem servir para o bem e para o mal. A única coisa que nos resta fazer é transmiti-la para o mundo que existe em torno de nós, que é o mundo de Belsen[117] e de Hiroshima. Nós não temos nem mesmo a escolha de suprimir essas novas e avançadas técnicas. Elas pertencem à nossa época e tudo aquilo

---

* Este texto é uma adaptação de uma longa entrevista publicada sob o título "Podemos governar a natureza?", *Raison Présente*, número 13, 1972.
[117] NT: Bergen-Belsen, ou simplesmente Belsen, foi um campo de concentração alemão da época de Hitler, que se situava no atual estado alemão da Baixa Saxônia, a sudoeste da cidade de Bergen.

que poderíamos tentar fazer para suprimi-las poderia ser causa para que essas novas e avançadas técnicas caiam nas mãos dos mais irresponsáveis e mais venais dos engenheiros. O melhor que podemos fazer é cuidar para que o grande público compreenda a tendência e o porte de nosso atual trabalho..." Paro aqui de citar suas palavras fortes, calorosas e humanas.

Certamente, esse é um mundo estranho, "o mundo de Belsen e de Hiroshima", mas que ainda não desapareceu, assim como outros mundos estranhos que conhecemos, de primeira mão. De qualquer modo, não é do triunfo da nova ciência que nos fala Wiener, mas do triunfo que os homens empreendem sobre os próprios homens. Voltamos sempre ao mesmo ponto: transformar os seres vivos e as forças materiais não significa dominá-los ou conquistá-los. Essas noções perderam sua validade e força e, por outro lado, elas nunca corresponderam à realidade. O ponto importante é que hoje podemos falar de criação nas próprias ciências – na física, em cosmogonia etc. – sem ter o sentimento de evocar uma idéia arcaica. Nós podemos aceitar a idéia de criação da natureza. Se essa noção parece mística ou rebuscada – reservada às artes e aos artistas, com os quais os especialistas certamente não gostariam de ser confundidos –, paciência. Ela definiu exatamente o sentido do trabalho dos cientistas e de nossa ação, que descrevemos por termos mais "respeitáveis" de pesquisa, de descoberta, de invenção e que significa mais ou menos a mesma coisa. A menos que eu me engane, nossas ciências não são mais cartesianas ou newtonianas, mas ciências einsteinianas. Justamente, Einstein disse que nossas teorias são criações livres de nossos pensamentos. No que me concerne, ao menos, eu creio que a noção de criação exprime de maneira mais direta e precisa o nosso saber e o nosso *savoir-faire* na natureza, do que a noção de dominação e de conquista, que ninguém pode sustentar, de maneira séria, que tenha alguma relação com a ciência, a arte e a técnica, em suma: com as possibilidades do homem na natureza.

Alternativamente, sua pergunta me leva à tecnologia política, sobre a qual me perguntam: mas por que é então uma ciência política? Primeiramente desejo distingui-la da tecnologia simplesmente. Em seguida, focar a atenção sobre o fato de a questão natural introduzir a política na natureza, nos conduzir a uma política da natureza. Essa política supõe uma idéia da natureza e a natureza supõe uma outra idéia de política do que aquela que é expressa pelas noções de conquista e dominação. Certamente, eu não teria acreditado, mas, ao estudar essas questões, eu pude constatar que nossas ciências modernas são racionais e não religiosas, mas, no fundo, dependem de uma visão religiosa da natureza e da história - das quais se acreditam emancipadas. É notável a prerrogativa de perceber, nessa idéia de natureza, uma natureza dada, eterna e única, como um produto exclusivo de forças não humanas, independentes de nós e totalmente exteriores. A partir dessa visão, a natureza nos resiste como uma adversária à qual nós somos obrigados a enfrentar num combate imaginário, de forma que ela se torna para nós, simultaneamente, um modelo de abstração e uma meta de dominação. Estou simplificando, evidentemente, mas por trás disso tudo reside uma teodicéia: Deus criou a natureza, os homens podem simplesmente estudá-la e conhecê-la.

Portanto, tudo nos leva a pensar que a natureza existe em contraponto ao nosso *savoir-faire*; a partir do momento em que ela faz parte de nossa história, em suma, em que ela é uma natureza histórica, podemos ter dela uma idéia mais verossímil ao reconhecer que a natureza descrita ou explicada por nossas formas de conhecimento não nos é dada *a priori* ou como sendo exterior, tal que, como conseqüência, nós meramente a percebemos e observamos. Ao contrário, ela concebe sua realidade ao penetrar no campo dos saberes humanos, uma vez que esses se relacionam com as forças materiais, *associando-se* a elas de maneira normal e estável. É somente na medida em que a natureza se incrusta nessa relação que ela se torna *objeto* da ciência, da técnica, da arte, e assim por diante. Essa é a idéia de natureza que supõe a política, a nossa política. Aqui se faz necessário que nos detenhamos um pouco mais, para compreender em que sentido existe uma idéia política na natureza. Tudo isso é muito importante para definir qual é o significado, o propósito que destinamos às ciências teóricas e práticas, à nossa ação coletiva e mesmo à razão. Descobrimos, com efeito, que até o momento as temos considerado como armas de uma luta de homens, de defesa e ataque contra a natureza "exterior", que os melhores ganham. Os dois lados dessa luta são, evidentemente, a dominação – que assegura a soberania dos homens e de seus conhecimentos – e a verdadeira conquista: que submete e mesmo destrói a natureza – como faz todo o conquistador em um país vencido.

Se a dominação estabelece os limites onde a luta acontece, a conquista destrói sem limitação. Se a primeira deseja estabelecer uma ordem, a segunda a torna obsoleta. Se, por um lado, nós nos representamos como mestres que procuram ser reconhecidos, por outro, nós nos representamos como inimigos que desejam ser temidos. Dessa forma, como as representações que constituímos da realidade pertencem a essa realidade, devemos tomá-las ao pé da letra: enquanto parte de nossa educação, de nossos valores, de nossas práticas e também, evidentemente, de nossa compleição mental. Dessa maneira se constituem os princípios de uma política que é sempre a nossa: usar a violência contra tudo o que é natural, homens naturais, espécies naturais, recursos naturais etc. É dessa forma que ouvimos em tudo que nos cerca – nas salas de aulas, nos auditórios universitários, nos livros, na biografia dos sábios, nos livros de história, no discurso dos cientistas e mesmo nos programas de televisão e na leitura dos jornais – os clamores de vitória na ocasião de uma nova descoberta ou de uma nova teoria. Foi dessa forma que inculcamos em tantas gerações a indiferença, o desprezo ou o medo da natureza. Mas nós podemos imaginar que nessa luta contra a natureza os homens ganham as batalhas, jamais a guerra. Se o bom-senso fosse algo comum a todos, os homens iram se abster de falar de conquistas: conquistar a natureza é o mesmo que pretender esvaziar o mar com uma colher de café.

Eu não repetirei aquilo que escrevi em meu livro sobre a teoria de nossos estados da natureza, em que explico que percebo hoje uma versão em prosa da visão poética da pluralidade dos mundos, que levou Giordano Bruno à fogueira, condenado por heresia. Se essa teoria é válida, ele não desejava conquistar, tampouco dominar a natureza e a política que inspira. De fato, nós conhecemos estados da natureza que se sucedem ao longo de uma história infinita em relação a todos e, a cada instante, inacabada. Portanto, conhecemos a criação de *savoir-faire* e de faculdades sempre em fluxo e reproduzidas pelos homens a cada geração. Esses estados de natureza não são nem mais completos nem mais perfeitos uns em relação aos outros, como também as línguas não são superiores umas às outras – inglês, francês, alemão ou swahili[118].

Podemos discutir longamente o que entendemos por criação e história. Do ponto de vista científico, elas nos libertam do ponto de vista de uma evolução linear e da ilusão de um fim e de um começo da nossa evolução. Os mesmos conceitos de criação e história nos libertam também da ilusão de ver os super-homens conseguirem unir todas as ciências em uma ciência, reduzir todas as teorias em um sistema que, por força do destino, chamamos de sistema da natureza. Em tudo o que há vemos, ao contrário, que: quer se trate de seres materiais ou saberes, observamos bifurcações cada vez mais numerosas em universos que se multiplicam no curso de suas histórias. Não há nada de surpreendente, se as disciplinas científicas e técnicas também não se pareçam mais com construções em estilo uniforme, alinhadas ao longo de uma avenida retilínea – sua arquitetura peculiar assemelha-se mais àquela das casas de uma cidade na qual os diferentes bairros crescem de acordo com as circunstâncias e a topografia do lugar. Não nos vangloriamos mais, como nos tempos de Auguste Compte, de poder classificar as ciências e as técnicas e seriamente edificar sobre elas uma filosofia. O que desejei foi salvar, descongestionar nosso espírito da visão de uma história como conquista, de uma dominação progressiva e unificante, similar a um rio canalizado em uma enchente, cujas águas transbordantes arrastam tudo em sua passagem, assim como, é fato, inundam as margens infertilizadas por produtos fertilizantes perigosos ou por produtos de *savoir-faire* nocivos. Dito de outra maneira, eu projetei uma luz muito forte sobre a imagem das bifurcações que carregam a água em múltiplas ramificações de pequenos e estreitos canais, que seguem irrigando os terrenos mais variados, pradarias, culturas, matas e florestas, sem causar estragos. É o que eu desejei fazer: explicar a história de uma maneira diferente das correntes da ciência e do mundo. A vida e a natureza são dessa maneira? E a sua política deve ser dessa forma? Não me vem à idéia querer explicar de uma forma categórica. Mas como tratamos de algo que é da vida, nós

---

[118] NT: o kiSwahili, swahili ou suaíli é o idioma Bantu com o número maior de falantes; atualmente é uma das línguas oficiais do Quênia, da Tanzânia e de Uganda, embora os seus falantes nativos, os povos swahili, sejam originários apenas das regiões costeiras da África.

devemos julgá-la como julgamos nossa vida: a partir do interior e não do exterior. "Coisa incrível", dizia Victor Hugo, "é dentro de si que é preciso olhar para se ver o exterior. O profundo espelho sombrio no fundo do homem."

RAZÃO PRESENTE: Eu gostaria que voltasse a pergunta que lhe fiz; você não acha que o reconhecimento do papel da ciência, o papel primordial da ciência no futuro social deveria liderar a política, no sentido mais amplo da palavra?

SM: Creio que não me afastei de sua pergunta, ao contrário, eu me aproximei dela para recolocá-la no contexto apropriado. Não que eu seja um fã da política ou que eu pense que tudo é política. Entretanto, as velhas crenças sobre o progresso da ciência, que alcançaria alguns objetivos no lugar dos homens, excluíram a política do lugar onde ela deveria estar. O nome de ciência, curiosamente, sai da boca dos homens que nos governam e daqueles que os aconselham. Nós a invocamos para que ela encontre soluções perfeitas para os nossos problemas, sem violência e sem dor. De toda maneira, escrevendo o *Ensaio Sobre a História Humana da Natureza*, eu não quis apenas propor uma nova teoria, mas incitar cada um a fazer seu trabalho individualmente, enfim, agindo sobre uma forma de pensar que nos foi legada pela filosofia clássica. A ciência, a técnica e as artes mecânicas, etc, são abstrações, personagens ficcionais acima de nós, que têm a mesma eficácia que os deuses e os seres da razão. Mas essas abstrações são também enganosas, nos mascaram os grupos que as criam e as sustentam. Eu falo primeiramente dos grupos ou categorias naturais – artesãos, engenheiros, cientistas, etc – que criam e aperfeiçoam os saberes e *savoir-faire*, as novas disciplinas teóricas e práticas. Eles se lançam em batalhas pacíficas para defender e promover os estados da natureza, ao mesmo tempo que abrem um novo espaço na sociedade, que estava fechado anteriormente. Eles são, portanto, os atores de sua história, através de uma política, com o mesmo título de uma classe social e de um partido. É impressionante que o tema de governar a natureza, de uma política da natureza, só tenha surgido hoje, quando a política já existe há tanto tempo.

As razões são muitas. Eu insisto em duas delas: por um lado, as tecnociências se tornaram hoje um assunto coletivo, tanto pelo número de pessoas que elas envolvem quanto pelos investimentos que exigem. Se, por um lado, as guerras frias ou quentes nos fizeram pensar cada vez mais no futuro de nossa espécie e nas potencialidades de destruição existentes um pouco em cada lugar, por outro lado, é normal considerar a questão da natureza do ponto de vista dominante: como uma questão isolada. Mas, de meu ponto de vista, ela está no centro de nossa vida política e social.

É preciso avançar e perguntar qual o objeto de uma política da natureza. Nossa entrevista deu bastante ênfase ao que não pode ser nem a conquista, tampouco a defesa ou a conservação da natureza. Em uma fórmula lacônica, eu diria que seu objeto é a *escolha* de nosso "estado de natureza". Isso é evidente: toda a política implica uma escolha e um estado de natureza não é uma coisa que precisamos conservar ou destruir. Vocês talvez se espantem, mas a história nos fornece exemplos de coexistência de estados de natureza alternativos, como foi o caso da natureza orgânica e da natureza mecânica entre os séculos XVI e XVIII. É caricaturar os acontecimentos e os homens o apresentar a escolha da natureza mecânica como a ascensão de verdades, de experiências e de cálculos novos que permitem a eliminação de erros, práticas e teorias antigas. Tudo isso é uma maneira de travestir a realidade de uma discussão e de um combate nos quais cada camada social forma um partido. Num extremo começamos pelo artesão, enraizado em seus trabalhos manuais, acreditando naquilo que lhe chega através dos sentidos, até o sábio, que acredita nas causas finais, nas forças da vida, na natureza como sistema orgânico; no outro extremo, encontramos primeiramente o engenheiro, fiando-se na perfeição das máquinas, sucedido pelo sábio que eliminou o saber dos sentidos para se fiar no cálculo e na medida, enfim, nas causas eficientes de uma natureza semelhante a um imenso moinho ou a um gigantesco relógio. Ou ainda, para ilustrar melhor, coloquemos Bruno e Pascal de um lado e Galileu e Descartes do outro: eis o que chamo de optar por dois estados de natureza possíveis.

Assim segue a política da natureza que – como qualquer política – é um assunto de saber que faz e legitima as escolhas. A crise que vivemos nesse momento, estou convencido, é menos uma crise de confiança na ciência e na técnica, do que uma crise de legitimidade daqueles que governam. Relembremos o texto de Wiener que citei; ele não só apontou duramente esse "mundo de Belsen e Hiroshima", mas colocou a questão de saber a quem devemos transmitir a nova ciência e o desenvolvimento das tecnologias que irão surgir. Ele sabia, portanto, assim como sabemos hoje muito bem – e suas palavras nos apóiam –, que aquilo, que é na realidade a política da natureza, está nas mãos de uma camada restrita de "reis sábios", herdeiros dos "reis filósofos" de Platão, encabeçando uma hierarquia de *experts* – administradores, cientistas, militares – que formam um tipo de *high church*[119] da razão. Ela se arroga o direito de falar em nome da humanidade e tomar nosso silêncio como consentimento. Nós somos – esteja bem claro – grandes responsáveis por esse mutismo. Isso, quando reafirmamos a certos grupos e a certas instituições um poder absoluto de pesquisa, de produção de conhecimentos, práticas e assim por diante. Quando impomos *habitats* e modos de vida sem o consentimento daqueles que são obrigados a se conformar e aos quais resta apenas os boicotes ecológicos para se expressar, para protestar contra aquilo que torna suas vidas inviáveis. Nós temos pouco tempo para refletir e ficamos pouco encorajados quando nos propõem a escolha entre a bolsa ou a vida, o trabalho ou a natureza, a energia nuclear ou o emprego.

---

[119] NT: em inglês no texto original, a expressão é usada para designar pontos de vista divergentes quanto à liturgia dentre as diferentes denominações cristãs, especialmente aquelas associadas às igrejas de tradição anglicana.

Eu não coloco em dúvida – notem bem – nem a competência, nem a integridade pessoal, a dedicação à instituição desses coletores dos tributos da natureza. Eles devem pensar provavelmente no futuro social. Mas eu não creio que seja aquele no qual pensamos e que esperamos. Qualquer que seja a boa vontade dessas pessoas, sua política de pesquisa e desenvolvimento só pode ser uma política de autoridade, já que estão persuadidas de que "sabem melhor" através do seu cálculo, que se orienta por uma racionalidade instrumental para a qual não existem fins, apenas meios. Se você, por objeção, diz que ela não causa estragos – mesmo que não seja perfeita –, eu responderei que a primeira vítima é a própria ciência que sucumbe, como previu Weber, numa perda radical de sentido.

A despeito de tudo, estamos amadurecendo. Se, como acredito, a política da natureza prega hoje a democracia e se através dela queremos alargar o repertório das liberdades, é aí então que começamos a compreender que é preciso conferir aos cidadãos a possibilidade de debater e de escolher. É necessário descortinar uma a uma as proibições – herdadas por séculos – de nosso direito de falar, ler, escrever e conhecer as proibições, que deixaram uma marca profunda em nós. É preciso ousar dizer que escolher a natureza implica escolher também a forma de fazer ciência e pesquisa, bem como a maneira como cuidamos da Terra e dos seres que vivem sobre ela: tudo isso é da nossa alçada e nos cabe legitimizar essas escolhas em última instância. Faz dois séculos que Kant lançou contra todas as proibições o seu famoso: "Ouse saber." Hoje em dia é preciso escutar: "Ouse escolher sua natureza." Esse era o caso, inconscientemente, no passado, entretanto, isso pode se reproduzir, conscientemente, hoje. Se passarmos a centrar na natureza o critério de nossas decisões, passaremos também a questionar freqüentemente se uma ciência é favorável ou hostil à natureza.

Podemos tratar como utopia essa política da natureza, pela falta – tão simplesmente – do sentido do invisível. Mas como? Permitimos aos cidadãos – fazemos apelos ao público e mesmo lhe ensinamos – fazer escolhas que não são nem de seu domínio nem de sua competência, sem mencionar o fato de que mesmo os especialistas não têm uma competência maior e por isso se põe em risco a vida de grandes parcelas da população. Em muitas ocasiões, seu sofrimento é infinitamente maior do que um erro de cálculo, seja esse teórico ou empírico. Na verdade, nós assistimos a uma ampliação da consciência política coletiva e individual na direção de um novo domínio, de uma nova política. Essas coisas acontecem, nós ficamos surpresos, até mesmo escandalizados, depois nos acostumamos. É necessário apenas tomar consciência dessa nova política para entender que de seu futuro depende nosso futuro social. Debate-se inutilmente para pará-la, ignorá-la ou evitá-la, pois muitas pessoas – jovens ou velhas, mulheres ou homens – ignoram a arte de fechar os olhos para o essencial: viver em desacordo com a natureza ou contra a natureza. Aqui, algo está nascendo e confere a nosso futuro um sentido humano ou humanista, se preferir.

RAZÃO PRESENTE: Mas não é possível propor uma outra fase para o humanismo, que seria o que chamamos de humanismo científico?

SM: Por favor, não me leve a mal, tentarei evitar ridicularizar essas palavras: humanismo científico. Entretanto, entendo que essas palavras deveriam ter aderência a nossas experiências: quanto mais verdadeiras são as experiências, melhores são as palavras que as descrevem. É por isso que, se você sugere que seja acrescentado na expressão humanismo científico um suplemento de alma a uma ciência que não a possui, eu digo que não é possível. Não há nenhuma razão para eu roubar o ganha-pão de alguns sábios e filósofos que tratam da condição humana. Essa é justamente a razão pela qual não podemos imaginar que é suficiente reacomodar ou reabilitar a ciência, ou que possamos ser humanistas e mesmo assim pretender fazer tudo o que é possível se fazer em termos de ciência e de técnica. Nós desejamos uma nova ciência, uma ruptura de valores de conhecimento e de amor ao conhecimento. Talvez seja a consciência sustentável da vida no mundo real e virtual, de "Belsen e de Hiroshima".

Mas o mais importante é desejar e aspirar por uma forma de vida, uma cultura em que a ciência participa, evidentemente, mas sem dominá-la. Ou seja, uma forma de vida ou uma cultura que tenha uma importância equivalente à da filosofia, das artes, de seu *savoir-faire* e de sua própria característica. Como já lhe disse anteriormente, o que importa para nós não é a ciência como tal, mas a natureza. Francamente, o humanismo científico está ultrapassado. Atualmente, só podemos propor um outro tipo de humanismo: o humanismo naturalista. Como não brincar com a idéia de que isso poderá se tornar a quinta internacional – anunciada e mesmo exigida em um belíssimo poema de Maïakovski? Isso é um humanismo capaz de revolucionar nossa forma de vida, de partir de nossa relação com e dentro da natureza. Um humanismo no qual não teremos mais nada a declarar a cada vez que a ciência ou a técnica fazem uma nova descoberta: afinal, é o medo que aumenta, não o conhecimento. Mas dizer que o medo tenha tal causa ou tal efeito, é acima de tudo uma precipitação – uma impaciência – à qual ninguém dá razões e que observamos hoje em dia. Entre as falsas promessas e as omissões – mais ainda falsas – podemos lembrar do coro de Sófocles[120] apostrofando o homem: "O ser que atormenta a criatura mais divina de todas, a Terra." Pois a verdade é que esquecemos que o homem tem a responsabilidade de protegê-la.

Agora, começamos a redescobrir isso, portanto no combate da ciência técnica contra a natureza, a voz da razão nos diz: *defenda a natureza*. Quanto mais penso, mais acredito que essa é a fórmula desse humanismo naturalista e, que bem

---

[120] NT: Sófocles foi um dramaturgo grego (496 a.C.?-406 a.C.) e um dos mais importantes escritores gregos de tragédia na época do governo de Péricles e do apogeu da cultura helênica.

sei, a palavra de ordem dessa nova *quinta internacional*. Esse humanismo segue através de fórmulas, idéias e pessoas: é preciso levá-las a sério, mesmo os mais loucos, aliás, principalmente os mais loucos, pois, se refletirmos com seriedade, esses são, no longo prazo, os únicos que importam. Isso ocorre porque os mais loucos insuflam o entusiasmo, confrontam-se com as oposições e assim fazem tombar as barreiras no coração dos homens e as muralhas entre os homens, agarrados aos reflexos sociais, às suas crenças, que os cegam dia após dia e que os atiram numa conformidade perpétua. Nós abolimos a pena de morte física, mas não a pena de morte mental sobre a qual velamos, com a lanterna na mão.

Para tornar nossa proposta mais simples e terminar nossa entrevista, eis duas idéias que balizam o caminho a seguir na direção da nova internacional. O naturalismo é um humanismo. Marx nos espanta por ter escrito: "A natureza ou o humanismo perfeito difere tanto do idealismo quanto do materialismo, ela é ao mesmo tempo a verdade que une esses dois." Foi muita sorte encontrar essas palavras, mesmo que não tenham sido as nossas, para contrastar o humanismo, que é alcançado quando nosso distanciamento da natureza acaba. O que significa dizer o que é evidente: nem as ciências, nem as técnicas, nem as relações sociais, nem nossa história são ou podem ser *extra naturam*[121], como dizia Spinoza.

O humanismo naturalista pode ser compreendido sucintamente a partir de três pontos de vista. Primeiramente, pelo aforismo de Wittgenstein: "Sejamos humanos", que nos ensina a modéstia como pensamento de base de nossas ações e o respeito a todas as formas de vida humanas. Podemos ouvi-lo como uma prece destinada a cada um de nós, para que sejamos um homem para os homens. Continuamos pelo axioma de Michelet: "O humano se faz e se cria por si mesmo". Em suma, ele nos leva de volta ao essencial, nós que oscilamos de um extremo a outro, enquanto nos imaginamos fora da história, portanto numa história que existiria independente de nós, o que nos impossibilita de fazer uma escolha. Ou, ainda, esse axioma nos corta e nos diz que é impossível retirar o trabalho de fazer a história das mãos do homem, para entregá-lo a outros: seja um deus, uma ciência ou uma técnica. É tão estranho que os homens amem se esconder naquilo que fazem ou que desejemos esconder que o homem se cria ele mesmo. Isso deve satisfazê-los, pois do contrário não aceitariam esse subterfúgio dessas máscaras não-humanas, uma história da qual são eliminados, como se não fossem eles que a fizessem, mas, ao contrário, que a história os fizesse. Não existe outro mistério nisso tudo, a não ser a preferência dos homens por sua obra.

Por fim, deduzimos o princípio da razão: nós só podemos pensar a natureza e a história que criamos sozinhos. Esse princípio é conhecido, mas nós demoramos a reconhecê-lo, fato que nos lança numa seqüência de conseqüências.

---

[121] NT: expressão originalmente em latim no texto e que significa "algo externo à natureza".

Se a pátria desse humanismo é o futuro, eis então o esboço precipitado que posso fazer. Se, como pensava Simmel, o socialismo foi o "governante secreto"[122] do século XIX, eu penso que o naturalismo será o "governante secreto" a partir do nosso século. Uma afirmativa que eu adoraria que pudéssemos lembrar. Mas quem é que se lembra de algo numa época em que tudo é passado mesmo antes acontecer, numa ilusão de existência? Entretanto, é a única ilusão que resiste ao tempo. Creio que respondi sua pergunta, mesmo ultrapassando-a, ao falar do novo mito que conquista o mundo, afinal esse é o significado do "governante secreto".

---

[122] NT: no texto original, *"Roi Secret"*.

III

NA EFERVESCÊNCIA DO MOVIMENTO

1972

O ativismo de Serge Moscovici – relativo ao naturalismo subversivo que ele formulou em seu livro *A Sociedade Contra a Natureza* – iniciou o ano de 1972 com a exposição itinerante intitulada *"Métro-boulot-dodo"*, que foi promovida em conjunto com outros pesquisadores e percorreu o interior da França durante o verão. A esse respeito, a seguinte nota foi gerada na coluna "Sinais do Tempo", do *Nouvel Observateur:*

Expo-verdade
Como morrem as civilizações? Sejam os Baris[123] da América do Sul ou os Bretões da Bretanha: trinta painéis de quarenta por sessenta centímetros descrevem esse processo através de textos e imagens. Durante todo o último verão, Serge Moscovici, Yves Billon, Yvonne Verdier, Philippe Denis, Alexandre Grothendiek, Robert Jaulin, Solange Pinton e Eleanore Jaulin levaram essa expedição improvisada às regiões do Aude e do Hérault. Como saltimbancos, eles armavam os cavaletes de madeira nas esquinas, nas escolas e nos espaços públicos destinados à cultura nas cidades. À noite eles discutiam com a população sobre o êxodo rural, sobre as pseudovantagens da vida urbana e sobre o *"métro-boulot-dodo"* – uma outra série de painéis igualmente exibida. Atualmente cem exposições circulam pela França. Cem outras estão disponíveis.
20/11/1972

1973

Na primavera de 1973 houve a maior manifestação ecológica "à bicicleta" que a capital jamais vira. O seguinte elogio à bicicleta apareceu no jornal *"Le sauvage"* sob o título: "Homem livre: sempre haverás de querer bem à bicicleta".

1. *O pé*
Nada é mais valioso do que o pé. Eu já havia perdido a esperança de ver meus contemporâneos e sobretudo as novas gerações reconhecerem essa verdade. Bem sabemos do desprezo que tínhamos e que ainda guardamos com

---

[123] NT: povo que vive ao sul dos iucpas-iucos, na Serra de Perijá, fronteira entre a Venezuela e Colômbia. Na década de 60, existiam em torno de 800 ou 900 pessoas, dizimadas pelas epidemias provocadas pelo contato com os civilizados.

relação ao pé. A linguagem – nem sempre inocente – pode testemunhar esse fato: "Pé frio!" "Sem pé nem cabeça!", "Isso não vai dar pé!"

Sempre que possível, evitamos falar do pé. Existem mesmo sinônimos eruditos – prazer, desejo, etc. – empregados lá onde o pé – o velho e bom pé – teria sido suficiente: "pé de valsa" por exemplo. As coisas, porém, andam mudando: tanto na cidade quanto no campo; tanto na mesa quanto na cama. Seja em pé ou deitado, o pé se tornou fundamental: "Uma pessoa com os pés no chão", "Se manter com o pé firme". O apreço pelo pé se tornou inegável. Os neófitos ignoram, porém, um fato simples: o pé tem um amigo – a bicicleta; e um inimigo – o automóvel.

2. O automóvel

Eu não tenho automóvel e nem sequer sei dirigir. Todos me olham como um animal curioso, uma anomalia da natureza. Meus amigos fazem pressão para que eu renuncie a essa excentricidade. As montadoras de automóvel, por sua vez, destilam seus discursos sociometafísicos; ouvi no rádio uma delas dizer: *"O progresso de um país se mede pelo número de automóveis. Renunciar ao carro é desprezar o progresso"* Ou ainda: *"Desde sempre, o homem sente uma necessidade, quase biológica, de se deslocar com liberdade, de maneira individual, rápida: só o automóvel satisfaz essa necessidade."*

Tais discursos estão realmente em simbiose com a lógica da sociedade contra a natureza. Em primeiro lugar, existe uma hierarquia: alguém é o primeiro e representa o progresso. Nós devemos buscar essa posição – ou bem perto dela – , senão estamos na posição dos atrasados, subdesenvolvidos, etc. Em segundo lugar, para cada necessidade existe um determinado objeto que lhe é correspondente. Se você não possui esse objeto, sua necessidade ficará insatisfeita. Uma lógica sem pé nem cabeça: as coisas não são pensadas considerando a experiência concreta, considerando seus efeitos, mas de acordo com normas abstratas com as quais os primeiros na hierarquia avaliam a si próprios. Desta forma, cada parte permanece fechada em seu fragmento de universo, longe de se conceber como uma totalidade. Só porque os outros possuem um automóvel, você deve ter um. Só porque outras nações têm uma grande indústria, nossa nação deve possuir uma. Avaliar se isso é bom ou ruim – ou, ainda, se existem outros meios de atender aos nossos desejos, as nossas condições de existência – não parece preocupar ninguém. O mais importante: não inventem nada. Então, como resultado, diante de uma panela de ferro, a sua é feita de barro. A lógica da sociedade contra a natureza é uma lógica terrorista e o automóvel se tornou o seu veículo no nosso psiquismo. Hoje, não é mais o carro que importa, mas essa lógica.

Eu estudei bastante o automóvel, a partir do lugar que sempre ocupo dentro dele: o lugar do morto (estatisticamente, o lugar à direita do motorista). Individualidade, liberdade, rapidez: tudo isso é contestável. Cada um está fechado em seu carro como dentro de uma concha: lugar de solidão, lugar de dessocialização. Ninguém se comunica. Todos se evitam, se fecham em si mesmos, prisioneiros do cinto de segurança, do volante, do assento, das portas e janelas. O automóvel é um instrumento de liberdade? Falemos sério. É como se não bastasse a quantidade de documentos, códigos, leis e proibições que já enfrentamos. O uso do automóvel acrescenta, ainda: carteira de motorista, código de trânsito, mão e contramão, proibição de estacionar, de virar à direita ou esquerda, de aumentar a velocidade, uma lista crescente com os anos. Isso, para não mencionar os controles: renovação da carteira, bafômetro, controle de velocidade pelo radar. Não se pode ler um jornal, ligar a televisão, entrar numa igreja sem que se tenha que pensar nisso tudo. Ao volante, somos: um morto ou um criminoso potencial. Respeite a lei! Antigas angústias e culpas voltam à tona. Linda liberdade que alcançamos: uma liberdade condicional!

Posso ceder apenas num ponto: o automóvel é mais rápido do que um cavalo. Em compensação, andar a cavalo gera menos engarrafamento. Observemos os engarrafamentos nas estradas – as filas nas entradas e nas saídas das cidades, o motorista que roda horas antes de achar uma vaga – e podemos nos conscientizar de uma noção física que a publicidade já observou: a velocidade não é uma quantidade de quilômetros por hora, mas uma relação espaço-tempo. Nesse caso, o cálculo demonstra isso na vida cotidiana: é melhor andar a pé do que andar de automóvel. Assim, o charme discreto da evasão é substituído pelo pesadelo das proibições, da poluição, do dinheiro.

3. *A bicicleta*

Só há uma maneira de sair dessa: a bicicleta. Uma bicicleta, dez bicicletas, cem bicicletas numa rua, numa estrada. Cada pessoa poderia estar – segundo sua preferência – sozinha ou em grupo. Estando ao ar, andando pelo ar ou no ar –como queiram – mas um ar sem perigo: a bicicleta não faz ninguém respirar vapores de gasolina, apenas os vapores da manhã ou da tarde; ela não deixa ninguém ficar parado, sentado num banco, mas, ao contrário, faz as pessoas se movimentarem; ela não imobiliza o corpo, mas mobiliza as pernas, os braços, os cinco (ou seis) sentidos – já que a cabeça sonha. Se alguém cair, a pessoa se levanta e acorda cercada de seres humanos.

A bicicleta zomba dos regulamentos, ignora as proibições, circula em todo tipo de terreno e estaciona em qualquer lugar – na varanda, por exemplo. Em toda sociedade de consumo, é a bicicleta que consome menos: vez ou outra um pouco de ar e músculos. Graças a ela, torna-se inútil se exercitar numa bicicleta ergométrica para compensar a falta de prática de esportes esnobes e cansativos: ela combina harmoniosamente o deslocamento com o exercício. Nada de ansiedade nem de culpa: só o prazer do transporte.

Eu falo da bicicleta simples, da bicicleta na qual se pode amarrar uma flor, um enfeite, sem acessórios desnecessários e luxuosos. Subam nela, por favor.

Assim vocês irão sentir suas pernas bem pousadas, seus braços alertas, suas costas esticadas, sua bacia sustentada, suas coxas ocupadas, seu corpo todo – esse corpo que nos dizem que devemos cuidar – está liberado e realçado pela bicicleta. O corpo das mulheres também foi liberado pela bicicleta – vocês podem não acreditar – no século XIX. A guerra do Vietnã foi feita com a bicicleta, que ganhou o prêmio da eficiência. Nenhuma ponte, nenhum carro, nenhum avião transporta dez vezes o seu peso. A bicicleta é capaz. Se compararmos o esforço das pernas aos resultados, obtemos o seguinte: um homem sobre sua bicicleta é a melhor dentre as máquinas e criaturas.

Olhem para o mapa do mundo: a bicicleta domina a Ásia, a África, a China e a URSS. Ela só é suplantada por essa bicicleta de quatro patas degenerada – chamada automóvel – nos Estados Unidos e na Europa. Comumente não se dá a atenção devida aos atos de bravura "bicicléticos"[124]. Mas nós esperamos que eles guardem sempre nossa escala e harmonia: afinal, nem a velocidade, tampouco o tamanho podem ultrapassar o corpo humano e a ação de seus músculos... Sem nenhum motor, pedalamos e, de repente, partimos – levados por duas rodas que giram como planetas em volta do Sol, como um carrossel num parque de diversão. Em torno de cada pessoa montada em sua bicicleta, giram outros planetas, outros carrosséis, desfilam as árvores, sucedem-se as casas. Um pouquinho de cor e uma pedalada para a esquerda, outro pouquinho de cor e uma pedalada para a direita: já não se sabe mais quem é o carrossel – ou, ainda, se o carrossel está em cada um de nós – ou, mesmo, se somos o Sol ou a Terra. Ficamos docemente embriagados: a viagem começa – a verdadeira viagem –, a velocipédica[125].

4. *O biciclômano*[126] *e o biciclônomo*[127]

A bicicleta é uma solução radical. Adotá-la é adotar uma certa atitude diante da sociedade e da existência. Ela sempre foi popular, mesmo que um pouco esquecida nos últimos tempos. Ela se tornou excêntrica, até mesmo aristocrática. Mas voltarmos a utilizá-la não significa voltar atrás. A história é uma espiral. Prosseguimos ao retornar e retornamos ao prosseguir: trilhando os mesmos caminhos. Daí, vem uma certa vertigem. Imaginem cinco mil bicicletas dentro de Paris: todos os hábitos, todos os contatos sociais cotidianos, todo o ritmo da vida, todo o mapa da cidade, todo o ar que respiramos seriam transformados.

---

[124] NT: no original em francês, *vélocipédiques*, que foi traduzido nesse neologismo, visando manter o sentido original empregado no texto.

[125] NT : temporada ou travessia de bicicleta.

[126] NT : neologismo adotado para a expressão, no original em francês, *vélomane*, empregada para designar aquele que é um entusiasta do uso da bicicleta.

[127] NT : neologismo adotado para a expressão, no original em francês, *velónome*, empregada para designar o uso polivalente da bicicleta.

Nós desejamos isso, mas não ousamos fazê-lo. A moto, a *scooter*[128] e a bicicleta motorizada, são formas disfarçadas desse desejo que não chega a ser expresso – desse protesto que utiliza a linguagem mecânica no lugar da linguagem "biciclopédica". É a timidez da panela de barro. Por que essa timidez, se, no fim das contas, a panela de barro sempre vence a panela de ferro?

Não adianta gemer – já chega – sem aceitar o remédio: tornar-se um "biciclômano". Os amigos do pé são, como já disse, os amigos da bicicleta. Por que não se reunir em torno desse objetivo em grupos de prática, de estudos, para trocar idéias e aprofundar as conseqüências – políticas, intelectuais, sociais, artísticas econômicas e psicofisiológicas – do renascimento da bicicleta? Poderíamos conceber um projeto de ciência que tenha como objetivo o aperfeiçoamento desse instrumento: a "biciclonomia". Ela resolveria em parte o problema colocado pelo iminente desaparecimento do automóvel, fornecendo empregos aos técnicos, estudantes, professores e "bicicletônomos"[129]. Dizem que a França deve se tornar a terceira potência industrial mundial devido ao número de máquinas, de automóveis etc. (e também devido ao número de crimes, do grau de violência, da poluição das cidades etc.; afinal, se queremos comparação com a primeira potência, que ela seja completa). Mas a França bem que poderia se tornar imediatamente a primeira potência "biciclopédica", deixando para os outros países a tarefa de recuperar seu atraso, seu subdesenvolvimento relativo à hierarquia das bicicletas – é claro. Mas não pensem que eu deliro. Antes disso, façam um esforço de reflexão suplementar: será que a solução do problema não é justamente inverter as hierarquias, ou seja: reinventar a ordem das prioridades?

06/07/73

1975

Após a publicação de *Homens domésticos e Homens selvagens*, em 1974, Serge Moscovici, que havia sido procurado diversas vezes pela redação do periódico *Le Sauvage* – fundado por Alain Hervé, em 1973, dentro do movimento ecológico – concedeu uma entrevista a Catherine David sobre a sua visão do mundo, intitulada "É preciso salvar o homem selvagem":

CD: *Imagine que uma revista trimestral especializada nas questões ecológicas lhe ofereça o espaço de algumas páginas; que tipo de mal-entendido desejaria dissipar em primeiro lugar?*

---

[128] NT : mantido em inglês, como no texto original, significa um tipo de motocicleta conhecido como vespa ou lambreta.

[129] NT: no original em francês, *vélonome*, que nesse contexto foi traduzida nesse neologismo, visando manter o sentido original empregado pelo autor.

SM: Dissipar mal-entendidos? Quem é que consegue fazê-lo? Dissipá-los é tão difícil quanto esvaziar o mar com uma peneira. Eu preferiria conhecer melhor aqueles que não conseguem escutar as questões ecológicas, para fazê-los ouvir o barulho do mundo de alguma forma. Acima de tudo, eu gostaria de incitá-los a exercer uma pressão sobre tal revista, para que ela se torne um eco de suas preocupações imediatas; para que ela se engaje, junto com eles, na criação de novas maneiras de viver, de pensar, de criar. Eu tentaria fazê-los abandonar a atitude passiva de simples leitores, espectadores, de consumidores de palavras. Minha primeira preocupação seria de instaurar um debate de idéias, porque onde não há debate, não há idéias. O debate é a melhor maneira de devolver a audição àqueles que têm dificuldade de ouvir. Infelizmente, a maioria das revistas ecológicas sempre teve um caráter leve e adocicado, como o caráter das tecnologias, que atende pelo mesmo nome. Para mim, a ecologia não diz respeito somente à poluição, às catástrofes energéticas, à agricultura biológica e à destruição de lugares... Seu campo de ação é também o modo de vida: a seleção e a reprodução dos grupos sociais, as relações entre homens e mulheres, entre trabalho manual e intelectual, entre cidade e campo, entre mundo do leste e mundo do oeste. A ecologia é também uma contestação política criadora que anuncia a emergência de novas energias sociais. Tanto a contestação quanto a criação não devem ser somente reativas – baseadas numa contracultura –, ao contrário: devem se situar na vanguarda da cultura e na vanguarda da ciência. Não se trata de contestar o que existe, mas de colocar as questões de outra forma: qual cultura? Qual ciência? Trata-se também de encontrar uma nova proposta de futuro: não basta dizer não à morte, é preciso dizer sim à vida. Não existem catástrofes: existem mortos, existem nascimentos e renascimentos; porque a ciência, a sociedade e a cultura não têm – como a vida – nem um começo nem um fim: elas continuam. É necessário achar uma resposta que vá ao encontro da autonomia, da democracia e da plenitude.

CD: *O que você quer dizer com isso, concretamente?*

SM: Vejamos um exemplo: suponhamos que essa tal revista seja de "esquerda". É bom que ela divulgue os temas da ecologia entre homens de esquerda, mas ela poderia ampliar sua ação: fazer experiências e se comprometer apenas mais adiante. As plataformas políticas falam de nacionalizações, da idade da aposentadoria etc. Isso é positivo. Mas o que dizem quanto à socialização dos meios de *reprodução* – o suporte concreto da vida? Os movimentos ecologistas – e a revista em questão – deveriam se questionar sobre o problema da liberdade comunitária. O controle do Estado não pode avançar com respeito à autonomia e à plenitude sem que haja essa liberdade. Hoje, milhões de pessoas estão submetidas ao regime de poupança forçada: o endividamento. Os subúrbios são cidades dormitórios e também cidades em dívida. Por que então o desendividamento não seria uma prioridade política? A democracia grega começou por aí. O desendividamento seria mil vezes mais mobilizador do que outros procedimentos destinados a uma minoria de colarinhos brancos e aventais azuis. A poupança, por exemplo, em vez de ser orientada para objetivos abstratos, poderia servir a realizações de iniciativa e controle locais. Poderíamos dizer o mesmo com respeito à aposentadoria: ela oculta a imagem do idoso dependente financeiramente – sabemos que essa imagem é uma fonte de problemas, na medida em que representa – queiramos ou não – uma morte social. Não poderíamos imaginar que - em vez desse final irreversível – cada pessoa tivesse, ao longo da vida, um ano feriado a cada quatro ou cinco anos? Isso é, um ano não trabalhado, mas remunerado, que lhe permitisse reaprender a viver? Ao meu ver, essas sugestões simples poderiam contribuir para importantes transformações. Nesse contexto, os temas da ecologia poderão parecer evidentes a todos. O espírito da ecologia não é – de maneira alguma – um espírito conservador: de catástrofes ou de "sobrevida". É um espírito que procura mudanças: de renascimento, de vida. O mundo transforma-se: tenhamos coragem de fazer experiências mentais e empreender práticas originais. Assim, poderemos ser ouvidos pelos que não escutam.

CD: *Dentro da paisagem das ciências humanas na França, você representa – brincando com as palavras – a u-topia*[130]*: você sonha e não está em lugar nenhum...*

SM: Vou começar pelo que você qualifica de estar em lugar nenhum. Você tocou justamente em um ponto ao qual sou bastante sensível. Se estou em lugar nenhum, o mesmo acontece com milhares de pessoas – privadas dos meios de pensar e exprimir as realidades que se transformam ao seu redor, cansadas de ouvir repetidamente as fórmulas de uma linguagem domesticada. Talvez eu esteja em lugar nenhum, mas não estou sozinho. Por isso, espero que um dia esse "nenhum lugar" se transforme em "algum lugar". Você poderia dizer que não respondi à sua pergunta – e talvez tenha razão. Estar em lugar nenhum quer dizer duas coisas para mim. A primeira delas é seguir meu caminho – tentar enxergar claramente a mim mesmo e ao mundo. Isso vem de minha incapacidade de viver num meio intelectual em que, a cada nova estação do ano, desenterram um autor de há trinta ou quarenta anos – Adorno, Gramsci ou outros – para melhor enterrá-lo na estação seguinte – porque finalmente ele não possui as virtudes que lhe foram atribuídas e, acima de tudo, porque nos entediamos: porque é necessário mudar de ídolos e de vocabulário; é preciso proporcionar a si mesmo a impressão de existir; e proporcionar aos outros, a impressão de que pensamos. Estar em lugar nenhum é também uma linha de

---

[130] NT: não-lugar.

conduta. Tenho uma visão das coisas, uma certa maneira de expô-la e tento segui-la até o fim. Eu ficaria muito chocado se essa visão das coisas tivesse uma aceitação imediata. Isso demonstraria que não sou uma pessoa do meu tempo. Somos de nosso tempo quando estamos à frente, à parte ou contra ele. Espero não ver o dia em que eu teria me transformado em um "lugar comum". Você disse uma grande coisa: a utopia. Não há mais utopistas nem utopia. Essa palavra serve para reprimir qualquer iniciativa prática e toda imaginação intelectual. É como uma flecha com curare[131] numa civilização de tagarelas. Sejamos francos: hoje chamamos de utopia toda e qualquer especulação que não parta do senso comum ou dos princípios de uma teoria reconhecida – lida e aprovada por todos. Os sociólogos perdem-se na sociedade de consumo ou no lazer. Os economistas ficam com seus castelos de areia de crescimento infinito – baseados em reles equações. Os futurólogos simulam no computador simpáticas fantasias e falam da ciência e da previsão científica. Mas se os utopistas se enganam, todos dirão que eles estavam no mundo da Lua, enquanto que se os cientistas se enganam, serão apresentados documentos doutorais, afim de demonstrar que seus modelos ainda não estavam bem afinados. Tudo isso não é sério. De fato, o que faço não é utopia, é simplesmente ciência. Existem na ciência dois tipos de atividade: a descoberta e a prova. Eu tento me colocar do lado da descoberta, propondo modelos, hipóteses gerais – ao que, sem razão, chamam de utopia. Eu apresento a demonstração apenas parcial, e espero que outros a terminem melhor do que eu. Infelizmente, os fatores decisivos no início desse processo são a intuição e a convicção íntima. Niels Bohr chamava isso de faro, Claude Bernard falava de sentimento. Eu desconfio – como os cientistas – de todas *as hipóteses que não são loucas o bastante*. Estarei sonhando? É claro que sim. Essa espécie de sonho permite que nos desgarremos do repetitivo, do habitual, do superficial. Einstein dizia que o espírito só pode avançar sobre a base do que conhece e do que é capaz de demonstrar. Às vezes o espírito chega a um plano superior de conhecimento, mas é incapaz de provar como atingiu esse ponto. É o plano do sonho, do risco de ir e chegar em lugar nenhum. Antes de maio de 1968 e da onda hippie e ecológica, eu apenas sonhava quando dizia que a questão fundamental do fim do século XX seria a questão natural... Apesar desses devaneios, desenvolvi muito mais trabalhos de campo, de laboratório e publicações do que a maioria destes comentadores, demonstradores e outros personagens que florescem na paisagem das ciências humanas na França. Não tenho nenhum mérito em particular: a invenção leva ao empenho. Finalmente, é a divisão do trabalho – como em qualquer outra área de atuação – que determina o lugar onde me encontro.

---

[131] NT : droga paralisante que é usada em pequenas doses para relaxamento muscular; os índios a usavam para paralisar suas presas antes de capturá-las.

CD: *Você divide a humanidade em duas partes. De um lado, os que tentam traçar uma fronteira inexpugnável entre o homem e o animal, entre a sociedade e a natureza. Do outro lado, estão aqueles que recusam a arbitrariedade dessa divisão. Você se encontra nesse último. Poderia retratar os que estão do seu lado? Quais apreensões ou que desejos estão por detrás de sua obstinação? Que ideologias balizam seu território?*

SM: Não estou de acordo com isso, eu não divido nada. Simplesmente constato que vemos se desenvolverem em nossa civilização duas correntes radicalmente opostas: o culturalismo e o naturalismo. Elas se opõem no que diz respeito a três grandes divisões: o masculino e o feminino; o urbano e o rural; o intelectual e o manual. O culturalismo tenta justificar essas divisões, o naturalismo tenta eliminá-las. Retratar aqueles que estão "do outro lado" é bastante difícil. Mas podemos dizer que o desejo que motiva suas reflexões é a afirmação da unidade do indivíduo, da autonomia do corpo social: o desejo de reencontrar as raízes profundas do que existe. Ao meu ver, o mundo é rico, exuberante, cheio de possibilidades "milagrosas", onde cada um pode se realizar sem ter que explorá-lo ou feri-lo. Tudo deve ser realizado *pela* natureza e não *contra* ela. O excesso ou a desmedida não devem ser evitados porque – dentro do ciclo vital, ao longo do tempo – tudo se regenera e reencontra o equilíbrio. Quanto às proibições, elas são inúteis e perigosas. As técnicas não servem para forçar os limites do mundo ou para alterar o curso dos acontecimentos, mas para acompanhá-los e transformá-los. Aqueles chamados de "do outro lado" sempre preferiram as técnicas da biologia e da química às da mecânica. Eles recusam a idéia de pecado original, da imperfeição do homem, da fraqueza da natureza e as filosofias da história que privilegiam uma cena final para a história da humanidade. Para eles, a história tem como missão restabelecer uma origem forte, de regenerar os homens e as sociedades endurecidos por séculos de privação e divisão. Os dois princípios que orientam sua ação imediata são a ânsia do presente e a vontade de realizar aqui e agora os ideais de autonomia, de liberdade e de igualdade. Em seguida, há a valorização do corpo e dos sentidos sobre essa Terra que é um jardim das delícias e não um vale de lágrimas. Por fim, há o conhecimento – que pertence a todos e é obra de todos –, que só é completo com sua dimensão corporal e manual. Os taoístas insistiram sobre essa parte, os materialistas da Renascença cantaram a glória do corpo e da mão. Não há uma distância intransponível entre o sábio e o ignorante, entre a escrita e a palavra, entre o conhecimento e o conhecido. Também não há um objeto mais digno de ser conhecido de que outro: todos, do mais humilde ao mais elevado, requerem a nossa atenção e o nosso respeito. Jacob Boehm, o criador da dialética, era sapateiro. Qual a ideologia deles? Ela pode se resumir num emblema: o fogo vital. Também pode ser resumida por três palavras: entusiasmo, radicalidade e comunidade. Seu território? Toda a Terra. Se você dissesse que eles são os donos da festa, eles não protestariam.

CD: *Por que você diz no livro* Homens Domésticos e Homens Selvagens, *falando do naturalismo, que ele é o "passageiro clandestino de nossa história"?*

SM: O que você quer dizer? Isso é um fato. Todos os historiadores podem testemunhar sobre a destruição dos traços deixados pelo naturalismo. Nós só conhecemos o naturalismo através de seus exterminadores e inquisidores. De resto, leia esses historiadores e você verá o desprezo que brota sob suas plumas, a ignorância – que na realidade eles tentam conservar – e sua inépcia – sobre o primitivismo, a imoralidade, a incoerência e a propensão à devassidão – que eles atribuem ao naturalismo. Ele foi uma corrente de pensamento que muito operou na história – à qual devemos pensamentos sublimes e as primeiras comunas. O naturalismo foi uma corrente que combateu continuamente a domesticação do gênero humano e da qual não se ouve mais quase falar. Quantos estudantes sabem que o triunfo da filosofia cartesiana foi menos uma vitória contra a escolástica, do que uma vitória contra o naturalismo da Renascença? Você conhece uma análise séria sobre os fanáticos do Apocalipse, ou sobre as revoltas que surgiram em favor de uma outra sociedade, desde o aparecimento do cristianismo? Sim, falamos delas como seitas, quando na realidade foram movimentos sociais poderosamente estruturados. Pode-se explicar isso: os historiadores têm o costume de estudar os movimentos de tipo culturalista, que são especializados e divididos. De forma contrária, os movimentos naturalistas são geralmente movimentos *totais* – como o pitagorismo grego, o taoísmo chinês, o messianismo judeu. Ainda assim, o que resta de seus textos não é – como dizem – para ser colocado nas mãos de qualquer um. Imagine uma mistura do *Contrato Social*, de *Justine* e do *Manifesto Comunista*, escritos em linguagem popular e levados juntos à temperatura de fusão. Você pode imaginar o que isso poderia causar nos jovens espíritos tais como os conhecemos....

CD: *Você encontraria traços de naturalismo nos adeptos de Dionísios, de Diógenes, do orfismo, nos pitagoricianos, nos hippies, nos ecologistas, em seitas adamistas da Idade Média... Isso é uma razão para dizer que todos que estão no campo do naturalismo têm em comum uma desconfiança em relação ao pensamento racionalista?*

SM: Sejamos mais sérios. O naturalismo sempre se rebelou contra a apropriação do saber por "doutores *enturbanados*", como os chama Jacob Boehm. Para os naturalistas, o que você chama de pensamento racionalista é um pensamento que mata a palavra, a regra mata a criatividade, o rito do corpo docente mata a iniciativa do aluno. Eles tentam desenvolver um pensamento "iluminado" contra uma consciência refletida e destacada do mundo dos sentidos. Eles falam na linguagem dos cientistas criadores e dos artistas. Nada mais, nada menos. Tudo o que dissemos de seu anti-racionalismo e de seu misticismo só se aplica sobre as formas degradadas do naturalismo. De maneira geral, porém, essa argumentação não se sustenta quando a olhamos de perto. É preciso pensar duas vezes antes de se jogarem grandes anátemas sobre aqueles que desenvolveram uma grande parte da ciência chinesa, da ciência grega e ocidental – penso no taoísmo, no pitagorismo, em Paracelso, em Bruno, Cardan etc. Mesmo que a astronomia e a mecânica lhe sejam – é verdade – relativamente estranhas, todas as ciências do fogo – química, biologia, eletricidade e magnetismo – são essencialmente obra do naturalismo, até uma época bastante recente.

CD: *Você deseja o advento de uma sociedade mais selvagem. Você poderia descrever – mais concretamente do que Marx – a sociedade comunista, à qual ele aspirava? Seria a mesma?*

SM: Esclarecendo bem: não existe uma sociedade mais selvagem. Ninguém pode descrever esse tipo de sociedade. Porém, por detrás dos movimentos dos quais lhe falo, existe uma procura, que não é de uma sociedade, e sim de uma comunidade: fundada sobre a autonomia dos partidos, sobre a partilha dos bens e dos saberes, sobre a rotação dos poderes, sobre a recusa dos ritos e das burocracias. Essa grande comunidade associaria, enfim, os grupos feminino e masculino, permitiria uma livre respiração das categorias sociais, dentro de uma organização móvel e profana. A revolução está sempre presente. Ela é interminável. Ela é a volta contínua em direção às raízes da sociedade: é uma festa, é a sucessão cíclica dos indivíduos, das dignidades e dos grupos. Se isso parece com a sociedade comunista, é porque foram homens mais selvagens que – digamos – a inventaram e foi porque eles tentaram realizá-la que os qualificamos de bárbaros e selvagens. Esses movimentos dão uma importância extrema ao que você rejeitaria como menos detalhes - o ritmo do dia, os contatos pessoais, a participação nas decisões da cidade, o conhecimento do corpo: a tudo que é geralmente considerado como sendo do âmbito dos especialistas. Para ser ainda mais concreto, em certos países socialistas existe a propriedade coletiva, a classe operária no poder e um partido que dirige o conjunto. Porém, o restante – a ciência, o ensino, as relações cotidianas, as relações de trabalho, a família –, mesmo mudando de contexto, não mudou de natureza. Digamos que o naturalismo se interessa em primeiro lugar justamente por esse "restante". Sua preocupação não é a coletivização, mas a coletividade, não é a produção dos bens, mas a reprodução dos homens, não é o domínio da natureza, mas sua promoção/valorização/reanimação. A meu ver, *isso* – que compõe o fundo (da imagem) da sociedade comunista da qual Marx fala – é a grande comunidade profana com a qual sonham os homens mais selvagens e que alguns conseguiram por vezes realizar.

CD: *Você pensa que o naturalismo poderia mudar a vida? Que ele poderia tomar o poder? Concretamente, isso passa por qual tipo de combate?*

SM: No fundo, penso que sim, porém não quero responder essas questões assim, de pronto. Pois, dessa forma, você teria razão de me tratar de utopista. Nós estamos hoje numa situação complicada. Nossos dois tipos de sociedade, capitalista e socialista, estão em expansão, o primeiro tipo sobretudo. Porém, posso lhe garantir que haverá uma volta com força do naturalismo, quando as alternativas políticas e culturais atuais perderem parte de sua influência. É preciso nos desembaraçar de um preconceito: o arcaísmo – justo o contrário, os movimentos naturalistas sempre foram criados por homens visionários, que não têm nada em comum com qualquer arcaísmo. Nós estamos numa época em que camadas sociais e homens inovadores aparecem. Enxergando do ponto de vista de Sirius[132], o que podemos observar? Numa primeira fase, há uns 15 anos, surge uma corrente que prega a volta à natureza[133]. Para além do direito, das regras, ela celebra a realidade do amor. Para além dos cálculos do possível, ela afirma a intuição do impossível. Para além da submissão ao real, ao útil, ela proclama a soberania do ideal e da beleza. Essa corrente começa a varrer as obras em construção, os prédios altíssimos e inviáveis como moradia; ela aponta para os dejetos das pseudocidades e favelas. Era uma palavra de recusa que era propagada pela multidão de jovens nas cidades e subúrbios, nas escolas – como se fosse o sangue de um corpo ferido de morte. Essa é a fase do naturalismo reativo ou poético: mesmo que certas pessoas o descrevam numa linguagem marxista, ele sempre será escrito sobre um papel próprio para enrolar "fumo"[134]. Os corpos sociais tiveram que reagir. Porém, uma brecha se abrira. A festa terminou, as crianças foram reenviadas à escola. Tudo entrou na ordem das coisas sérias, dos homens sérios e razoáveis. O exército de jornalistas e especialistas – que foram por um instante desorientados pela avalanche de idéias novas – entrincheiraram-se em fileiras apertadas, com suas pastas cheias de papéis – que substituíram as flores e as canções – e partiram em direção aos escritórios, às salas de conferências e outros nichos tecnológicos para longamente elaborar projetos de pesquisa grandiosos e fazer carreira em alguma especialidade – uma "logia" ou uma "nomia" qualquer. Nascia um outro naturalismo: um neonaturalismo técnico – defendido pelos peritos –, que prescrevia medidas científicas e técnicas para ir avançando prudentemente no caminho das reformas. Essa segunda fase começa a se diluir no nosso passado, deixando para trás dela muita papelada, alguns conhecimentos confiáveis e instrumentos de trabalho. Alguns – como as corujas – anunciam o cair da noite. Eu creio no contrário: o verdadeiro dia se levanta. Homens, grupos acordam e agem. Os movimentos que tinham se enfraquecido num passado recente – com a moral em maré baixa – agora renascem e ganham novo vigor. Tudo o que antes estava fragmentado passa a convergir: feminismo, regionalismo, ecologismo etc. Já se podem observar os primeiros sintomas da criação e da mobilização. Após a fase do retorno à natureza e da reforma ecológica, eis a vez da

---

[132] NT: estrela da constelação de Alpha Canis Majoris, situada há 8,7 anos-luz do Sol.

[133] NT: o autor se refere ao movimento hippie na década de 1970.

[134] NT : no original em francês, *joints*, expressão em inglês para cigarro de maconha.

fase de um naturalismo ativo, que aborda a questão natural pela raiz – a política – e na sua verdadeira dimensão – histórica. Será que ele poderia tomar o poder? A pergunta não tem muito sentido, dentro dessa perspectiva. Será que ele poderia corrigir a dinâmica da sociedade? Certamente. Ele já fez isso antes e o fará ainda mais vezes ao retomar sua identidade e sua própria dinâmica. Como ele poderá combater? Através da criação de um corpo comunitário. As comunidades taboritas, pitagorianas, taoístas são experiências que pedem reflexão. Existe um combate político comum, certamente, mas também existe um combate em prol de outro saber, para uma outra técnica e para o surgimento de relações humanas autônomas, libertas das divisões milenares. Em suma, é um combate pela natureza. É aí que se encontram a sombra da utopia, a marca do sonho. Afinal, por que é que essa utopia – de uma humanidade reconciliada com a natureza – ficaria para sempre na condição de uma alma sem corpo, flutuando em volta de nossa história sem jamais poder penetrar nela? Por enquanto ainda não chegamos a isso. A única coisa que me parece certa é a entrada do naturalismo em sua terceira fase, a fase de sua especificidade e de sua maturidade. Isso se fará notar em pouco tempo e eu espero que as revistas – até aqui ecológicas – poderão contribuir para isso.

CD: *Parece-nos que você, em* Homens Domésticos e Homens Selvagens, *igualmente confronta e compara marxistas humanistas e marxistas científicos; entretanto, nas suas demais obras, transparece claramente que você prefere o Marx jovem àquele da maturidade.*

SM: Não! Por que você quer que eu os coloque um contra o outro? Eu os coloco face a face para mostrar que, apesar de suas diferenças, nem uns nem os outros compreenderam grande coisa das relações do marxismo e do socialismo com o naturalismo. Creio que uns e outros tentaram integrar o naturalismo à filosofia dominante, para torná-lo aceitável e respeitável: tanto pelo ponto de vista humanitário quanto pelo ponto de vista científico. Alguns insistem sobre o nascimento do homem autêntico e outros sobre a morte do homem. Como era de se esperar, eles tentaram associar o marxismo e o socialismo a uma tradição, para, em seguida, demonstrar como eles a ultrapassaram. Só que eles se enganaram de tradição, já que escolheram ignorar, como muitos, todo um painel da história e continuar a tradição culturalista do homem doméstico. Essa nova Santa Família, com suas controvérsias e preciosidades, deve fazer rir Marx e outros barbudos, onde quer que se encontrem! Aliás, se você percorrer a *Autocrítica*, do filósofo Althusser, você verá que ele admite ter-se enganado ao considerar a ciência marxista como uma ciência qualquer e ter sido um "teórico" – quer dizer, cientista. Foi mais ou menos o que escrevi. Ele explica seu engano através de uma leitura marxista de Spinoza. Eu explico sua conduta por um desejo excessivo de reconciliar Marx com a ciência. Existem razões sociológicas para isso, que seriam muito longas para explicar. O principal, a meu ver, é o elo histórico e intelectual entre o naturalismo, de um lado, e o marxismo e o socialismo, de outro. Esse elo produz seus efeitos sobre o jovem Marx e também sobre o velho Engels. Esses efeitos se fazem sentir igualmente sobre todos os pensadores marxistas revolucionários. Pensar que ele foi ultrapassado e liquidado junto com a sua própria juventude, é uma idéia pueril racionalizada por um evolucionismo barato. A questão natural é ainda uma questão para o marxismo e o socialismo e ela se coloca ainda mais agudamente hoje do que no passado. Não se escapa dela recitando fórmulas sobre o progresso, sobre o domínio do homem sobre a natureza etc. Vou ser ainda mais claro: o naturalismo é, empregando uma imagem psicanalítica, a parte reprimida das duas correntes das quais falamos. Meu intuito nesse livro era o de chamar a atenção sobre o fato de que nós assistimos – e assistiremos – ao retorno do naturalismo, sob formas inéditas, tanto aqui quanto nos países socialistas. Lá também se sente a necessidade de uma renovação da linguagem e da ação, de uma existência e de um pensamento no nível das comunas, no nível pessoal e intersocial, assim como de um comunismo *agora*. Em suma, a procura pela vida, de uma coerência entre princípios e realidades, de um recomeço com o objetivo de realizar as promessas do começo. Eu falo do retorno ao naturalismo, é ele que estou prevendo e que escolho. Não escolho entre o jovem Marx e o velho, mas entre o desconhecimento e o conhecimento do elo, tão importante para mim.

CD: *Vamos, se você estiver de acordo, para um assunto mais específico: a etologia*[135]. *Mais precisamente, em que medida as conclusões dos etólogos, relativas à organização das sociedades animais, teriam influenciado suas pesquisas?*

SM: Os etólogos demoliram – como se fossem castelos de areia – as idéias que eu tinha sobre o mundo animal e fizeram passar uma corrente de ar ácido em minha mente. Foi em conseqüência de discussões que tive com eles quando estive na Califórnia, principalmente com John Crook[136], que escrevi *Sociedade Contra a Natureza*. Eles me fizeram refletir sobre o fenômeno social como um fenômeno geral – comum a todos os seres vivos –, me fizeram compreender que o estado geral de uma espécie compreende também seu estado social. Não que um fique reduzido ao outro – eu refuto o zoomorfismo ainda mais do que o antropomorfismo –, mas um faz parte da definição e da dinâmica do outro. Também é um relaxamento intelectual poder se descentrar um pouco: poder pensar sobre sociedades realmente diferentes. Claro que, se me interessei, foi porque eu estava preparado para isso e também porque o que eles descobriram permite nos enraizar num passado determinado – o dos primatas – ao qual

---

[135] NT: originou-se a partir da zoologia e está ligada aos nomes de Konrad Lorenz e Niko Tinbergen, que estudaram a influência da teoria darwiniana, tendo como uma de suas preocupações básicas a evolução do comportamento através do processo de seleção natural.
[136] NT: presidente do grupo antiarmas Gun Control Australia.

chamei de história humana da natureza. A etologia prepara uma renovação da epistemologia das ciências humanas. O Sol, a beleza do lugar por onde passeávamos enquanto falávamos, tinha me tornado ainda mais sensível a seus argumentos e muito influenciável. Foi a época de uma conversão feliz.

CD: *Muitas vezes os etólogos atribuem às sociedades humanas estruturas de comportamento (agressividade, hierarquização, etc.) que eles observam nas sociedades animais. Como você reage a esse tipo de generalização?*

SM: Diga sobre tudo o inverso: os etólogos atribuem às sociedades animais certas estruturas de comportamento que eles crêem observar nas sociedades humanas. Não há mal nisso. Por que isso escandalizaria mais do que atribuir ao cérebro certas funções de computador e ao computador certas funções do cérebro; à língua certas estruturas do inconsciente e ao inconsciente certas estruturas da linguagem? É uma estratégia normal de pesquisa: para descobrir o desconhecido, é indispensável partir do conhecido e projetá-lo no primeiro. Com exceção de nossos castos e pesados epistemologistas reclusos, todos se aproveitam da liberdade da analogia. É que uns produzem discursos sobre o que deveria ser a ciência, outros fazem filhos na ciência. À parte moralismo, é preciso reconhecer a falta aflitiva de formação sociológica dos etólogos. Em meu ponto de vista, antes de ir observar os animais, eles deveriam se impregnar de noções de dinâmica de grupo e de influência social, que parecem se aplicar ao estudo das sociedades animais. A Antropologia também tem coisas a ensinar aos etólogos. Eu desconfio das generalidades das quais você fala. Eu cheguei a protestar, junto com outros, contra as teses de Ardrey[137] sobre a territorialidade. Podemos dizer coisas similares do livro de Konrad Lorenz*[138]. A especificidade da sociedade humana escapa ao etologista. Ele se limita muitas vezes a um discurso quase religioso e tão adocicado, que se torna enjoativo! Você bem sabe que, mais cedo ou mais tarde, o padre escondido no erudito acaba por aparecer. "Se os homens fossem razoáveis, eis o que eles deveriam fazer – e o que não deveriam fazer: se as coisas não têm sucesso é porque não são razoáveis – pois aí, justamente, é que reside o pecado". Vocês podem ouvir essa xaropada sobre qualquer coisa: sobre a poluição, a ciência, o terceiro mundo, a guer-

---

[137] NT : Robert Ardrey foi um antropólogo interessado no comportamento humano e também um escritor de roteiros de cinema de Hollywood. Egresso da Universidade de Chicago, trabalhou em cinema por 20 anos até retornar ao estudo da Antropologia quando começou a escrever sobre a interação humana. Seu livro mais conhecido é *African Genesis*, sobre como o homem seria naturalmente um animal agressivo.

* *Os sete pecados capitais da civilização*, Flammarion.

[138] NT: zoólogo austríaco, fundador da moderna Etologia e teórico da agressividade, que recebeu o Prêmio Nobel de Fisiologia em 1973.

ra... Todavia podemos tirar conclusões bem diferentes sobre a etologia, eu não me detive a fazê-lo. Enfim, refutar todas as generalidades é uma prudência hipócrita que não convém a ninguém. Seria como recusar respirar. O excesso de prudência é sempre nocivo, nas ciências como em qualquer outra parte.

CD: *Nos séculos XVII e XVIII, todos os teóricos políticos, de Hobbes a Rousseau etc. baseavam suas análises sobre a ficção de um estado de natureza. Em que medida seus trabalhos podem reatualizar essa ficção?*

SM: Eu bem que gostaria disso, porque a maior parte dos analistas sociológicos e políticos – salvo Alain Tourraine – não são convincentes. Além do mais, se houvesse uma teoria política ou sociológica, ficaríamos sabendo, haveria polêmicas, controvérsias, briga: justamente, não há nada disso. Todos são excessivamente corteses – mesmo na crítica dos livros, dos filmes, dos jornais. Dessa forma, temos um pensamento cortês – ou pensamento nenhum –, pois pensamos em termos de ser a favor ou contra. Sendo assim, é evidente que quero reatualizar essas ficções: primeiramente, para retornar à realidade e, em seguida, para mostrar que é excessivamente cômodo tratá-las como ficções. Como dizer simplesmente do que se trata, sem, ao mesmo tempo, deturpar sua pergunta ou minha resposta? Digamos que para esses teóricos o estado de natureza representa ao mesmo tempo a raiz – sempre presente em *toda* a sociedade – e a própria negação do estado de sociedade *do momento*. Porém, em um nível mais sutil e mais concreto, refletir sobre o estado da natureza leva ao estado de revolução, à grande comunidade dos homens. Para Hobbes, é preciso ultrapassar esse estado perigoso – a revolução estava à sua volta –, para Rousseau, tratava-se de reencontrá-lo – a revolução que se anunciava à sua frente. É por isso que o povo parisiense e os dirigentes revolucionários se reconheceram mais em Rousseau do que em Voltaire. Meus trabalhos remetem ao problema das relações entre o estado de revolução e o estado de ordem, nessa ficção crescente e enviam também a uma pergunta mais profunda: por que a revolução está ligada ao retorno da natureza no pensamento e na sensibilidade política dos povos? Isso – de que me dou conta nesse instante – dá uma nova luz a sua pergunta: *quem* quero reatualizar? Aqueles que reclamam de um estado de natureza vêem nela uma alavanca para uma mudança da ordem social. Por toda a parte – que seja na China, com o taoísmo, na Europa, com os movimentos heterodoxos e socialistas –, a primeira reivindicação é a de restabelecer a relação com a raiz do homem e, portanto, com a natureza. Hobbes pôde constatá-lo na Inglaterra nos adversários da monarquia. O pensamento político, que se posiciona com relação a essas ficções – seja hoje ou ontem –igualmente se posiciona com relação a movimentos bem concretos. Também o campo político se ampliou: não basta desmembrar, criar ministérios – mesmo que sejam de ecologia, da condição feminina ou da qualidade da vida – para pensar de maneira diferente, para mudar de política e para que surjam novos movimentos sociais. Sobre esse capítulo, veja também as obras de Morin e Tourraine. O que quer dizer reatualizar? Certamente é o contrário de não atualizar: comentar esses Hobbes ou Rousseau, como alguns comentam a Escola de Frankfurt ou Gramsci, pretendendo deter a chave misteriosa das portas que não pudemos abrir com a ajuda de outros autores. Reatualizar quer dizer sobretudo refletir com eles, mas a partir de nossa situação, nos nossos parâmetros mentais e históricos. Dessa herança devem-se transformar muitos elementos. Outros me parecem inaproveitáveis, em particular o paradoxo de Rousseau tomado ao pé da letra. O importante, para nós, não é tanto saber "como" – tendo como base a igualdade, a desigualdade é possível – mas saber "por que" – tendo como base a desigualdade, a igualdade, essa coisa tão improvável, se torna possível. Os problemas fundamentais, porém, permanecem os mesmos: a passagem do estado de revolução à passagem ao estado de ordem e vice-versa. Qual é a causa da perenidade das revoluções? Por que elas começam pelas canções e terminam pelas prisões? Nós nos conciliaremos com as ficções somente quando formos capazes de vê-las através de um olhar totalmente novo: quando formos capazes de fazer a história, não somente de escrevê-la.

CD: *O que você pensa da célebre distinção entre as sociedades "com história" e as "sem história", entre as sociedades quentes e as sociedades frias? Você vê nisso uma variante do eurocentrismo? As sociedades mais selvagens serão frias ou quentes?*

SM: Eu vejo nisso sobretudo um método para as sociedades européias ocultarem de si mesmas sua própria dualidade, para separar elas mesmas – a parte sobre a qual elas reconhecem uma história – daqueles a quem elas negam uma história – a outra parte: para opor sua própria fonte quente à sua própria fonte fria. Sua pergunta é insidiosa e tenho a impressão de que você quer que eu fique mal diante de muitas pessoas. Não há, porém, razão para não lhe responder. Só há duas possibilidades: ou eu estou errado ou são eles que estão. Digamos que seja eu, então, mas a negação dessa separação é um dos fios condutores do meu trabalho. François Furet escreveu no *Le Nouvel Observateur* que meus livros são como os livros de condolências do enterro da história. Eu não quero isso, sobretudo num momento em que a história ganhou importância. Não, todos nós queremos bem à história. Porém, é preciso regenerar a história – fazer participar dela o que fora excluído: a natureza, os grupos sem história, os homens selvagens, as mulheres, os pretensos primitivos e tudo o que foge do campo do sedentário. Permita-me plagiá-lo: toda sociedade tem fontes quentes e fontes frias – caso contrário, ela não funciona. É uma outra maneira de dizer que a polaridade da contradição está no centro. Então, nenhuma sociedade pode ser *ou* quente *ou* fria: ela é necessariamente quente *e* fria, senão ela explode ou ela morre. Você pode perceber por que essa distinção é tão atraente: é porque – através das falhas enormes nessas categorias – põem-se lado a lado sociedades vivas e sociedades

– *as outras*, é claro – mortas. Põem-se umas à direita de Deus e outras à sua esquerda! Felizmente, as sociedades não se importam, elas vivem, morrem, nascem e renascem, dispensam energia sem limites, no turbilhão permanente de sua história. As sociedades que você qualifica de mais selvagens fazem o mesmo. Não sei se minha resposta pode satisfazê-lo. Porém, como minha resposta poderia ter sido diferente? O mundo mais selvagem é um mundo em "e", e o mundo doméstico é um mundo em "ou". Respondi a uma pergunta – feita pelo primeiro desses mundos – com uma pergunta – nascida do ponto de vista do segundo.

CD: *Bem, eu vou tentar formular uma pergunta do ponto de vista do "primeiro mundo". Nas sociedades mais selvagens, qual é a parte do sonho? Quero dizer, qual a parte da arte e dos artistas?*

SM: Creio que é preciso buscar os artistas para lhes dizer que as coletividades esperam por sua iniciativa e sua imaginação. Dizer que os arquitetos venham propor espaços habitáveis que mudem a vida, que os escultores animem formas e matérias que mudem o olhar, que os pintores multipliquem cores e desenhos que iniciem a festa dos sentidos, que os músicos façam cantar o ruído do mundo. O lugar deles é no movimento naturalista. Porque é um fato: através da procura de uma vida mais selvagem, correm fios vermelhos e verdes[139] – cores da heterodoxia e da regeneração – da arte. A arte, não como um domínio à parte – como uma especialidade –, mas como uma força essencial da humanidade. Por quê? Porque não há festa sem arte, porque é ela que faz com que a menor pedrinha, a menor palavra, o menor gesto, tenha o poder de participar do fluxo cósmico e de transformar o real. As obras-primas que tiveram sua origem no naturalismo são inúmeras – no mundo europeu, chinês e muçulmano. Elas aguardam por um renascimento e por uma história. Não existem uma arte e uma ciência burguesas opostas a uma arte e uma ciência proletárias. Por outro lado, existe uma arte e uma ciência domésticas – culturalistas – às quais se opõem uma arte e uma ciência mais selvagens e naturalistas. Podemos reconhecê-las por seu interesse pelo concreto, pelos seus materiais simples, pela sua expressão direta e metafórica, por sua vontade de fazer penetrar o fantástico no cotidiano e o maravilhoso na natureza. O mais característico é que elas se conectam com a criatividade de uma coletividade e se nutrem com isso. Daí o grande número de artesãos, de homens sem letras – de não-especialistas – que proporcionaram obras-primas a essa corrente. A arte, para brotar e nos tornar verdes, deve se tornar mais selvagem.

CD: *Uma última pergunta, mais direta. Você acabou de dizer aonde vão suas esperanças, o sentido de sua obra. Você poderia nos dizer de onde veio?*

---

[139] NT: possível alusão ao sangue nas veias e à seiva das plantas.

Qual foi seu itinerário intelectual? Aonde lhe levou sua viagem enciclopédica? Quais foram suas leituras? Em suma, eu gostaria que falasse um pouco de si.

SM: Falar de mim é longo e complicado. Quando penso na minha vida, ela me faz lembrar das montanhas russas que eu adorava na minha infância. Eu poderia contar isso para você de diversas maneiras. Aventureiramente: as viagens, a travessia da Europa sem documentos, a chegada a Paris etc. Duramente: a fábrica, os empregos, os meses em que não vi o Sol. Melancolicamente: *as péniches*[140] puxadas pelos cavalos às margens dos rios – que eu gostava de ver passar e que era capaz de ficar olhando por dias seguidos –, os imensos campos de trigo atravessados em cima de carros de boi, a música dos sininhos dos trenós puxados com velocidade e que deixavam seus traços na neve branca. Dramaticamente: a criança na guerra, a chegada dentro de um asilo de velhos na rua Lamarck etc., e muitas outras coisas menos confessáveis, tudo isso seria – ainda e sempre – minha vida. De resto, ela me espanta sempre porque ela continua, quando deveria ter terminado pelo menos duas vezes. Infelizmente, eu não tenho itinerários – tenho caminhos – algumas idéias fixas e uma espécie de radar muito rudimentar – que me faz sentir as pulsações do mundo a minha volta – e um certo faro, em matéria de pesquisa. É verdade que li muito porque adquiri esse hábito muito cedo, quando eu só podia fazer isso ou varrer a rua sob a vigilância de um sargento. Li sobretudo literatura, porque eu era vizinho e amigo de Isidore Isou[141], que tinha livros. Fiz estudos de forma irregular e ia fazer provas sem ter assistido às aulas. O único seminário que cursei – nós éramos cinco ou seis – durante muitos anos, foi o de Alexandre Koyré[142]. Um dos grandes remorsos da minha vida é o

---

[140] NT: tipo de embarcação de fundo plano, que é utilizada para circular nos rios.

[141] NT: poeta franco-romeno de origem judaica, crítico de cinema e artista visual, fundador do "Letrismo", que alcançou grande prestígio na França nos anos 1960, quando esse movimento teve grande influência na tentativa de revolução de maio de 1968, através de trajes, barricadas e *posters*. Seu interesse era fundir a arte com a transformação social. Isou chegou a trabalhar, por um tempo, com Guy Debord e Gil Wolman. As memórias de Moscovici sobre a sua infância e juventude, assim como sobre o seu relacionamento com Isidore Isou, foram publicadas pela Mauad Editora, com o título *Crônica dos Anos Errantes* (2005).

[142] NT: nascido na Rússia em 1892, estudou em Göttinger, na Alemanha, tendo sido aluno de Husserl e Hilbert. Naturalizou-se francês, durante a guerra, e doutorou-se com um estudo sobre a filosofia de Jacob Boehm. Ficou conhecido por seus estudos sobre a história das revoluções científicas e filosóficas dos séculos XVI e XVII. Exerceu as funções de secretário perpétuo da Academia Internacional de História das Ciências, secretário-geral do Instituto Internacional de Filosofia, diretor do Centro de Pesquisas de História das Ciências e das Técnicas da École Pratique des Hautes Études, presidente do Grupo Francês de Historiadores das Ciências e membro do Institute for Advanced Study de Princeton. O caráter singular de sua obra é uma ruptura com a tradição empirista e evolucionista reinante no campo da história das idéias, das ciências e dos saberes.

de não ter tido uma vida normal de aluno e de estudante, não ter estado sentado sobre os bancos da escola e da Universidade. Todos os anos eu me prometo realizar esse desejo e ir, como ouvinte livre, ao seminário de um dos meus colegas. O seminário de Dumont num ano, o seminário de Touraine[143] no outro ano, o de Leroy-Ladurie[144] num terceiro ano e por aí vai, mas eu nunca o fiz. Meus estudos: um pouco de matemática e sobretudo de psicologia. Nada em meu passado me orientava para um mundo intelectual. Num período de grande incerteza, dois homens, por razões diversas, me conduziram para os trilhos universitários: Daniel Lagache[145] e Alexandre Koyré. Como todas as pessoas que vêm do exterior a ele, eu tinha grande admiração pelo mundo universitário porque eu tinha muito respeito pela cultura, respeito este que me foi inculcado muito cedo por pessoas simples. Nesse meio tempo viajei muito, ensinei em muitos países. Descobri que o meio universitário e muitos universitários são tacanhos e têm pouco respeito pela cultura. Pensei muitas vezes que era porque eles não se interessavam pela vida ou que a vida não os obrigava a se interessar por ela, ou que, fazendo parte da cultura desde o nascimento, eles tinham se tornado indiferentes a ela, como os filhos de pessoas ricas, indiferentes diante da riqueza. Muitos deles são novos pobres – o que quer dizer que eles tentam diminuir a velocidade da queda, de sua classe e sua fortuna, no escorrega universitário –, sem apetite nem vontade de renovação ou de ascensão intelectual ou social. Eu me acostumei a eles e eles a mim e a *École* des Hautes Etudes era – eu espero que continue a ser – um lugar especial. Não sou asceta sobre nenhum plano. Ou melhor, fui sempre um pouco ingênuo. Se eu não ensinasse – se outros não me ensinassem – eu teria tendência a me considerar o *douanier* Rousseau[146] do meu campo de atuação. Tenho também a tenacidade e a astúcia

---

[143] NT: considerado um dos maiores estudiosos de realidades nacionais, autor de: TOURAINE, Alan. *Podemos viver juntos? Iguais e diferentes*. São Paulo: Vozes, 1997.

[144] NT: foi o ministro da agricultura no governo do marechal Pétain, de 1973 a 1999, ocupou a cátedra de História da civilização moderna no Collège de France e foi o administrador geral da *Bibliothèque Nationale*, de 1987 a 1994. Teve como mentor o grande historiador Fernand Braudel. No início dos anos 1970, participou da corrente da "Nova história" e foi um pioneiro da análise micro-histórica. Sua obra mais conhecida é *Montaillou, village occitan*, de 1975, que se baseia nas cartas do inquisitor Jacques Fournier para reconstituir um pequeno vilarejo em Languedoc, no século XIV.

[145] NT : fundador e diretor de uma coleção intitulada *Bibliothèque de psychanalyse et de psychologie clinique*, e responsável pelo projeto do vocabulário da psicanálise. Debruçou-se anos sobre o estudo da criminologia e criou um laboratório, na Sorbonne, em Psicologia Social.

[146] NT: Henri Julien Félix Rousseau foi um pintor francês que, antes de iniciar carreira, pertenceu à polícia alfandegária – em francês, o cargo de *douanier,* pelo qual ficou conhecido. Mesmo tendo começado tardiamente, ele ganhou o respeito de nomes da vanguarda como André Derain ou Henri Matisse.

dos ingênuos. Tudo isso para lhe dizer que descubro sempre coisas que me espantam, que me maravilham ou que me entristecem profundamente. Sou apaixonado pela Itália. Se eu me suicidasse eu o faria simplesmente num dia de outono em Veneza. Esse ano fui a Florença, foi como se eu tivesse deixado o século XX – adeus poluição, andemos Brunelleschi[147], para me encontrar em plena Renascença. De alguns anos para cá, através de um amigo, descobri a arquitetura, a arte da matéria. Há cinco anos fora a Califórnia: as cores, o oceano Pacífico e, sobretudo, o turbilhão de idéias e de pessoas. Houve também a descoberta da cidade, em Nova York. Mudei através dessas descobertas, mas continuei perseguindo minhas idéias fixas, com tenacidade e astúcia. É como a leitura. Leio para me distrair e para descobrir, ter idéias, nunca para me instruir. O conhecimento em si mesmo me deprime tanto quanto o falar por si só ou escrever por escrever, só para escutar falar ou escutar-se falando, só para ser impresso e lido. Para que lhe dar nomes, uns não são originais e se eu lhe dissesse que li Galileu ou Kepler só por prazer, para conhecê-los pessoalmente, pareceria pretensioso de minha parte. Se eu lhe dissesse que em Paris quatro livros em cada cinco poderiam ter sido escritos por um computador – no qual se colocaram uma memória Freud, uma memória Marx e um programa estilístico heideggeriano – ou se eu lhe dissesse que três autores a cada cinco falam do que não conhecem, nem compreendem – Bachelard, por exemplo, é uma das principais vítimas desses autores, felizmente ele morreu – e que todos esses discursos sobre os discursos me aborrecem enormemente e que são de uma asneira sem nome. Se eu, depois disso, lhe dissesse quem são, você me diria – com razão – que eu sou ou pretensioso ou mau. Devo dizer que alguns quase me fizeram perder o gosto pela leitura. De um ano para cá, são a ruptura e a viagem. Descobri o universo dos escritores naturalistas, Novalis, Blake, Pascal, Davy, Bruno, Powys, Boehm, Lacarrière... Eu lhe garanto que é um universo suntuoso, refrescante, rico, um prazer – desde que se disponha a compreendê-lo do interior: desprezando os disparates sobre seu "misticismo", seu "obscurantismo", seu "orientalismo". Ficamos literalmente deslumbrados com sua clarividência, sua penetração. Esses autores sempre foram homens do futuro, eles descobriram um outro mundo de pensamento e de sensibilidade: as dimensões profundas da realidade e da história. Após tê-los lido, releia aqui e ali um pouco de Marx, um pouco de Freud e você poderá me dar suas impressões. Esses homens são entusiastas – motivo pelo qual foram reprovados como escritores, rechaçados como pensadores e atormentados como cidadãos –, eles e os que eram como eles. Vou parar por aqui, senão eu poderia continuar por horas e acho um pouco indecente falar tanto de si mesmo.

01/1975

---

[147] NT: arquiteto renascentista responsável pelas principais construções de Florença – a cúpula do *Duomo*, a *Capela Pazzi*, entre outras.

1976

La Gueule Ouverte foi durante bastante tempo o órgão de imprensa militante mais crítico e mais subversivo do movimento ecológico. Ele foi – como os ecologistas – muito visado e criticado pelos partidos políticos tradicionais. Serge Moscovici publicou nele um texto chamado "A conspiração verde", em que ele retoma os grandes temas que mobilizavam os ecologistas naquela época, para se perguntar por que é tão perigoso pensar e colocar a natureza no âmago da reflexão sobre nossa civilização.

A conspiração ronda em torno de nós, cola na nossa pele, polui o ar político e obstrui os cérebros. Ela surge sempre que há oportunidade. É como a violência, que desce as escadas do metrô, as mulheres que se manifestam na rua e no trabalho, os jovens que contestam a disciplina nas forças armadas e nas fábricas, as moças que tomam pílula com o consentimento dos pais, as regiões que reclamam sua autonomia e tudo o que perturba a ordem estabelecida – eis o suficiente para trazer uma perturbação geral. Como aceitar e compreender tantas coisas que mudam em tão pouco tempo? Como ter calma para procurar tão longe a seqüência das causas e dos efeitos, quando o medo está tão perto! Em todo caso, podemos ver que o ordenado se desordena porque as sociedades seguiram uma certa política e uma certa economia, que os velhos esquemas e reflexos explodem sob a pressão de novas realidades e de novas forças sociais. Tudo isso é bem complicado e muito abstrato. Porém, ver por todo lado a mão de uma conspiração que se trama na sombra – e ousa até aparecer em plena luz – é uma coisa palpável e concreta. Quando a desmascaramos, podemos segurá-la, denunciá-la e esmagá-la como a Hidra[148] de mil cabeças, seguros de que tudo vai voltar a ser melhor – no melhor dos mundos possível. É um procedimento velho como Herodes[149], cujos fios[150] são bem conhecidos. A tentação de aplicar esse método é bem forte, sobretudo para quem tem o controle das cordas nas mãos. Só é preciso uma oportunidade e – é claro – os conspiradores.

Um movimento recente nas forças armadas acaba de proporcionar a ocasião esperada. De muitas formas, a conspiração atingiu uma das instituições da sociedade, cujas ramificações na vida e no psiquismo das nações são profundas e que também encarna, nos olhos da maioria das pessoas, não somente a

---

[148] NT: Hidra de Lerna, animal fantástico da mitologia grega com inúmeras cabeças de serpente e corpo de dragão, cujo hálito era venenoso. Dizia-se que uma das cabeças era imortal, mas foi derrotada por Hércules em um de seus 12 trabalhos; atirou-lhe uma pedra na cabeça imortal e aproveitou para banhar suas flechas em seu sangue, para deixá-las venenosas.

[149] NT: Herodes I, o Grande, rei da Judéia de 37 a.C. a 4 a.C.

[150] NT: cabos que servem para manipular marionetes.

defesa da ordem, como a continuidade da história. Você pode constatar isso vendo a reação do governo e os compromissos tomados pela esquerda, que, juntos, marcaram seu apreço ao poder militar e ao que ele significa. Juntos também eles excomungaram para fora da nação e da esquerda os inspiradores desse movimento: os esquerdistas. Confesso que não sei direito o que são os esquerdistas. Por vezes, eu os imagino como os puristas da revolução e, por outras, como eruditos brandindo seus livros e citações para preveni-lo de que você se enganou de página e de passagem. Outras vezes, eu ainda ouço dizerem deles que estão contaminados pela doença infantil do comunismo – ou, ainda, eu os vejo fascinados por uma ou duas cenas capitais da história, desatentos ao resto da evolução das sociedades e dos problemas de base. Isso é da conta deles e dos sociólogos. O fato é que, a partir desse movimento nas forças armadas, começou-se a falar de uma conspiração universal, que toca todos os aspectos da vida social, dos esquerdistas como dos conspiradores, de todos que contestam qualquer coisa, como os esquerdistas e os autores de um plano de subversão que especialistas tiveram a habilidade de desmascarar. Em uma palavra: da versão moderna do "Protocolo dos Sábios de Sião"[151]. Certos jornais que raramente tenho em mãos, porque eles caem de minhas mãos, parecem ter se encarregado de difundi-la, fornecendo os detalhes. Por exemplo, *Le Journal du Dimanche*. Descobri nele coisas espantosas que merecem ser conhecidas, em particular, uma coisa que me era difícil de saber: que a ecologia e os movimentos ecologistas participam de uma grande conspiração de cujo plano são os mentores. Cito: "Trata-se de um campo de ação imenso que arrisca se tornar o terreno privilegiado das lutas políticas de amanhã. Atualmente foram recenseadas 17.500 associações na França que se dedicam à luta contra o que consideram como nocividades. Somente 250 dentre elas são politizadas, mas podemos pensar que isso é só o começo. Os esquerdistas lutam contra temas mobilizadores, como as centrais nucleares. Essa contestação global, que avança sempre em terreno favorável, atinge também a medicina (a nova teoria da antipsiquiatria é retomada pelos esquerdistas) e a justiça – as prisões, o quarto mundo etc." Por outro lado, as comunas são focos perigosos: "Redes de

---

[151] NT: texto da época da Rússia czarista, traduzido em vários idiomas, descrevendo um alegado plano para que os judeus atingissem a dominação mundial. O texto foi redigido como uma espécie de ata de um Congresso pretensamente realizado em Basiléia, no ano de 1807, em que sábios maçons, judeus, bolcheviques, rosacruzes, membros de sociedades secretas e outros estariam reunidos para estruturar um esquema de destruição do cristianismo. Nesse suposto evento, teriam sido formulados planos como os de explodir cidades européias, utilizar a Cabala para dominar a força mágica da Igreja Católica, inocular o tifo em chefes de Estado e, quando o mundo estivesse finalmente dominado, estuprar as mulheres cristãs e escravizar os seus maridos. Númerosas investigações independentes provaram repetidamente tratar-se de um embuste.

pessoas desorganizadas, mas eficazes, abrigam os militantes fugitivos. Estimamos que 200 lugares disseminados no sul da França (Lozère, Gard, Ardèche etc.) constituem focos anarquistas sem ligação evidente entre eles, apenas uma forma de solidariedade" (21 de dezembro 1975).

Essas perspectivas não são surpreendentes nem irreais. Confesso, porém, que eu não as via, nem tão próximas nem nesse contexto. Eu acreditava que essa corrente multiforme se tornaria mais forte – seria mais bem estruturada intelectualmente, tomaria consciência de sua verdadeira unidade – antes de provocar tão fortes reações. Eu via também que a maior parte delas se sentia, na realidade, desencorajada, esvaziada de sentido, sem entusiasmo por aquilo que dois ou três anos antes parecia ser o centro de sua existência e de seu pensamento. Enquanto isso, para muitos, essa corrente parecia pertencer ao folclore e traduzia a nostalgia de um passado que não mais voltaria. Todos os sintomas de um refluxo se encontravam ali. Contudo, o que se passa ao redor precipita evoluções, leva a uma consideração mais sã das realidades. Tanto quanto nós ou mesmo melhor, os outros sabem que nesse refluxo se esconde uma força adormecida, que entre esses movimentos sobre o nuclear, os jovens, as mulheres, a poluição etc. se exprime um movimento social – que mais cedo ou mais tarde encontrará sua unidade. O que esses arautos da conspiração pretendiam era prevenir e desarticular os movimentos por meios mais enérgicos do que dando qualidade de vida ou recuperações e integrações mais comuns. A prática de tais meios em tempo de crise e de tensão tem como prioridade destacar – justamente de maneira clara e inesperada – o que vem da ecologia num contexto de um plano de conspiração. Não é difícil se chegar à conclusão. Já que o fantasma da conspiração surge no horizonte, então, façamos a conspiração às claras, em pleno dia. Começando por uma franca diversão e risadas, festas da conspiração verde (com os temas que podemos adivinhar: "estamos verdes de conspiração", "somos todos conspiradores verdes" etc.) aplicando nisso a contrafórmula: o ridículo mata!

Essas amostras podem esclarecer você sobre o resto dos artigos. Felizmente, há muito tempo que digo, e somos muitos a pensar e dizer, que a questão da natureza se situa no âmago de nossa civilização, que os movimentos que se criaram em torno dela são fatores de renovação e de contestação sociais e intelectuais. Apesar de refluxos passageiros, a massa dos que tomam consciência de sua importância e de seu alcance vai e irá crescendo, é evidente. Quanto mais depressa isso for realizado, melhor será para todos. As diversas reações à aparição de uma nova força social, de uma nova linguagem e de um pensamento novo, até de uma nova forma política, são normais. Porém, quando as coisas mudam de dimensão e de significado é que se percebe que esses movimentos estão incluídos numa conspiração, seus partidários e suas idéias estão estampados com a etiqueta de esquerdistas – que pode ser usada e reutilizada por todos – hoje ou amanhã. É que, através de uma estranha conspiração e um não menos estranho amálgama, se perfila a sinistra figura da repressão.

Se tomo ao pé da letra o artigo que acabei de citar, é porque isso quer dizer que em alguma parte essas associações estão fichadas, classificadas e seu grau de politização medido. Se suas atividades são fiscalizadas por especialistas – especialistas do quê, por favor? – é então que, em alguma parte, essas atividades são consideradas como perigosas e são suscetíveis de serem proibidas a qualquer momento. Não pretendo dizer que esse momento chegou, nem que o nível de tolerância das autoridades tenha sido atingido, contudo, a justificação de uma eventual repressão já se encontra nos jornais, no espírito do público e, sobretudo, pois que algumas vozes se manifestaram nesse sentido, no espírito dos responsáveis políticos. Numa encruzilhada de trilhos, um trem pode esconder outro e esse segundo ser ainda mais perigoso do que o primeiro. Com base nisso será possível decretar que manifestar – contra as centrais nucleares, contra a destruição da natureza, contra a poluição das cidades, contra o desaparecimento das comunidades culturais, contra a situação dos jovens, dos prisioneiros, das mulheres, contra as condições de trabalho ou do ensino – é atingir a economia nacional ou a segurança do Estado. Sobre essa mesma base, as múltiplas associações livres que se formaram aqui ou lá para lutar em diversas frentes – que alguns persistem em chamar de secundárias – poderão ser declaradas ilegítimas, culpadas de propagar doutrinas perigosas, responsáveis por todos os males sociais. Desde já, elas são apresentadas no mesmo artigo como sendo instrumentos entre as mãos dos esquerdistas e descritas como um aparelho subversivo fragmentado, mas que possui – ao ver dos especialistas - uma notável eficiência. Aí estão de volta os tais especialistas e a tal eficiência!

Por outro lado, chegou o momento de se parar de deslizar ladeira abaixo no refluxo, de reacender as energias, por tanto tempo diluídas e dispersadas. É preciso fazer convergir ações e iniciativas locais, associações e comunidades isoladas em torno primeiramente de alguns projetos-chave. Isso, focando-se em experiências concretas e intelectuais comuns, para depois tratar de linguagens e idéias. É preciso afirmar por toda a parte – nos lugares de vida, de produção, de ensino – o sentido e a particularidade específica do movimento, que concerne a todos, de forma ampla e a longo prazo, em nossa sociedade. As publicações que existem têm um papel determinante a desempenhar sobre isso. Chegou também a hora de cessar de inquietar uma opinião já apreensiva – de anunciar sempre más notícias para pessoas que já as têm de sobra na vida. Isso não é a vocação ecológica, nem a melhor maneira de ser ouvido. Pelo contrário, é melhor nos abrirmos a um meio hesitante diante de manifestações que lhe parecem – muito justamente – esotéricas e mostrar-lhe que essas manifestações os concernem e que elas apresentam alternativas – inclusive para a vida cotidiana. É preciso então retomar o diálogo, esclarecer ponto por ponto, para fazer desaparecer preconceitos tenazes, intoxicações profundas. É a única via que leva a compreender as razões pelas quais se passa a refletir sobre as soluções propostas. É no nível do chão, onde as pessoas têm vontade de se exprimir, criar, contestar, redescobrir a vida e que as ameaças podem ser dissipadas, que a luta pela natureza será ganha. Uma vez que subirem a montanha – que o entusiasmo os tenha tomado – inventaremos o que resta por fazer e por pensar.

1976

1978

Essa entrevista foi realizada por Martine Leventer para *Lui*[152] – uma revista na qual mensalmente eram publicadas importantes entrevistas com personalidades da política – e recebeu o título de "Entrevista com o mestre do pensamento dos ecologistas". Na ocasião, Serge Moscovici era um dos líderes Verdes: ele era candidato no 13º Distrito de Paris pelo partido ecologista, trabalhando ativamente com os Amigos da Terra, Ecologia 78 e nos quadros da Ecoropa, um tipo de centro de trocas e reflexões dos diferentes movimentos ecológicos europeus realizado em seu curso de verão na Universidade de Lodève; ele era o responsável do grupo encarregado de elaborar uma "filosofia" para o movimento ecológico.

LUI: *Freqüentemente cobrimos os ecologistas de epítetos mais ou menos amigáveis e, de forma geral, pouco atraentes: vocês são uns tolos, uns irresponsáveis, uns sonhadores – em suma, pessoas pouco confiáveis. Isso não é um ponto fraco para o futuro do movimento ecologista?*

SM: Não. Primeiramente porque nós deliberadamente buscamos criar essa imagem. Porque em um mundo de falsos sérios – de oportunistas, que prometem aquilo que não podem cumprir, de pessoas que fazem cálculos enganosos mas que juram ser precisos –, nós desejávamos criar um contraste. Existe um lado de provocação consciente nos ecologistas. É claro que também é verdadeiro que muitos sonhadores participaram do início do movimento ecológico. Não podemos esquecer, por exemplo, que o movimento hippie teve um papel importante no despertar para a ecologia. Eu acrescentaria que nós somos efetivamente sonhadores, mas no sentido em que dizemos que um artista ou um cientista é um sonhador: alguém que busca enxergar um pouco mais longe. Ou, ainda, segundo um médico que declarava a respeito da teoria de um de seus colegas: "Eu me pergunto se essa teoria é louca o bastante para estar certa!" Desse mesmo modo nós pensamos que a gravidade da situação hoje é tal, que é preciso ter idéias muito loucas para remediá-la; porque nós já sabemos no que resultaram as idéias "sábias"!

---

[152] NT: revista masculina criada em 1964 por Daniel Filipacchi.

Aliás, quero que perceba que nossos sonhos se tornaram o pesadelo dos outros! Assim, tudo o que dissemos sobre o nuclear, sobre o meio ambiente, todas as nossas reivindicações relativas ao modo de vida, à descentralização dos poderes, ao crescimento, tudo isso se encontra nos programas dos diferentes partidos políticos! Basta olhar para seus cartazes: vemos aparecer em todos os lugares o verde e as árvores! Até Michel d'Ornano,[153] que, durante a campanha para as eleições municipais, passeava de barco no Sena, copiando, de certa maneira, René Dumont[154] que na época das eleições presidenciais estabeleceu um QG[155] num barco. Agora, se nós somos uns sonhadores... nós somos uns sonhadores eficazes!

LUI: *Você não acredita nessa forma de apropriação alheia de suas idéias?*

SM: Se o movimento ecológico fosse um movimento efêmero, ela representaria um risco para nós, submetidos aos ciclos da moda. Eu não acredito que esse seja o caso, pois os problemas apresentados pelo meio ambiente, os recursos, a vida urbana, etc, não serão resolvidos pelo sistema atual: foi ele que os criou.

Na verdade, ficamos contentes que algumas de nossas idéias sejam reaproveitadas. Em primeiro lugar, elas não nos pertencem; em seguida, sua proliferação possibilitará ampliar as possibilidades do movimento ecológico. Deformá-las e empregá-las no sentido oposto, isso é normal. Marx enunciou outrora um grande princípio ecológico: a decomposição é o laboratório da história – e nós podíamos acrescentar que é o laboratório da vida simplesmente. O essencial é reciclá-la. É mais interessante saber quais serão as conseqüências dessa reformulação sobre o movimento ecológico. Ao meu ver, ela se radicalizará. Isto é: o movimento ecológico será levado a se interessar prioritariamente pelos problemas do Estado, da liberdade, da produção, das relações entre grupos sociais, entre grupos regionais, sob o ângulo de seu impacto sobre a natureza.

LUI: *Entre aqueles que os tratam de sonhadores, muitos acreditam que vocês são partidários de uma sociedade rural, pastoril, completamente ultrapassada: vocês voltariam com a charrete e a luz de velas...*

SM: Só porque falamos da natureza, todo mundo pensa que nós desejamos voltar ao passado. Isso é inteiramente falso. Nenhum de nós acredita que possa-

---

[153] NT: filho do fundador dos Perfumes Lâncome, de origem nobre e homem político, foi candidato em 1977 pelos *Républicains Indépendants*; ele perdeu para os socialistas encabeçados por Lionel Jospin, Daniel Vaillant e Bertrand Delanoë.

[154] NT: filho de um professor de agronomia, e neto de um agricultor, foi um dos primeiros a denunciar os estragos da Revolução Verde e a lutar contra a agricultura produtivista, estando ligado às origens do movimento ecológico francês.

[155] NT: quartel-general.

mos viver como vivíamos há muitos milhares de anos! Mas acreditamos que podemos tomar emprestado de outras culturas – do passado e de outros lugares – um certo número de formas de vida ou de idéias, não pelo amor à tradição em si, e sim porque a tradição lhes permitiu sobreviver e muitas vezes viver bem, por muito tempo. Tomar idéias e formas de viver emprestado significa redescobri-las e reinventá-las, para nós e para o nosso tempo.

De fato, a maior parte das pessoas pensa sempre no progresso, no futuro, em termos "do maior", "da maior quantidade", "do mais rápido" – em suma, é o gigantismo a todo custo. Agora, quando dizemos que podemos propor alternativas, passamos por retrógrados. Vejamos, por exemplo, os computadores: começamos por fazê-los cada vez maiores, cada vez mais poderosos; o objetivo era construir uma supermáquina reinando sobre um sistema hipercentralizado. Repentinamente alguém inventou o computador de bolso, as minimáquinas que utilizamos em casa: isto é, a partir da mesma técnica, mas com um desenvolvimento totalmente diferente. Por que não imaginar uma evolução similar também para outras técnicas, inclusive o nuclear?

LUI: *Exatamente: o que vocês criticam na técnica nuclear? E o que propõem como alternativa?*

SM: Em primeiro lugar, nós não estamos brigando com o átomo, tampouco nós temos preferência pelo carvão! Porém, a técnica nuclear não proporciona atualmente garantias de segurança suficientes. Existem muitos relatórios, seja na URSS, no Reino Unido ou nos Estados Unidos. Você me dirá que cada técnica tem seus riscos. Isso é verdade. Mas um acidente nuclear pode tornar uma região inabitável, com conseqüências genéticas de longo prazo. Você se lembra de Seveso[156]? Pois bem: o nuclear representa um risco incomparavelmente mais grave. Eu não falo somente do aspecto econômico do problema, o que não é necessariamente o mais brilhante ou decisivo.

LUI: *Pelo contrário, falemos disso! Os economistas afirmam que não podemos pagar cada vez mais caro por um petróleo cada vez mais escasso e ao mesmo tempo investir em pesquisa de novas fontes e no desenvolvimento de novas energias. Entretanto, estamos preparados para aceitar uma redução do nível de vida?*

---

[156] NT: o acidente em Seveso ocorreu no dia 10 de julho de 1976 numa pequena indústria química que se localiza aproximadamente a 25 km de Milão, na Itália, e resultou na exposição da população local a substância tóxica - 2,3,7,8-tetrachlorodibenzo-p-dioxin (TCDD) – que tem como característica a acumulação no sistema biológico, sendo, portanto, de difícil absorção e degradação, tanto pelo ambiente quanto pelos seres vivos.

SM: Quando digo que o balanço não é brilhante no plano econômico, refiro-me justamente aos estudos dos economistas que mostram que o preço da energia não baixará. Mesmo com o nuclear, nós nos confrontaremos freqüentemente com crises ligadas à energia. De todo modo, sabemos que o nuclear não é – qualitativamente – uma solução definitiva para o problema de energia: é uma solução transitória. Para nós, o essencial é uma mudança de comportamento com relação à energia: utilizando-a de forma mais eficiente, por um lado; e procurando utilizar formas de energia menos perigosas e mais descentralizadas que a nuclear, por outro lado.

LUI: *Mas essas novas energias não estarão disponíveis por um bom tempo! O problema da solução alternativa continua, portanto, em aberto...*

SM: Em primeiro lugar: por que não procuramos uma utilização diferente para a energia nuclear? Não podemos torná-la menos centralizada, menos perigosa, antes de generalizar sua utilização? Em segundo lugar: as soluções alternativas existem! Não sei por que todo mundo fica polarizado na energia nuclear – talvez porque nuclear e militar sejam ligados. Se somos contra as centrais nucleares, é porque também sua multiplicação é seguida da proliferação de armas nucleares e, conseqüentemente, do risco de uma guerra que leva à destruição da espécie. A maior garantia contra a guerra atômica é, portanto, o combate ao nuclear.

LUI: *Muitos dizem que o melhor meio de combater o perigo nuclear é apoiar o Partido Socialista, que prometeu uma moratória*[157]*... Daí muitos não compreenderem a obstinação de vocês a não se posicionarem claramente com respeito aos partidos políticos.*

SM: Sim, eu sei. Mas quando nos obrigam a tomar partido, isso implica que tomemos partido em relação a algo que existe. Porém é justamente isso que nós nos recusamos a fazer, já que desejamos que o jogo político se desenvolva de outra forma. Pois o que observamos hoje, senão um verdadeiro consenso de partidos políticos tradicionais? Um consenso sobre as necessidades do exército das armas atômicas, sobre o fortalecimento do poder do Estado, sobre o nuclear, sobre a necessidade de um crescimento exponencial, sobre o progresso. Todos os partidos – divergindo em pequenas nuances - possuem a mesma visão das coisas. As diferenças são as diferenças de programa. Para os ecolo-

---

[157] NT: a moratória, ou *sortie du nucléaire civile*, é a saída do uso da energia nuclear para fins civis, que consiste em parar a utilização dessa energia para a produção de eletricidade, portanto, fazendo parar principalmente a propagação das centrais nucleares. A moratória teve início na Áustria (1978) e se propagou pela Suécia (1980), Itália (1987), Bélgica (1999) e Alemanha (2000), sendo discutida por muitos outros países.

gistas, o problema se situa no nível do sistema de referências, de valores e não no nível de programa. O que queremos é uma nova maneira de pensar a cidade, a sociedade, a relação com a natureza, etc. Isso é o que as pessoas têm dificuldade em compreender.

LUI: *Por que o sistema político é como é, o que o conduz a pensar em termos de "direita" e "esquerda"?*

SM: Existe ainda um sentido nisso? A esquerda e a direita são noções relativas. De Gaulle, sob muitos aspectos, se situava mais à direita no plano político; mas ele era muito mais à esquerda que muitos homens – até mesmo que os próprios partidos de esquerda – no plano da luta antifascista, no plano colonial. O Partido Comunista é certamente mais próximo da linha política de De Gaulle sobre muitos pontos – autoridade, o papel do Estado, o exército etc – do que da linha dos socialistas, ao meu ver. É preciso levar isso em consideração, quando nos perguntam se somos de direita ou esquerda – e Deus sabe com que freqüência nos perguntam isso! É por isso que respondo que, de uma forma geral, nós nos situamos na esquerda da esquerda. Isso significa que somos próximos da esquerda em um certo número de pontos – remuneração, organização de empresas, internacionalismo etc. – mas em outros pontos, somos nós que representamos a esquerda –especialmente sobre tudo o que diz respeito à relação com a natureza, à utilização de recursos, à autonomia das coletividades, ao produtivismo, ao crescimento. Pois, muito freqüentemente, os homens e os partidos de esquerda se distanciam daquilo que chamamos socialismo e, ao fazê-lo, deixam um vazio que nós começamos a preencher e que nos pedem que preenchamos.

LUI: *Em suma, hoje: ser um socialista é conseqüentemente ser um ecologista?*

SM: Ao meu ver, sim! Eu penso que a maneira como iremos às eleições e o programa que nós representamos devem corresponder a um objetivo realizável no curto prazo: a transformação do movimento ecológico em um pólo de atração para um certo número de grupos políticos, notadamente os socialistas. Para os socialistas minoritários – penso no PSU[158] – essa será uma forma de sair do isolamento no qual se encontram. E mesmo no seio do Partido Socialista, sem falar no CERES[159], existe uma oposição entre uma linha de pensamento e ação

---

[158] NT: sigla que designa o Partido Socialista Unificado, que foi fundado em 3 de abril de 1960 e se dissolveu em 1989.

[159] NT: sigla que designa o Centro de Estudos e Pesquisa e Educação Socialista. O CERES é uma das correntes presentes na fundação do PS no Congresso de Épinay em 1971. Em 1986, tornou-se *Socialisme et République*, uma dissidência do PS. Em 1991, depois da Guerra do Golfo e antes do Referendo sobre o Tratado de *Maastricht*, formou um novo partido, o *Mouvement des Citoyens* (MDC). Em 2003, o MDC tornou-se o *Mouvement Républicain et Citoyen*.

"tecnocrática" e uma autêntica linha de pensamento e ação de autogestão, propondo uma verdadeira descentralização, uma transformação de relações sociais, um novo modo de desenvolvimento, que é bastante próximo ao da ecologia. Eu falo de Jacques Delors[160], do grupo que gravita em torno da revista *Faire*, dos sindicalistas CFDT[161], assim como outros. Portanto, é necessário "transformar", como dizemos no *rugby*, quer dizer, fazer com que essa comunidade de pensamento leve a um trabalho político comum, o que será uma oportunidade para eles e para nós. Preparar a criação desse pólo de atração deverá ser um dos determinantes de nosso comportamento antes e depois das eleições.

Mas, fora das eleições, o que desejamos fundamentalmente é mudar a política. Nós começamos a fazê-lo, na medida em que politizamos aquilo que até então não era político. Assim, os problemas considerados como puramente técnicos – como o problema dos recursos ou o problema da poluição, inclusive a nuclear – tornam-se políticos e devem ser objeto de um debate público. Existem ainda outros que proporemos. Por exemplo: por quanto tempo devemos trabalhar? Que bens devemos produzir? Que bens devemos consumir? Como produzi-los e como consumi-los?

LUI: *As eleições legislativas tratam de problemas ainda mais imediatos. Eles implicam em tomadas de posições precisas. O que farão os ecologistas?*

SM: Evidentemente que não é questão de aprovar acordos com os partidos. Primeiramente porque assim entraríamos num jogo político que não queremos aceitar. Em seguida, porque isso seria reconhecer o poder centralizador dos partidos. Ora, nós somos contra o princípio da centralização: nós não possuímos um órgão central. Nós fecharemos, portanto, eventualmente, apenas acordos com os candidatos, localmente, em cada região, com a condição de que se engajem quanto a um certo número de problemas que nos parecem urgentes, como o nuclear, a destruição do meio ambiente, a segregação etária, a descentralização de certas atividades e outros problemas puramente locais, relativos, por exemplo, aos canais, às auto-estradas e a questões urbanísticas.

LUI: *Muitos de seus eleitores de esquerda repreendem vocês por deixarem eleger candidatos de direita com esse sistema.*

---

[160] NT: economista e político de nacionalidade francesa que foi presidente da Comissão Européia entre 1985 e 1995.
[161] NT: sigla que denomina a Confederação Francesa dos Trabalhadores Cristãos, que foi fundada em 1919 como uma reação ao caráter anticlerical dos primórdios do movimento sindical francês.

SM: Eu sei. Mas respondo o seguinte: não sabemos como se apresentarão as eleições triangulares. Com quatro ou cinco candidatos? Depois, não somos apenas nós que fazemos tombar os candidatos de esquerda: a própria desunião da esquerda fará muitos tombarem ainda! É necessário que não nos façam mais esse tipo de chantagem na eleição. De qualquer forma, é preciso que nós existamos e falemos em nosso próprio nome. Para os ecologistas, concorrer às eleições é, por um lado, reunir votos, portanto cristalizar os movimentos que já existem; por outro lado, é também permitir que os diferentes grupos e subgrupos do movimento partilhem e confrontem suas idéias, em resumo: difundi-las e as fazer conhecer. Pois 4% ou 5% de votos fazem muito mais pela ecologia do que mil livros! Dito isso: nós somos fundamentalmente contra todas essas eleições sucessivas.

LUI: *Por quê?*

SM: Porque elas dão a impressão de que é suficiente votar para resolver os problemas da sociedade. "Vote e você irá salvar (ou mudar) o mundo": isso é absurdo! Nenhuma sociedade nova saiu das urnas, nenhuma ordem social se conserva nas urnas. Ou melhor, tudo se paralisa à espera das eleições, pois, para passar o tempo enquanto esperamos, "votamos" através das pesquisas sucessivas. Enquanto isso, as coisas seguem seu curso... Pensamos, portanto, que, de certa forma, essas repetidas eleições impedem as pessoas de cuidar de seus problemas. Primeiramente, as eleições sucessivas conduzem a uma profissionalização forçada da política; infelizmente, fizemos da política uma verdadeira indústria, com empresários, máquinas de produzir candidatos, serviços de marketing etc. Ocorre também que as eleições sucessivas reforçam na esfera local a primazia dos partidos sobre a vida social de uma maneira geral – pois é preciso fazer coalizões para negociar em escala nacional – ou, ainda, porque tudo parece poder ou dever se decidir no nível político. O notável, o político, mesmo o militante, pertencem à era pré-industrial. Hoje em dia temos um quadro político. E sua função de sistema se justifica por uma única coisa: o voto. A tal ponto que o produtivismo eleitoral criou o sistema político – e vice-versa. É um círculo vicioso...

LUI: *Nessas condições, por que os ecologistas tomaram lugar na corrida política? Por que concorrer às eleições legislativas francesas ou ao Parlamento Europeu?*

SM: Mas não fomos nós que criamos a demanda por candidatos ecologistas! Se concorremos às eleições municipais é porque existe verdadeiramente uma pressão de base. As próximas eleições legislativas constituem, ao meu ver, um momento crítico para o movimento ecologista: devido a tomadas de posição de alguns, que levaram a um engajamento político muito forte, talvez haja um fenômeno de rejeição, que será interessante para a ecologia. Com relação às eleições européias, elas são muito mais importantes para nós. Primeiramente, porque o sistema eleitoral, sendo diferente, nos possibilita obter talvez uma melhor representação. Em segundo lugar, porque elas provocarão, pela primeira vez, uma convergência no plano europeu dos movimentos ecológicos dos diferentes países. Em terceiro lugar, porque elas permitirão a emergência de novos temas ecológicos: notadamente a hegemonia do Estado sobre o conjunto da vida social – um tema que vai ao encontro das preocupações daqueles que advogam pela autonomia regional.

LUI: *Você pensa conseguir uma mobilização sobre esses temas em nível europeu?*

SM: Sim. Porque, no contexto das eleições nacionais, é muito difícil para nós lutar contra a inércia das estruturas, contra os notáveis em postos locais, hábitos de voto. Essas dificuldades serão menores quando as pessoas se pronunciarem no plano europeu, numa estrutura diferente, política e intelectualmente.

LUI: *Com relação aos partidos tradicionais, a aparente falta de coesão e a ausência de uma linha diretriz que permite situá-lo claramente não constituem uma fraqueza do movimento ecológico?*

SM: Isso é um problema. Pois o movimento ecológico não pode e não deve se estruturar como os outros movimentos; não por um capricho de originalidade, mas para estar de acordo com seus próprios princípios de descentralização e diversidade. É um movimento antiunitário, que se deseja flexível e multiforme.

Eu farei deliberadamente a seguinte comparação: cada um dos partidos políticos tradicionais se constituiu à imagem da Igreja Católica, universal e coerente. Enquanto que, até o momento, e talvez por muito tempo ainda, o movimento ecológico, tanto no nível nacional quanto internacional, assemelha-se às igrejas protestantes: é uma espécie de convergência de movimentos, de grupos muito diversos, que têm em comum um certo número de idéias, mas que têm uma vida e ação próprias. Em algumas ocasiões precisas, esses movimentos se unificam e formam uma entidade momentânea, por exemplo, a *Paris-Ecologie* para as eleições municipais; a *Ecologie-78* para as eleições legislativas; e algo como a *Ecoropa* para as eleições Européias. Mas as estruturas que se formam nessas ocasiões estão destinadas a desaparecer e dar lugar a outras. Existe uma espécie de luta permanente contra os riscos de esclerose ou de rigidez, enfim: do afastamento daquilo que acontece na sociedade. Um tipo de desejo de permanecer receptivo, de funcionar como um radar. Agora, é claro que nos dizem: vocês não possuem uma doutrina unitária, homogênea, vocês não possuem um ponto de vista bem determinado. É verdade. Mas o discurso liberal existe há quatro séculos e já teve tempo suficiente para se moldar. O discurso socialista levou dois séculos para tomar uma forma unitária! A ecologia, em suas diferentes formas, surgiu há 20 ou 30 anos no máximo... Mas, de toda forma, o movimento ecológico pode ou deve transformar-se numa doutrina unitária? Eu me pergunto. Eu penso que existe uma estreita relação entre o unitário e o totalitário, entre o unitário no nível do pensamento e o unitário no nível da organização.

LUI: *A ecologia não está destinada então a permanecer como um movimento de contestação, uma forma de provocação, mas de modo algum um sistema de poder?*

SM: Não. Mas por que devemos sempre manter o mesmo modelo de poder? O que o movimento ecológico busca é criar uma nova forma de poder, uma outra maneira de harmonizar a ordem e a desordem de uma sociedade. É primeiramente nisso que se situa o desacordo com aqueles que se apropriam de algumas idéias ecológicas, para fazer funcionar melhor sua máquina política; se o movimento ecológico existe, é para criar uma nova máquina social, uma outra forma de viver social e politicamente.

LUI: *Seu objetivo é, portanto, eliminar o sistema de poder atual. Mas para colocar o quê no lugar?*

SM: Quando as pessoas lutavam contra a sociedade feudal, como poderíamos saber o quê a burguesia colocaria em seu lugar? Apenas sei que os homens políticos ficaram habituados a responder a todas as questões, como se para cada uma delas devesse sempre existir uma resposta já pronta. O que não é a nossa forma de ser. Digamos que apenas não somos – como eles – onipotentes e oniscientes!

LUI: *O movimento ecológico será apenas a parte perceptível de uma mudança em curso na sociedade?*

SM: Eu acredito ainda mais numa mudança da cultura. De fato, a política e o cultural interferem permanentemente no seio do movimento ecológico: nós desejamos, não somente mudar a política, mas mudar os valores, o modo de vida, a relação entre as pessoas e, finalmente, a forma de perceber o mundo. Portanto, nosso objetivo principal não é a tomada do poder. Geralmente, os homens pensam que tomando o poder eles mudarão a sociedade e os homens. Eu – não digo aqui "nós" – penso que isso não é verdadeiro. O essencial é mudar a sociedade e os homens. A política os seguirá.

LUI: *Não existe uma contradição interna nisso, na medida em que o movimento ecológico possui uma ação política?*

SM: Na França essa dimensão política é mais importante que em outros lugares, pois o caráter centralizado da sociedade francesa, da vida intelectual, do aparelho administrativo francês conduz à politização, à representação centralizada de todos os movimentos sociais. Entretanto, as outras dimensões do movimento ecológico não desaparecem por conta disso: não devemos nos focalizar nesse aspecto político. No limite, eu diria que não é recuperando o voto dos ecologistas que se iria desfragmentar o movimento. Ele se dirige à sensibilidade de um certo tipo de pessoas de nossa época, especialmente dos jovens. Contra isso não se pode lutar: os valores e as idéias são adversários invisíveis, difíceis de se dominar. Esse é o aspecto mais importante do movimento ecológico. Vejam, finalmente, a quantidade de coisas que começam a ser sentidas, percebidas, expressas em termos ecológicos...

LUI: *O movimento de vocês não é um luxo dos países ricos?*

SM: Eu suponho que há um século e meio você faria essa mesma pergunta a um socialista, pois o socialismo – assim como a sociedade burguesa – nasceu nos países ricos da época: o mundo ocidental. Lembremo-nos de Marx: as primeiras revoluções socialistas terão lugar nos países ricos, dizia ele – que pensava na Alemanha e na Inglaterra. Mas, pelo contrário: elas aconteceram nos países pobres, aqueles que considerávamos como não mais participando ativamente do curso da história, como a China. É normal que os movimentos nasçam nos países ricos, pois há uma maior efervescência, uma maior liberdade. Entretanto, eles se propagam em outros lugares. Eu posso imaginar facilmente, por exemplo, o movimento ecológico penetrando na Europa do Leste.

LUI: *Como e em que prazo?*

SM: Ele penetrará nos próximos dez ou 15 anos. Pois ele sintetiza um certo número de reivindicações que já são muito fortes do outro lado da cortina de ferro. Assim, para os ecologistas, a liberdade é um direito natural do homem; ou, ainda, em matéria de liberdade, todos os dissidentes da Europa do Leste formulam suas reivindicações, em termos do direito natural, não tendo como referência a história ou a economia. Da mesma forma, nós somos contra o poderio crescente do Estado; ora, existe um problema explosivo na Europa do Leste: o das nacionalidades. Nós criticamos também todos os sistemas científico-técnicos por aquilo que eles representam como opressão pelo trabalho, de destruição do meio ambiente, de destruição das relações sociais; tudo isso aparece em detalhe em certos discursos sobre a ciência e a técnica naqueles países. Se um movimento de contestação nasce hoje no Ocidente, ele pode adotar, por exemplo, as idéias e a linguagem marxista para se expressar; o Leste não pode adotá-las, pelo simples fato de que essas são as idéias e a linguagem dominante por lá. O único projeto global que está disponível para tal movimento de contestação nessa região do Leste, que leva em conta as realidades contemporâneas, é de ordem ecológica. É por isso que penso que a ecologia tem lá toda a chance de progredir.

LUI: *Você, que é um acadêmico e não um político, como percebe as reações do mundo intelectual ao movimento ecológico?*

SM: Elas são de uma maneira geral desfavoráveis, ou então condescendentes: tolera-se a ecologia, pois fala-se da ecologia; pois existe um tipo de pressão da opinião pública. Mas, no fundo, todo mundo espera seu desaparecimento. Existem algumas razões que baseiam essa atitude desfavorável; o mundo intelectual, a grosso modo, se divide em duas categorias: psicanalítico-marxista, de um lado; "enárquico",[162] por outro lado. Para aqueles que pertencem à primeira categoria, nosso discurso não é suficientemente coerente, não é suficientemente científico, não é suficientemente estruturado – nós não temos respostas para todas as questões e, como eles nos dão respostas a todas as questões, por que insistimos em elaborar outras questões?! Por isso, nós passamos deliberadamente por intelectuais débeis. Para aqueles que pertencem à segunda categoria, nós somos anarquistas. Esquerdistas camuflados, em suma!

LUI: *Você abordou os problemas sob o ângulo político, social ou cultural. A ecologia não seria relativa mais à ciência do que era na sua origem?*

SM: O parentesco profundo da ecologia não é com a ciência, mas com a arte. Pois toda uma série de problemas peculiares a nossa civilização poderão ser melhor resolvidos pelos artistas do que pelos cientistas. Sei que isso pode parecer curioso. Mas as coisas mudaram depois do século XIX. Podíamos crer, naquela época, que todos os problemas da sociedade possuíam uma solução científica e que a ciência era revolucionária. Mas a ciência não transforma mais o mundo, doravante ela se limita a geri-lo: quer seja no nível da indústria ou no do Estado, os cientistas – como conjunto – estão integrados no sistema. O que não é tanto o caso dos artistas, que guardam uma capacidade de liberdade e de revolta...

Fora isso, existem coisas bem terra a terra: qual ciência pode determinar o melhor tipo de *habitat*? A paisagem mais viável? A ciência não está à altura de responder a questão: como mudar a percepção do mundo? Ela não pode indicar o caminho a ser seguido para modificar as relações entre as pessoas. A ciência é menos capaz ainda de produzir tais mudanças – o que pode ser feito, no entanto, por uma criação arquitetural ou musical.

Pois é um fato: as artes abalaram nosso modo de vida, de sentir e de morar. É de seu direito assumir o lugar da ciência na transformação do mundo. Isso talvez tenha ocorrido tão somente porque as artes guardaram seu contato com o mundo, com a natureza. Isso é capital!

---

[162] NT: neologismo para expressão em francês *énarchique,* relativa à hegemonia de quadros formados pela ENA, sigla da *École Nationale d'Administration* (Escola Nacional de Administração), em postos-chave na sociedade francesa.

Dentro do movimento ecológico e na juventude de hoje, de uma forma geral, isso é expresso, digamos, de uma maneira leve, talvez sem jeito, através da recuperação do interesse pelo artesanato e, acima de tudo, pela música, que – depois de *Woodstock*[163] e de outros concertos – se manifesta em todos os lugares. Eu sou sensível aos ritmos que eles criaram e às vibrações que eles transmitem. Eu penso que os ecologistas deveriam ser coerentes com eles mesmos e por isso ir um pouco mais longe para encontrar uma forma de união livre e revolucionária com a arte. Uma união que inspire os artistas a criar um ambiente diferente, uma nova relação com o homem. Estou convencido de que a ecologia num sentido estrito – prático – pode avançar unicamente quando e se houver soluções artísticas aos problemas que ela coloca.

Março de 1978.

1991

Após o desaparecimento do *Sauvage* em 1980, a revista mensal *Lettre du Sauvage* foi criada por Alain Hervé e pelos militantes ecologistas egressos dos Amigos da Terra, como Laurence Bardin, tendo como objetivo manter vivo uma espécie de boletim de divulgação que, como *La Baleine* em seu princípio, possuía assinantes e era distribuído no movimento da ecologia parisiense. Serge Moscovici, num "bate-papo" com Laurence Bardin, explica por que, doravante, se distancia dos Verdes.

LB: *Você acaba de deixar os Verdes. Por quê?*

SM: Sim. Estou chocado, surpreso... Por sua recusa em tomar uma posição clara, no nível eleitoral, com relação a Le Pen[164]. Por sua associação com o Partido Comunista... que jamais teve simpatia pela ecologia. Enfim, por sua atitude pacifista. Se um movimento tem consciência de suas responsabilidades, não pode ter como princípio nem como discurso o pacifismo. Senão, ele se fecha num tipo de mito, ou, então, fica condenado a mentir – a se desprestigiar – como ocorreu com o movimento de trabalhadores na Primeira Guerra Mundial.

---

[163] NT: o Festival de Música e Artes de *Woodstock* foi o mais importante festival de rock de sua época, representou um marco no movimento de contracultura dos anos 1960 e foi o auge da era hippie. Foi realizado em uma fazenda em Bethel, Nova Iorque, em agosto de 1969 e, embora tenha sido planejado para 50.000 pessoas, mais de 400 mil compareceram, sendo que a maioria não pagou ingresso.

[164] NT: Jean-Marie Le Pen é o presidente da Frente Nacional, o partido francês ultranacionalista, que é conhecido por defender políticas radicais, entre elas: a maior restrição da imigração e a independência da França com relação à União Européia. Foi candidato à Presidência na França em 2002, quando chegou ao segundo turno, mas foi derrotado nas urnas por Jacques Chirac.

Para os ecologistas de hoje, o risco será se fechar num gueto sectário. Eu penso, há bastante tempo, que os ecologistas, a partir do momento em que se tornam um movimento significativo, possuem apenas um aliado possível: os socialistas. Eles são os únicos com os quais é possível vislumbrar um programa. Falando historicamente, os ecologistas são os herdeiros do socialismo.

LB: *Porque eles seriam "uma esquerda da esquerda"?*

SM: Não, é do ponto de vista de uma evolução. A Ecologia política nasceu na França e teve, desde o início, as seguintes linhas mestras: a democracia como critério de aliança, a abertura intelectual, a Europa...

LB: *Você fala dos ecologistas. Mas de quais você fala, especificamente? Eles são muitos, uma espécie de nebulosa e possuem aspirações muitas vezes contraditórias: ecologistas radicais, contestatórios, alternativos, eco-gestionários locais ou governamentais, eco-industriais, cientistas ou especialistas em meio-ambiente, protetores dos animais, caçadores...*

SM: Nós éramos uma nebulosa no início. Agora, trata-se de um movimento muito bem definido. Ou, ainda, a partir do momento em que um movimento se define, toda uma série de organizações próximas ou distantes se segue. Esse foi o caso do socialismo: existiram as cooperativas, as associações etc.

No século XIX dizíamos "todo o mundo é socialista", como dizemos hoje "todo mundo é ecologista"; isso ocorre porque um certo número de idéias foram difundidas. Existiu uma cultura, ou um negócio, socialista: burocracia, administração, sindicatos... que tomaram para si o problema social. Essa é a evolução de um movimento. Poderíamos tomar outros exemplos, o cristianismo... voltando um pouco mais para trás no tempo.

O nascimento de um movimento é um fenômeno raro: ao mesmo tempo social, cultural e político. É por isso que fico feliz de ter participado dele desde seu início. O socialismo foi o movimento na escala, do nosso século. Agora é a ecologia.

LB: *Isso não é um pouco de otimismo em excesso? Nós temos a impressão de assistir a uma apropriação da ecologia pela economia.*

SM: Isso é próprio de um movimento que incomoda... Ele não se deve deixar intimidar. A ecologia continuará a existir por muito tempo.

Do ponto de vista pessoal, eu estou persuadido de que no século XXI, se houver um movimento de mudanças, de ação coletiva, ele será verde/rosa ou rosa/verde[165].

---

[165] NT: o trocadilho refere-se à cor verde como representativa do movimento ecologista e à rosa como símbolo do partido socialista.

LB: *Desde quando você esteve com os Verdes?*
SM: Desde sempre.

LB*: E agora, que você não está mais com eles, o que pretende fazer?*
SM: Refletir.

LB: *Refletir sobre o quê?*
SM: Sobre como se adaptar aos efeitos de nossas próprias ações. Por exemplo, nós mudamos o rumo da política nuclear...

LB: *Mudamos realmente o rumo?*
SM: Sim, as pessoas se tornaram muito atentas a isso.

LB: *Mas, de fato, foram os Verdes ou Tchernobyl?*
SM: Foram os Verdes que prepararam a opinião pública. Os governos reviram seus cálculos. É preciso se adaptar ao que acaba de acontecer. Nós não absorvemos os acontecimentos na Europa do Leste. Isso é fundamental. Em dez anos, toda uma série de imagens, de noções, se tornaram arcaicas. Quem ousa ainda empregar termos como "classe trabalhadora"?

É preciso refletir sobre nossa relação com a etnia. Nós éramos favoráveis às minorias étnicas. Nós devemos rever nossa visão da Europa. A Europa de Doze está obsoleta. Existe um paradoxo: o Leste se abre ao Oeste, mas o Oeste não se abre ao Leste; no plano econômico, político, em matéria de imigração. O Oeste se fecha para o Leste. Algumas ajudas humanitárias ou promessas não são o suficiente.

Assistimos a uma crise de representação da Europa, devido às revoltas nos países do Leste e à Guerra do Golfo. É preciso começar a estabelecer um novo espaço europeu.

As realidades sociais e eleitorais fizeram os ecologistas esquecer de alguns princípios simples e sãos. A ecologia visa uma forma de vida e não simplesmente reivindicar o ar puro ou ser contra a poluição. Para isso, nós devemos recuperar nossa linguagem própria – nossa própria reflexão – e não somente alguma coisa de esquerdista ou sei lá o quê... O erro dos Verdes é de se aliar no momento com os marginais, os perdedores...

LB: *O que você acha da "Génération-Ecologie"?*
SM: Vista de longe, ela me parece mais uma aventura pessoal, não me parece a expressão de um movimento. A ecologia é – deve ser – cada vez mais e sempre um movimento de contestação.

LB: *Mas não é o desejo de Brice Lalonde induzir um movimento?*

SM: Nós o veremos. Os ecologistas são contestadores, não são tão numerosos e inseridos o bastante para pretender governar. O movimento ecologista deve penetrar no nível local antes de ter um destino nacional, pois é nesse nível que podemos fazer surgir novas formas de vida, modelar as sensibilidades...

LB: *O que você pensa dos projetos de ressurgimento da imprensa ecológica, seja ela para o grande público, eco-marketing ou na forma de suplemento dentro das revistas?*

SM: Não existe imprensa ecológica, ou melhor, não existe mais. É um sinal de retração do debate, da reflexão. Um movimento vivo deve poder suscitar, concretamente, uma nova linguagem, novas soluções, inspirar os intelectuais, os escritores, os artistas...

LB: *Mas você não acredita que o desaparecimento da imprensa ecológica coincidiu com a chegada da esquerda ao poder?*

SM: Não é necessário procurar sempre bodes expiatórios! Houve durante esse período uma polarização dos movimentos ecologistas sob os aspectos eleitorais e organizacionais. Uma cristalização prematura, talvez.

LB: *Os Verdes parecem apresentar sintomas passíveis de impedir os ecologistas de avançar... Génération-Ecologie seria uma iniciativa, do seu ponto de vista, muito pessoal e talvez prematura para a evolução do movimento ecológico... Então, o que é possível fazer agora?*

SM: É preciso, de uma forma ou de outra, criar um fórum de renovação. Um movimento vivo deve ter efervescência, sempre.

Abril, 1991.

IV

É O FIM DA ECOLOGIA?*

---

* Este texto foi publicado sob o título de *La Fin de L'Ecologie* em *Natures en tête*, GHK, *Musée d'Ethnographie*, Neuchâtel, Suíça, 1996.

Lembranças

Indo diretamente ao ponto essencial: a questão natural domina o século XX. Eu acho que ela dominará também o século XXI. De um século ao outro, uma diferença: a questão antes era local, mas será universal. A escolha é simples: ou por bem os povos se situarão realmente nesse âmbito de ação e procurarão uma solução ampla, ou então isso se tornará uma evolução particularmente difícil de se encontrar em conjunto: dessa forma a questão natural lhes será imposta, sem que seus interesses e seus desejos sejam levados em conta. Tudo deve ser feito para que seja realizada a primeira escolha.

Quando encontrei pela primeira vez alguns pioneiros alemães, franceses, americanos, ingleses e os via timidamente tentando colocar idéias em comum, me veio o seguinte desejo: "Tão logo nos entendermos melhor entre nós, será necessário lançar um manifesto, levar ao conhecimento de outros nossa visão".

Quando, dois ou três anos mais tarde, aderi ao movimento *Les Amis de la Terre*, quando participei de colóquios sobre a natureza, sobre a crítica das ciências, das técnicas, eu pude apreciar a maravilhosa descoberta de uma sensibilidade nascente, de um entusiasmo geral e de um novo aspecto da política. Mas isso só fez redobrar meu desejo de dar maior amplitude às idéias nascentes: eu tinha como profissão a pesquisa e essas idéias não faziam parte de nenhuma ciência reconhecida como tal.

Meus amigos zombavam de mim, consideravam meu interesse pela natureza como uma mania pessoal e suicida, uma preocupação boa o bastante somente para cientistas velhos ou intelectuais ultrapassados. Segundo eles, um pesquisador de certa reputação, assumindo responsabilidades, não deveria perder seu tempo com a natureza, "noção do século XVIII e sem futuro". Eu não os contradigo, mas esses conselhos não conseguiram enfraquecer nem um pouco minha convicção e meu desejo de compartilhar o que me parecia essencial: a questão natural no âmago de nossa civilização. Continuei a escrever livros – depois de *Ensaio Sobre a História Humana da Natureza,* vieram *Sociedade Contra a Natureza* e *Homens Domésticos e Homens Selvagens* –, continuei colaborando com jornais que apareciam, como o *La Gueule Ouverte* e *Le Sauvage,* por exemplo –, conheci a vertigem particular de ver uma nova sensibilidade nascer e a noção de natureza se tornar popular.

Centenas de vezes, refletindo, fui tomado por certa perplexidade, perguntando-me o que é que podia em particular atrair em nossa direção os jovens. Eles, em sua maioria, eram produtos do meio urbano, hipnotizados pelas técnicas, pelas ciências, não se interessando por outra coisa a não ser o progresso das invenções e a embriaguez da velocidade. Sempre maior e mais rápido! Porém, muitos deles se tornaram, sem dúvida alguma, atentos aos desequilíbrios do meio ambiente, às agressões da vida quotidiana ou aos perigos do nuclear. Em suma: eles se tornaram mais sensíveis a todas essas evoluções que fazem com que nos sintamos, ao mesmo tempo, mais estranhos e mais próximos da natureza. Havia neles uma grande nostalgia, aquela que nos leva a procurar a luminosidade e a beleza de uma paisagem, que tornava tão penoso o gigantismo e o deserto das grandes cidades, que nada podia apaziguar. As cidades constituíam os locais próprios ao urbano e quanto mais o tamanho delas aumentava, mais elas se desurbanizavam ou se suburbanizavam. Não se podia mais respirar nelas o ar de liberdade e convivialidade que presidiu o seu nascimento.

Sem dúvida, é essa nostalgia – sob sua forma mais sentimental e cândida – que constituía – para um número crescente de pessoas – um impulso íntimo, a verdadeira tentação que expressava a natureza. Talvez tenha sido o desejo de reencontrar uma harmonia, de desacelerar o ritmo de vida para todos aqueles que foram vítimas dessa estranha e permanente destruição das formas de existência às quais eles eram apegados, do mundo no qual desejavam se inserir. Eles não se sentiam mais seguros e não podiam viver nessas cidades tranqüilamente, sem sentir angústia. O homem é um animal domiciliar, ele precisa ter – em todas as circunstâncias – um *domus* ao qual confiar seu corpo. Porém, esse *domus* tinha se tornado uma máquina infernal.

Não havia somente a nostalgia. Havia a indignação de ver que o que a sociedade fazia – em nome dos cidadãos – escapava ao controle dos cidadãos: que a ciência e a técnica, que deviam lhes assegurar o bem-estar, lhes traziam o mal-estar. Havia ainda o fato de que os responsáveis e peritos – que pretendiam se colocar num plano impessoal – na realidade perseguiam cegamente uma política dos meios, que não se preocupava com seus fins. Todos afirmavam que a ciência realizava "um antigo sonho da humanidade" de assegurar "o domínio do homem sobre a natureza", a "vitória da inteligência sobre a matéria"; como esse sonho teria se tornado um pesadelo?

De fato, a energia nuclear permitia, pela primeira vez, a aniquilação de toda a vida sobre a Terra. Colocando de outra forma o que acabo de escrever: de fato, era realmente exultante que a ciência tenha mostrado uma criatividade tão extraordinária e tenha descoberto a estrutura íntima da matéria. Era assustador que a civilização e a técnica tenham se desenvolvido sem leme, desvairadas nos seus cálculos loucos. Nós falávamos com orgulho de nossa época, mas também a temíamos.

Brincar de aprendiz-feiticeiro é pensar como aprendiz-feiticeiro: é entrar no círculo vicioso de uma sociedade que destrói a si mesma, ao se deixar levar pelos acontecimentos. Se é possível existir uma humanidade, é porque ela possui o domínio sobre o que faz e sobre seu *savoir-faire* – isso é o que quebra o círculo infernal cada vez que ele se forma. Trata-se de instituir uma sociedade capaz de manter repetidamente o elo com a natureza – capaz de avaliar o sentido das ciências e das técnicas, de lhes impor um destino, uma orientação. Dizendo de outra forma, o que queríamos era promover outras relações sociais entre os sexos e as gerações, o que permitiria habitar e utilizar as energias do mundo de outra forma. "Convivialidade", "reencantar o mundo" são expressões simbólicas dessa vontade de achar uma nova posição para o homem na sociedade e para a sociedade na natureza. Simplesmente, não nos tínhamos nos dado conta de que a sociedade tinha sido lançada contra a natureza e que era preciso inverter o movimento. De fato, essa nostalgia da natureza e essa indignação contra uma sociedade antinatureza ainda subsistem, mesmo que elas estejam menos virulentas. Porém, nada no universo é linear. Tudo segue a lei dos ciclos.

Princípios

Nós, ecologistas, não queremos sistemas. Nossa necessidade de coisas concretas e nossa preocupação com o que é local são, sobretudo, conseqüências de princípios e de uma visão.

A aspiração ao conhecimento é uma matriz para a ação, por um lado, mas, por outro, é fundamental a arte de conservar a sensibilidade em relação aos meios ambientes, aos seres – precisamente porque as idéias não são realizáveis por si mesmas, mas cada um pode metamorfoseá-las, incorporá-las, pelo simples fato de praticá-las.

Nós não afastamos a idéia de seu contexto, de sua prática, para reuni-la em seguida, porque essa é uma maneira de agir que não obtete sucesso.

A relação entre idéia e contexto não é um assunto de consciência ou de razão, e sim de experiência, de vida. De outro modo, seríamos condenados à infidelidade, a racionalizar continuamente para nos mostrarmos infalíveis. Pelo menos penso que os ecologistas deveriam ser assim: aqueles que se reconhecem falíveis, mas com princípios claros e convicções firmes. Ao que me diz respeito, posso resumir assim a visão, que me parece a mais compreensível:

– O eixo de nossos conhecimentos e de nossos modos de pensar hoje o universo humano é o princípio histórico. Observá-lo é, ao mesmo tempo, difícil e imperativamente necessário. O princípio histórico pressupõe, primeiramente, que todas as partes de um conjunto estão em relação umas com as outras e que não podemos levar em consideração umas sem considerar as outras. Nós somos uma das forças materiais que, interagindo com outras, formamos a natureza. A natureza não está fora de nós e nós não estamos fora dela. Nós a fazemos e ela nos faz: a natureza está ligada a nós e nós ligados a ela. É verdade que hoje isso soa menos estranho, mas não soa suficientemente familiar para mudar nossa visão e nosso procedimento e tornar evidente a verdade contida na idéia: a natureza é a obra dos homens. É por essa razão que os homens a conhecem. O princípio histórico implica a evolução, a transformação de todas as coisas.

Aí está o essencial: *nossa natureza é histórica e a cada período da história nós constituímos um estado de natureza*. Provavelmente sempre serei considerado como um herético nesse ponto. Salvo por razões de circunstância, eu nunca poderei admitir as duas variantes de uma idéia fixa e a-histórica da natureza: a natureza selvagem e a natureza doméstica.

Primeiramente, a natureza selvagem. Ela é evocada pelas palavras orgânica e biológica. Nessa relação, o único imperativo é preservar as paisagens, as florestas e conservar os equilíbrios de origem. Tudo o que existe na natureza está carregado de história, portanto, sem origens e repleto de desequilíbrios, que se agravam na medida em que desejamos cristalizá-los, mantê-los estáticos.

Em seguida, a natureza doméstica. Falamos nesse caso de meio ambiente e, quando falamos disso, temos a tendência a crer ou a fazer crer de que se trata de algo exterior ao homem, do que nos cerca e permanece independente do homem. Isso, quando o homem é uma das forças próprias da natureza. Sua história é completamente associada ao que o cerca. Se um dia o homem deixasse de existir, de se considerar como uma dessas forças, se ele fosse impingido a levar uma vida dentro dos limites de uma pretensa natureza selvagem ou doméstica, então não haveria mais nem ecologia nem pensamento ecológico.

– A idéia de uma natureza histórica significa que existem escolhas, alternativas, que nenhum dos estados de natureza é independente da sociedade humana. Essas considerações pedem argumentos mais amplos e aprofundados.

Desejo simplesmente indicar uma conseqüência: para que exista política, é necessário fazer *escolhas*, ter alternativas. Se não podemos nem escolher nem definir o estado de natureza no qual pretendemos viver, ou a forma de sociedade adequada, então não há ecologia política nem movimento ecológico de porte histórico.

Podemos ter associações de defesa de uma tradição, ou associações que executam projetos concebidos por peritos – não importa! –; tanto num caso quanto no outro, é a finalidade que constitui uma ameaça à ecologia. Aqui, não estou me referindo às organizações e instituições que canalizam hoje as correntes de opinião, nem ao movimento social que iniciamos, dentro do contexto de uma outra política.

– O sentido das ciências e das técnicas é definido a cada período da história por um estado de natureza determinado e tudo o que elas fazem parece ser tão bom, tão justo, quando elas se inscrevem nas relações entre todas as forças materiais, o homem inclusive. Temos a impressão de destruição quando a sociedade renuncia a tomá-las sob sua responsabilidade, reconhecendo nisso conscientemente sua missão.

A complexidade à qual se refere Edgar Morin é hoje um fato. Tanto as práticas tradicionais não são mais suficientes quanto também a displicência não é mais aceitável. Se as relações do homem na natureza forem percebidas como históricas, as práticas o serão igualmente. Essas relações e práticas não podem continuar a se submeter à economia de mercado. É evidente. Elas também não são da competência da biologia, visto que o cérebro humano e as instituições humanas a ultrapassam. Nesse sentido, creio que nos resta desenvolver uma *tecnologia política*, uma ciência ou escolha de saberes e de técnicas adaptadas a um estado determinado de natureza. Uma outra forma de fim da ecologia hoje é o retorno poderoso do econômico e do biológico, do sociobiológico.

– Um outro aspecto da política é a escolha das prioridades entre as diferentes funções de uma sociedade: a função da economia, a função da solidariedade, a função das crenças, a função da ecologia...

Pois o fato é que nesse vasto mundo não há nenhuma ordem fixa para essas prioridades - nenhuma que seja mais real do que outra – e tampouco de sociedades que tenham escolhido todas a mesma ordem. Tudo é uma questão de representação da sociedade e das relações de poder. Durante uma boa parte de sua trajetória, o movimento ecológico reconheceu a prioridade da função ecológica em nossa época. Devido a sua tenacidade, ele convenceu uma parte de nossa sociedade. E, mais uma vez, as coisas aconteceram dessa forma: uma fração dos princípios ecológicos foi assimilada no nível dominante, ao mesmo tempo que se coligavam forças contra o movimento e contra a política ecológica em si.

Na medida em que a crise histórica se aprofundava – especialmente depois da queda do comunismo – a função econômica adquiriu uma prioridade absoluta. Nunca, na história, ela foi tão dominante quanto hoje. Toda a paisagem social e cultural está sendo perturbada por ela. Até mesmo as necessidades ecológicas – que são comuns por definição – estão submetidas à lei do mercado, colocadas em competição com as necessidades das empresas e do nível de emprego – até que, qualquer dia desses, chegarão ao ponto de perderem o apoio do público ou então até que seja demonstrado que elas são incompatíveis com o crescimento e assim por diante. Apesar de essa reviravolta poder ser previsível, não conhecemos ainda os seus efeitos nem a sua solução. A ecologia pode eventualmente diminuir a pressão sobre os recursos materiais e sobre a pesquisa de maneira geral, mas por quanto tempo? Francamente, nós apenas engatinhamos na abordagem da questão natural.

É preciso tomar consciência de que a visão de uma natureza submetida ao homem – e de uma humanidade dominando a natureza – é ilusória e pertence ao passado. Certamente há filósofos trabalhando para restaurar essa visão. Eu não vou expressar um julgamento tardio sobre suas obras. De qualquer maneira, estou certo de que, como ecologistas, nós criamos uma nova sensibilidade e uma nova tradição – que podemos explorar, mediar, nos apropriar –, mas que não podemos apagar.

Nesse sentido, a ecologia não está em extinção. Ela pode sofrer reveses e mudanças, mas nenhuma dessas mudanças pode fazer com que os homens se sintam menos responsáveis pela própria natureza. Ela é sua obra essencial – essencial à sua "mais vida", para citar a expressão de Simmel: essencial à sua existência cotidiana e à sua integridade. De certa forma, nós conseguimos reencantar o mundo: é isso o que falta ao homem de hoje; é impensável que eles agüentem isso por muito tempo.

Políticas

Acontece uma coisa extraordinária: de um grupo pioneiro – uma simples corrente de opinião –, a ecologia se tornou uma força política. Escrever sua história ficará para depois. Para hoje temos outra tarefa: olhar no fundo dos olhos desses amigos com quem percorremos essa história. Nós refletimos sobre ela. Cronologicamente a ecologia histórica nasceu na França. Politicamente, ela se saiu melhor na Alemanha.

Não sei por que, mas o paralelo com o socialismo chama a minha atenção. A comparação não é a razão, certamente, mas é a fonte de reflexão mais óbvia. Em poucas palavras, no começo tudo era como podíamos imaginar, porém, rapidamente tudo o que diz respeito à ecologia se "esquerdizou". O fato de que nossa nova existência política tenha começado por uma eleição presidencial foi como um presságio. Acreditávamos que poderíamos transformar uma corrente de opinião em um movimento político, que bastava cativar os consumidores da mídia para conseguir eleitores (eu era contra essa forma de pensar e persisto em ser. Explicarei depois). No começo, nós nos beneficiamos do atrativo da novidade, da personalidade incomparável de Dumont, do declínio dos seguidores de De Gaulle, das veleidades de protesto e do entusiasmo das camadas políticas jovens. Ao mesmo tempo, nós renunciamos ao trabalho paciente, tedioso e sutil da criação de um movimento político.

Creio que essa renúncia foi bastante geral na Europa, mas quero falar somente da França, insistindo sobre dois pontos. Primeiramente, nós invertemos a ordem das prioridades: em vez de percorrer todas as etapas de formação de um conjunto político – local, regional, nacional –, nós fomos diretamente para o alto, para o topo – queimamos etapas, queimando-nos a nós mesmos também. Em segundo lugar, paradoxalmente, nós nunca discutimos nem escolhemos qual era o tipo de movimento que seria o movimento ecológico.

Portanto, devíamos escolher entre: a) o movimento de massa - o líder e a multidão; b) o movimento de associações – a coletividade e seus representantes; c) o movimento institucional, o partido – o secretário-geral e a organização que conhecemos. Podíamos inventar um outro tipo de movimento, partindo das ações coletivas depois de 1968. De fato, confrontamo-nos com formas complicadas e caprichosas porque não procuramos criar uma correspondência entre nossas ações e palavras. Por razões longas demais de se explicar, elegemos implicitamente a comunicação e o movimento de massa. Como conseqüência, obtivemos líderes à frente de grupos de pessoas. Esses líderes foram ultrapassados, plagiados e perderam seus valores. Será esse o fim da ecologia política? A questão pode e deve ser colocada. A construção da ecologia política não obteve o êxito esperado. Apesar de tudo – a despeito de ter um eleitorado e um punhado de eleitos –, o refluxo é profundo. O movimento impressiona menos, está ausente nos grandes debates da sociedade e quebrado em fragmentos desparelhados.

Para minha grande surpresa, ninguém percebe que ele deixou uma lacuna que nenhum movimento consegue preencher. Há dez anos realizei uma conferência na Itália, onde previ um fim de século verde e rosa[166]. O século acaba de terminar, será que o verde retomará seu viço?

A resposta será dada por aqueles que acreditam que seus objetivos permanecem vivos na longa história – na França, é claro, mas também em quase toda a Europa.

Atualização

Podemos lembrar que, se tratando da natureza, é preciso a cada momento levar em conta o que é próximo e distante, o visível e o invisível, o microcosmo e o macrocosmo. A noção de natureza, por si só, tem algo de misterioso. É como se não se pudesse reduzi-la a um só significado. Tão rapidamente um significado lhe é atribuído, tão logo a natureza se refere a outros significados. Por que é assim? Por causa da carga emocional? Por causa da densidade das crenças, ou por causa da forma instantânea da percepção?

Essa riqueza semântica explica-se pelo fato de que a realidade mais próxima do homem é o seu corpo. Nunca antes uma corrente de idéias, um movimento político partiu dessa realidade. Somente as religiões puderam fazê-lo. Foi preciso essa simplicidade – essa inocência presente nos começos – para que a ecologia se aventurasse no que antes era do âmbito do sagrado e também essa segurança – para tocar também no que concerne à vida e à morte.

Essas noções espinhosas de poluição, de fim de espécie, de destruição da Terra não eram inexatas, mesmo que elas adotassem uma ênfase milenarista. Muitas partes do programa ecologista perderam atualidade; outras – que dizem respeito à qualidade de vida, à exclusão, à partilha do trabalho – ganharam ainda mais força nos dias de hoje.

---

[166] NT: nova menção à rosa como símbolo do socialismo e ao verde como a cor do movimento ecológico.

Vejo, porém, que uma atualização é urgente.

Por exemplo:

– Reafirmar a prioridade da função ecológica. Aqui e ali, nós temos o sentimento de que a ecologia está sendo confundida ou subordinada à função econômica ou social.

Com certeza, voltamos – podemos dizê-lo com base nos fatos – a considerar os valores e hábitos de pensar do século XIX, que foi o século do apogeu da natureza mecânica e o começo da maior catástrofe ecológica que a humanidade conheceu.

– O desenvolvimento da comunicação eletrônica tem um lado mágico – sem me opor de maneira alguma ao progresso, sem recriminar o fluxo constante das inovações –; eu desprezo, em meu íntimo, o silêncio do programa ecológico a esse respeito. Não que ele deva opinar sobre todas as coisas, mas ele não pode ficar distante de uma reflexão sobre esse novo modo de vida e de relacionamento. Visto que a comunicação eletrônica tende a se tornar um modo de intrusão psíquica e de criação de realidades virtuais, de aceleração do ritmo da vida, ela transtorna a ecologia.

– Os ecologistas foram discretos sobre o racismo, sob todas as suas formas. Durante 50 anos, desde a queda de Hitler, um tabu nos protegia. Em seguida – da extrema-direita à extrema esquerda – nós o transgredimos: enquanto o racismo for posto para fora só pela porta, ele entra novamente pela janela.

O problema que está diante de nós é o seguinte: poderá a ecologia ter um futuro real se ela não enfrentar o racismo na prática, a cada dia e em voz alta? A natureza do homem depende disso hoje.

– A bomba eugênica está em vias de ser concluída. Isso nos entristece, nós que somos familiares da biologia e admiradores da descoberta do segredo da hereditariedade, mas isso não deve nos impedir de exercer nosso bom e nosso mau espírito crítico.

Basta enumerar: a) o desabrochar das pesquisas sobre os "genes" dos criminosos, doentes mentais, diferenças raciais...; b) o retorno da sociobiologia e da idéia da hereditariedade do comportamento; c) o nascimento de um mercado de órgãos do corpo humano.

A lista é longa. Tenho medo de que esteja próximo o dia em que os ecologistas e os médicos se encontrarão diante do mesmo dilema que os físicos depois de Hiroshima. Basta fixarmos uma imagem histórica: a linha mais curta entre a medicina, a biologia clássica e Dachau[167] foi o eugenismo. Ora, na medida em que isso atinge a humanidade toda, não é nas salas de conferência, mas no espaço público que as alternativas devem ser discutidas e as responsabilidades assumidas.

---

[167] NT: campo de concentração construído em 1933 pelos nazistas em uma antiga fábrica de pólvora próxima à cidade de Dachau, cerca de cinco quilômetros ao norte de Munique, no sul da Alemanha.

Leia também da Coleção EICOS:

Crônica dos Anos Errantes
de *Serge Moscovici*
(Série Memória Cultural)

Tecendo o Desenvolvimento
de *Maria Inácia D'Ávila* e *Rosa Pedro* (organizadoras).
(Série Saberes e Fazeres)

CARACTERÍSTICAS DESTE LIVRO:
Formato: 16 x 23 cm
Mancha: 12 x 19 cm
Tipologia: Times New Roman 10,5/13
Papel: Offset 75g/m^2 (miolo)
Cartão Supremo 250g/m^2 (capa)
Impressão: Sermograf
1ª edição: 2007

*Para saber mais sobre nossos títulos e autores,
visite o nosso site:*
www.mauad.com.br